合格精選400題

二陸技

第二級陸上無線技術士
試験問題集 第3集

吉川忠久 著

東京電機大学出版局

はじめに

合格をめざして

　第二級陸上無線技術士（二陸技）の免許は，無線従事者として放送局や固定局などの無線局の無線設備を運用する，あるいは，メーカーなどでそれらの無線設備を保守するエンジニアとして勤務するときに必要な資格です．そこで，国家試験では，これらに勤務するエンジニアとして必要な知識があるかどうかが判断されます．

　したがって，国家試験に合格すればその知識が証明されるわけです．当然，常に国家試験に合格できる実力を持っているのに越したことはありませんが，逆に，国家試験に合格すれば，その実力がどの程度であろうと，能力があることが証明されるのです．

　本書は，国家試験に合格できることをめざして，まとめたものです．しかし，無線従事者のなかでもハイレベルの資格である第二級陸上無線技術士の実力が身につくことを保証するものではありません．

国家試験は，合格するためにあるのです！！

　なるべく，効率よく学習して合格できれば，あいた時間を有効に使えるではありませんか．

　技術者はいずれにしても日々勉強です．効率よく国家試験に合格したら，あいた時間を技術者としての能力をみがくために活用してください．また，二陸技の試験問題は，第一級陸上無線技術士（一陸技）の試験問題に比較すると理解しやすい問題が多く，合格しやすいので，一陸技を目指している方も二陸技を受験してからステップアップすることをお勧めします．

　合格精選二陸技試験問題集の第2集が出版されてから，年数が経過しています．国家試験の出題範囲などの状況は変わっていませんが，多数の新しい問題が出題されています．そこで，本書では，新たに出題された問題を中心に選定し，ボリュームをアップして収録しましたが，第2集に収録された問題でも出題の頻度が高い問題については収録してあります．

　本書を繰り返し学習すれば，合格点をとる力は十分つきますが，二陸技の国家試験で出題される問題の種類はかなり多いので，第1集，第2集も合わせて活用しますと，より効果的な学習が望めます．

2014年10月

筆者しるす

もくじ

合格のための本書の使い方 …………………………………………………… 5

第1部　無線工学の基礎 ……………………………………………… 9
　電気物理
　電気回路
　半導体・電子管
　電子回路
　電気磁気測定

第2部　無線工学A ………………………………………………… 97
　電子回路（発振・変調・復調）
　無線通信装置（送信機・受信機・通信システム・電源）
　測定（測定機器・無線通信装置の測定）

第3部　無線工学B ………………………………………………… 176
　アンテナ理論
　給電線
　アンテナの実際
　電波伝搬（HF以下の周波数・VHF以上の周波数）
　測定（給電線の測定・アンテナの測定）

第4部　電波法規 …………………………………………………… 253
　無線局の免許
　無線設備
　無線従事者
　運用
　業務書類
　監督・その他

合格のための本書の使い方

　無線従事者国家試験の出題の形式は，マークシートによる選択式の試験問題です．学習方法も問題形式に合わせて対応していかなければなりません．
　国家試験問題を解くのに，特に注意が必要なことをあげると，

1　どのような範囲から出題されるかを知る．
2　問題のうちどこがポイントかを知る．
3　計算問題は，必要な公式を覚える．
4　問題文をよく読んで問題の構成を知る．
5　分かりにくい問題は繰り返し学習する．

　本書は，これらのポイントに基づいて，効率よく学習できるように構成されています．

ページの表に問題・裏に解答と解説

　まず，問題を解いてみましょう．
　次に，問題のすぐ次のページに解答が，必要に応じて解説（ミニ解説を含む．）も収録されていますので，答を確かめてください．間違った問題は，問題文と解説をよく読んで，内容をよく理解してから次の問題に進んでください．

国家試験の出題傾向に沿った問題をセレクト

　問題は，国家試験の既出問題およびその類題をセレクトし，各項目別にまとめてあります．
　また，国家試験の出題に合わせて各項目の問題数を決めてありますので，出題される範囲をバランスよく効率的に学習することができます．

チェックボックスを活用しよう

　各問題には，チェックボックスがあります．正解した問題をチェックするか，あるいは正解できなかった問題をチェックするなど，工夫して活用してください．
　チェックボックスを活用して，不得意な問題が確実にできるようになるまで，繰り返し学習してください．

問題をよく読んで

　解答がわかりにくい問題では，問題文をよく読んで問題の意味を理解してください．何を問われているかを理解すると，選択肢もおのずと絞られてきます．すべての問題について解答するのに必要な知識がなくても，ある程度正解に近づくことができます．

　また，穴埋め式の問題では，問題以外の部分も穴埋めになって出題されることがありますので，穴埋めの部分のみを覚えるのではなく，それ以外のところも理解し，覚えてください．特に，他の試験問題で異なる部分が穴埋め問題として出題された用語については，**太字**で示してあります．それらの用語も合わせて学習してください．

解説をよく読んで

　問題の解説では，その問題に必要な知識を取り上げるとともに，類題が出題されたときにも対応できるように，必要な内容を説明してありますので，合わせて学習してください．

　計算問題では，必要な公式を示してあります．公式は覚えておいて，類題に対応できるようにしてください．

いつでも・どこでも・繰り返し

　学習の基本は，何度も繰り返して学習して覚えることです．

　いつも本書を持ち歩いて，時間があれば本書を取り出して学習してください．案外，短時間でも集中して学習すると効果が上がるものです．

　二陸技の問題は，既出問題といっても全く同じ問題が出題されることはまれです．類題に対応するためには，解答のみを覚えるのではなく内容が理解できるように，繰り返し学習することが重要です．

　本書は，すべての分野を完ぺきに学習することを目指して構成されているわけではありません．したがって，国家試験問題にすべて解答できるような実力がつくとはいえないでしょう．しかし，本書を活用することによって国家試験で合格点をとる力は十分つきます．

　国家試験の出題範囲が広いからといって，やみくもにいくつもの本を読みあさるより，繰り返し重要なポイントを学習していくことが効率よく合格するこつです．

傾向と対策

試験問題の形式と合格点

　各科目5肢（法規は4肢）択一式のA問題が20問（法規は15問），穴埋め補完式および正誤式で五つの設問のあるB問題が5問の合わせて25問（法規は20問）出題されます．

　A問題は1問5点，B問題は一つの設問が1点で1問5点，合計して125点（法規は100点）満点のうち60％以上の75点（法規は60点）以上が合格です．

　本書の問題は，国家試験の問題と同じ形式で構成されていますので，問題を学習するうちに問題の形式に慣れることができます．

出題範囲および出題数

　効率良く合格するには，どの項目から何問出題されるかを把握しておき，確実の合格ライン（60％）に到達できるように学習しなければなりません．

　各試験科目で出題される項目と各項目ごとの標準的な問題数を次表に示します．各項目の問題数は試験期によって，増減することがありますが，合計の問題数は変わりません．

試験科目　無線工学の基礎	
項目	問題数
電気物理	5
電気回路	5
半導体・電子管	5
電子回路	5
電気磁気測定	5

試験科目　無線工学B	
項目	問題数
アンテナ理論	5
給電線	5
アンテナの実際	5
電波伝搬	5
測定	5

試験科目　無線工学A	
項目	問題数
電子回路	5
無線通信装置	15
測定	5

試験科目　電波法規	
項目	問題数
無線局の免許	5
無線設備	8
無線従事者	2
運用	1
業務書類	1
監督・その他	3

チェックボックスの使い方

問題には，下の図のようなチェックボックスが設けられています．

完璧チェックボックス
正解チェックボックス

問 100　　　　　　　　　　　　　　　正解 □ 完璧 □　直前CHECK □

直前チェックボックス

正解チェックボックス

　まず，一通りすべての問題を解いてみて，正解した問題は正解チェックボックスにチェックをします．このとき，あやふやな理解で正解したとしてもチェックしておきます．

完璧チェックボックス

　すべての問題の正解チェックが済んだら，次にもう一度すべての問題に解答します．今度は，問題および解説の内容を完全に理解したら，完璧チェックボックスにチェックをします．

直前チェックボックス

　すべての完璧チェックができたら，ほぼこの問題集はマスターしたことになりますが，試験の直前に確認しておきたい問題，たとえば計算に公式を使ったものや専門的な用語，法規の表現などで間違いやすいものがあれば，直前チェックボックスにチェックをしておきます．そして，試験会場での試験直前の見直しに利用します．

　直前に何を見直すかの内容，あるいは重要度などに対応したチェックの種類や色を自分で決めて，下のチェック表に記入してください．試験直前に，チェックの種類を確認して見直しをすることができます．

（例）

◣	重要な公式	◣	重要な用語
□		□	
□		□	

問題

問 1

次の記述は，静電界内における導体の性質について述べたものである。□内に入れるべき字句の正しい組合せを下の番号から選べ。

(1) 導体が帯電したとき，電荷はすべて導体の A にのみ存在する。
(2) 一つの導体内部のすべての点の電位は， B 。
(3) 導体内部の電界の強さは， C である。

	A	B	C
1	表面	等しい	零(0)
2	表面	異なる	無限大
3	表面	異なる	零(0)
4	中心部	等しい	無限大
5	中心部	異なる	零(0)

問 2

図に示すように，電界の強さ E〔V/m〕が一様な電界中を電荷 Q〔C〕が電界の方向に対して θ〔rad〕の角度を保って点aから点bまで l〔m〕移動した。このときの電荷の仕事量 W の大きさを表す式として，正しいものを下の番号から選べ。ただし，Q は電界からのみ力を受けるものとする。

1 $W = ElQ\sin\theta$〔J〕
2 $W = ElQ\cos\theta$〔J〕
3 $W = ElQ\tan\theta$〔J〕
4 $W = E^2 Ql\sin\theta$〔J〕
5 $W = E^2 Ql\cos\theta$〔J〕

問 3 解説あり!   正解 □ 完璧 □ 直前CHECK □

次の記述は，図に示すように均一な電界中における電子Dの運動について述べたものである。□内に入れるべき字句の正しい組合せを下の番号から選べ。ただし，電子Dは始め静止状態にあるものとし，電界の強さをE〔V/m〕，電子の電荷の大きさおよび質量をそれぞれe〔C〕およびm〔kg〕とする。

(1) 電子が電界から受ける力Fによって受ける加速度αは，$\alpha = $ A 〔m/s²〕である。

(2) したがって，静止状態の電子がFによって運動を始めて，t〔s〕後に達する速さvは，$v = $ B 〔m/s〕である。

(3) よって，静止状態の電子がFによって運動を始めて，t〔s〕間で移動する距離lは，$l = $ C 〔m〕である。

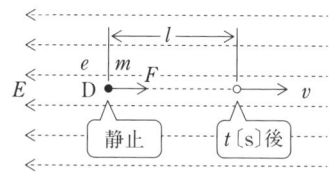

	A	B	C
1	eE^2/m	eEt/m	$eEt^2/(2m)$
2	eE^2/m	eE^2t^2/m	$eE^2t^2/(4m)$
3	eE/m	eEt/m	$eE^2t^2/(4m)$
4	eE/m	eE^2t^2/m	$eE^2t^2/(4m)$
5	eE/m	eEt/m	$eEt^2/(2m)$

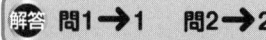 解答 問1→1 問2→2

問2 F(力)$= E$(電界)$\times Q$(電荷)
W(仕事)$= F$(力)$\times r$(距離)$= EQr$
電界と同じ方向に移動する距離は，$r = l\cos\theta$

問題

問4

図に示すように、一辺の距離 r 〔m〕の正方形の頂点の点 a, b, c および d にそれぞれ $Q_1 = 10$ 〔μC〕, $Q_2 = -20$ 〔μC〕, $Q_3 = 30$ 〔μC〕および $Q_4 = -40$ 〔μC〕の点電荷が置かれているとき、正方形の中心 O の電位の値として、正しいものを下の番号から選べ。ただし、Q_1 のみによる点 O の電位を 2 〔V〕とする。

1　2〔V〕
2　4〔V〕
3　6〔V〕
4　-4〔V〕
5　-8〔V〕

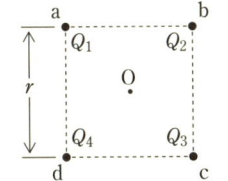

問5

図に示す回路の静電容量 C_1 に蓄えられている電荷が Q 〔C〕であるとき、直流電圧 V を表す式として、正しいものを下の番号から選べ。

1　$V = QC_1/(C_1+C_2)$ 〔V〕
2　$V = Q(C_1+C_2)/C_1$ 〔V〕
3　$V = Q(C_1+C_2)/C_2$ 〔V〕
4　$V = Q\{(C_1 C_2)/(C_1+C_2)\}$ 〔V〕
5　$V = Q\{(C_1+C_2)/(C_1 C_2)\}$ 〔V〕

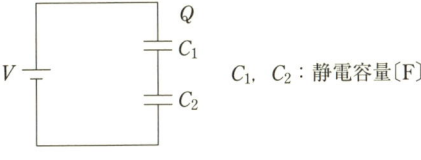

C_1, C_2：静電容量〔F〕

解説 → 問3

質量m〔kg〕,加速度α〔m/s^2〕より,力F〔N〕は,
$$F = m\alpha \text{〔N〕} \quad \cdots\cdots (1)$$

電界E〔V/m〕,電荷e〔C〕より,力F〔N〕は,
$$F = eE \text{〔N〕} \quad \cdots\cdots (2)$$

式(1),式(2)より,
$$\alpha = \frac{eE}{m} \text{〔m/s}^2\text{〕} \quad \cdots\cdots (3)$$

t〔s〕後の速度v〔m/s〕は,
$$v = \alpha t = \frac{eEt}{m} \text{〔m/s〕} \quad \cdots\cdots (4)$$

t〔s〕間の移動距離l〔m〕は,
$$l = \int_0^t v\,dt = \frac{eE}{m}\int_0^t t\,dt = \frac{eEt^2}{2m} \text{〔m〕}$$

> 加速度が一定のとき,速度は時間とともに増加するので,積分を用いる
> $$\int x\,dx = \frac{x^2}{2}$$

解説 → 問4

誘電率ε_0の真空中に置かれた点電荷Q〔C〕によって,x〔m〕離れた点に生じる電位V〔V〕は,
$$V = \frac{Q}{4\pi\varepsilon_0 x} \text{〔V〕} \quad \cdots\cdots (1)$$

式(1)より,電荷と電位は比例するので,$Q_1 = 10$〔μC〕による電位$V_1 = 2$〔V〕から,$Q_2 = -20$〔μC〕による電位$V_2 = -4$〔V〕,$Q_3 = 30$〔μC〕による電位$V_3 = 6$〔V〕,$Q_4 = -40$〔μC〕による電位$V_4 = -8$〔V〕となる.点Oの電位V_0〔V〕は,
$$V_0 = V_1 + V_2 + V_3 + V_4 = 2 - 4 + 6 - 8 = -4 \text{〔V〕}$$

解説 → 問5

電圧V〔V〕は,C_1〔F〕の電圧V_1〔V〕,C_2〔F〕の電圧V_2〔V〕より,
$$V = V_1 + V_2 = \frac{Q}{C_1} + \frac{Q}{C_2}$$
$$= Q\frac{C_1 + C_2}{C_1 C_2} \text{〔V〕}$$

> 直列接続のとき各静電容量の電荷Q〔C〕は同じ値

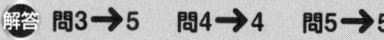
解答 問3→5　問4→4　問5→5

問 6

次の記述は，図に示す回路の静電容量 C_1，C_2 および C_3 に蓄えられる電荷について述べたものである．☐内に入れるべき字句の正しい組合せを下の番号から選べ．ただし，C_1，C_2 および C_3 に蓄えられる電荷をそれぞれ Q_1，Q_2 および Q_3〔C〕とする．

(1) Q_1 と Q_2 の間には，$Q_2 =$ ☐A☐〔C〕が成り立つ．
(2) Q_1 と Q_3 の間には，$Q_3 =$ ☐B☐〔C〕が成り立つ．
(3) Q_2 と Q_3 の間には，$Q_3 =$ ☐C☐〔C〕が成り立つ．

	A	B	C
1	Q_1	$3Q_1$	$3Q_2/2$
2	Q_1	$2Q_1$	$2Q_2/3$
3	$2Q_1$	$3Q_1$	$3Q_2/2$
4	$2Q_1$	$3Q_1$	$2Q_2/3$
5	$2Q_1$	$2Q_1$	$3Q_2/2$

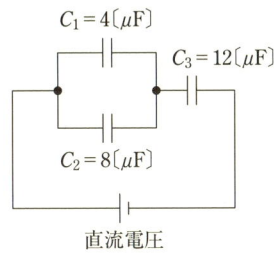

問 7

図に示すように，静電容量 C〔F〕のコンデンサを4つ接続した回路において，図に示す電圧 V_1，V_2 および V_3 の値の組合せとして，正しいものを下の番号から選べ．ただし，直流電源電圧 V を 20〔V〕とする．

	V_1	V_2	V_3
1	12〔V〕	4〔V〕	8〔V〕
2	12〔V〕	8〔V〕	4〔V〕
3	10〔V〕	6〔V〕	8〔V〕
4	10〔V〕	4〔V〕	8〔V〕
5	10〔V〕	10〔V〕	5〔V〕

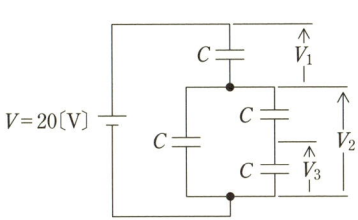

解説 → 問6

静電容量 C 〔F〕,電荷 Q 〔C〕,電圧 V 〔V〕には,次式の関係がある.
$$V = \frac{Q}{C} \text{ 〔V〕}$$

並列接続された $C_1 = 4$ 〔μF〕と $C_2 = 8$ 〔μF〕に加わる電圧は同じ値だから,C と Q は比例するので,

$$\frac{Q_1}{C_1} = \frac{Q_2}{C_2}$$

$$\frac{Q_1}{4} = \frac{Q_2}{8} \quad \text{よって,} \quad Q_2 = 2Q_1 \text{ 〔C〕} \quad (\boxed{A} \text{の答})$$

C_1 と C_2 の並列合成静電容量 C_P 〔μF〕は,

$$C_P = C_1 + C_2 = 4 + 8 = 12 \text{ 〔μF〕}$$

$C_P = C_3$ だから,C_3 の電荷 Q_3 は C_1 の電荷と C_2 の電荷の和となるので,

$$Q_3 = Q_1 + Q_2 = Q_1 + 2Q_1 = 3Q_1 \text{ 〔C〕} \quad (\boxed{B} \text{の答})$$

$$= \frac{Q_2}{2} + Q_2 = \frac{3Q_2}{2} \text{ 〔C〕} \quad (\boxed{C} \text{の答})$$

解説 → 問7

直並列に接続された三つのコンデンサの内,直列接続された二つのコンデンサの合成静電容量は,$C_S = C/2$ だから,三つのコンデンサの合成静電容量 C_P 〔F〕は,

$$C_P = C + \frac{C}{2} = \frac{3C}{2} \text{ 〔F〕}$$

全合成静電容量 C_0 〔F〕は,

$$C_0 = \frac{C \times C_P}{C + C_P} \text{ 〔F〕}$$

電荷 Q 〔C〕は,C_0 と電源電圧 V 〔V〕から求めることができるので,V_1 〔V〕は,

$$V_1 = \frac{Q}{C} = \frac{C_0 V}{C} = \frac{C_P}{C + C_P} V$$

$$= \frac{\frac{3C}{2}}{C + \frac{3C}{2}} V = \frac{3}{5} \times 20 = 12 \text{ 〔V〕}$$

$$V_2 = V - V_1 = 20 - 12 = 8 \text{ 〔V〕}$$

$$V_3 = \frac{V_2}{2} = \frac{8}{2} = 4 \text{ 〔V〕}$$

> 直列接続したコンデンサの静電容量が同じだから,$V_2 = 2V_3$ の関係が分かれば,選択肢は2か5に絞られる

解答 問6→3 問7→2

問 8

次の記述は，図に示す平行平板コンデンサに蓄えられるエネルギーについて述べたものである．□内に入れるべき字句を下の番号から選べ．なお，同じ記号の□内には，同じ字句が入るものとする．

(1) コンデンサの静電容量 C は，次式で表される．
　　$C =$ □ア□ 〔F〕 　　……………①

(2) 電極板間に V〔V〕の直流電圧を加えると，電極板間の電界の強さ E は，次式で表される．
　　$E =$ □イ□ 〔V/m〕 　　……………②

(3) このとき，コンデンサに蓄えられるエネルギー W は，次式で表される．
　　$W =$ □ウ□ 〔J〕 　　……………③

(4) 式③を式①および②を用いて整理すると，次式が得られる．
　　$W = ($ □エ□ $) \times Sl$ 〔J〕 　　……………④

　式④において Sl は誘電体の体積であるから□エ□は，誘電体の単位体積当たりに蓄えられるエネルギー w を表す．

(5) w は，電束密度 D〔C/m²〕と E を用いて表すと，次式となる．
　　$w =$ □オ□ 〔J/m³〕

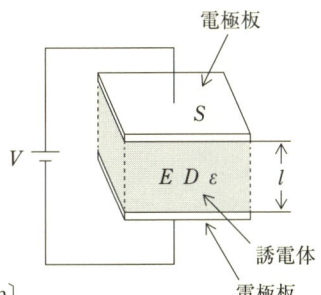

l：電極間の距離〔m〕
S：電極の面積〔m²〕
ε：誘電体の誘電率〔F/m〕

| 1 | $\varepsilon S/l^2$ | 2 | $E^2 D/2$ | 3 | CV^2 | 4 | V/l | 5 | $\varepsilon V^2/2$ |
| 6 | $\varepsilon S/l$ | 7 | $ED/2$ | 8 | $CV^2/2$ | 9 | Vl | 10 | $\varepsilon E^2/2$ |

問9

次の記述は，電流により生ずる磁界の強さについて述べたものである．□内に入れるべき字句を下の番号から選べ．ただし，直線導体およびコイルに流す直流電流をI〔A〕とする．また，図4および図5のコイルに漏れ磁束はないものとする．

(1) 図1に示す無限長の直線導線Lから直角にr〔m〕離れた点Pの磁界の強さHは，□ ア □〔A/m〕である．
(2) 図2に示す半径がr〔m〕で巻数が1回の円形コイルLの中心点Pの磁界の強さHは，□ イ □〔A/m〕である．
(3) 図3に示す平行に置かれた2本の直線導線L_1，L_2の中間点Pの磁界の強さHは，□ ウ □〔A/m〕である．

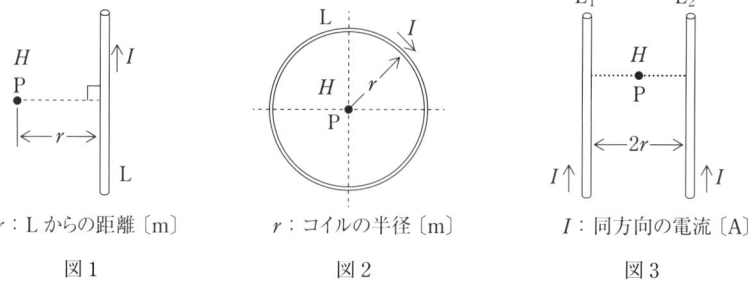

図1　　　　　　図2　　　　　　図3

(4) 図4に示す円筒に巻かれた無限長ソレノイドコイルの円筒の中心点Pの磁界の強さHは，□ エ □〔A/m〕である．
(5) 図5に示す環状円筒に巻かれた環状ソレノイドコイルの円筒の中心点Pの磁界の強さHは，□ オ □〔A/m〕である．

解答　問8→ア-6　イ-4　ウ-8　エ-10　オ-7

問8　D（電束密度）$= \varepsilon$（誘電率）$\times E$（電界）の関係があるので，

$$\frac{\varepsilon E^2}{2} = \frac{ED}{2}$$

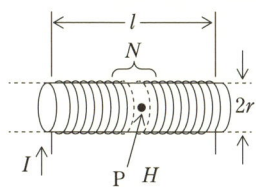

r：円筒の半径〔m〕
N：1〔m〕当たりのコイルの巻数

図4

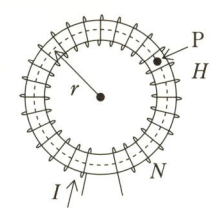

r：円の半径〔m〕
N：コイルの巻数

図5

1　$I/(2r)$　　2　$I/(2\pi r)$　　3　$NI/(2\pi r)$　　4　$N^2 I$　　5　$NI/(4\pi r)$
6　I/r　　7　$2I/(\pi r)$　　8　$NI/(\pi r)$　　9　NI　　10　0

問 10 解説あり！

図に示すように，二つの円形コイルAおよびBの中心を重ねOとして同一平面上におき，互いに逆方向に直流電流I〔A〕を流したとき，Oにおける合成磁界の強さHを表す式として，正しいものを下の番号から選べ．ただし，コイルの巻数はA，Bともに1，AおよびBの円の半径はそれぞれr〔m〕および$3r$〔m〕とする．

1　$H = I/(2r)$〔A/m〕
2　$H = I/(3r)$〔A/m〕
3　$H = I/(4r)$〔A/m〕
4　$H = I/(6r)$〔A/m〕
5　$H = I/(8r)$〔A/m〕

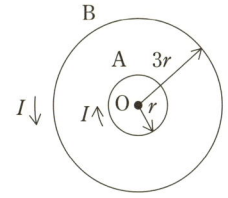

解説 → 問9

(1) 導線Lを中心とした半径r〔m〕の円周上において、磁界の強さは一定だから、アンペアの法則より、

$$H \times 2\pi r = I$$

よって、 $H = \dfrac{I}{2\pi r}$ 〔A/m〕 ……(1)

(2) 導線を流れる電流I〔A〕の微小部分dl〔m〕によって、r〔m〕離れた点に生じる磁界の強さdH〔A/m〕は、ビオ・サバールの法則より、

$$dH = \dfrac{Idl}{4\pi r^2}\sin\theta \text{〔A/m〕}$$

導線と直線rの角度$\theta = \pi/2$であり、全円周で積分して磁界の強さH〔A/m〕を求めると、

$$H = \dfrac{I}{4\pi r^2} \times 2\pi r = \dfrac{I}{2r}\text{〔A/m〕}$$

(3) 点Pの磁界の強さは、式(1)で求めることができるが、電流に対して右回りに発生するL_1の磁界とL_2の磁界は、方向が逆向きで大きさが同じだから、合成磁界の強さは0〔A/m〕となる.

(4) ソレノイド内の磁界は一定で外部磁界は発生しない.このとき、1〔m〕当たりの電流を囲む閉路にアンペアの法則を適用すると、

$$H = NI\text{〔A/m〕}$$

(5) 環状円筒内の磁界は一定だから、半径r〔m〕の円周上の区間にアンペアの法則を適用すると、

$$H \times 2\pi r = NI$$

よって、 $H = \dfrac{NI}{2\pi r}$ 〔A/m〕

解説 → 問10

半径r〔m〕の円形コイルAと半径$3r$〔m〕の円形コイルBによる磁界は逆向きだから、合成磁界の強さH〔A/m〕は、

$$H = \dfrac{I}{2r} - \dfrac{I}{2 \times 3r}$$

$$= \dfrac{2I}{6r} = \dfrac{I}{3r}\text{〔A/m〕}$$

解答 問9→ ア-2 イ-1 ウ-10 エ-9 オ-3　　問10→2

次の記述は，図に示すように，同一平面上で平行に間隔をr〔m〕離して真空中に置かれた無限長の直線導線X，YおよびZに，同じ大きさで同一方向に直流電流I〔A〕を流したときに，Yが受ける力について述べたものである．□内に入れるべき字句の正しい組合せを下の番号から選べ．ただし，真空の透磁率を$4\pi \times 10^{-7}$〔H/m〕とする．

(1) XとYの間には，□A□力が働き，その長さ1〔m〕当たりの力の大きさF_{XY}は，次式で表される．
$$F_{XY} = (2 \times \boxed{B}) \times 10^{-7} \text{〔N/m〕}$$

(2) ZとYの間にも同様の力が働き，1〔m〕当たりの力の大きさは，F_{XY}と同じである．

(3) したがって，Yが受ける1〔m〕当たりの合成力は，力の方向を考えると，□C□〔N/m〕である．

	A	B	C
1	反発	I^2/r	$2F_{XY}$
2	反発	I^2/r^2	0
3	吸引	I/r	$2F_{XY}$
4	吸引	I^2/r	0
5	吸引	I^2/r^2	0

次の記述は，図に示す磁石Mの磁極間において，一辺がl〔m〕の正方形のコイルDが，中心軸OPを中心としてω〔rad/s〕の角速度で回転しているときのDに生ずる起電力について述べたものである．□内に入れるべき字句の正しい組合せを下の番号から選べ．ただし，磁極間の磁束密度はB〔T〕で均一であり，Dの軸OPは，Bの方向と直角とする．

(1) Dの辺abおよびcdの周辺速度vは，$v = \boxed{A}$〔m/s〕である．
(2) Dに生ずる起電力eが最大になるのは，Dの面がBの方向と□B□になるときである．
(3) (2)のときのeの大きさは，$e = \boxed{C}$〔V〕である．

	A	B	C
1	$\omega l/2$	平行	$B\omega l^2$
2	$\omega l/2$	直角	$B\omega l$
3	ωl	平行	$B\omega l$
4	ωl	直角	$B\omega l$
5	ωl	平行	$B\omega l^2$

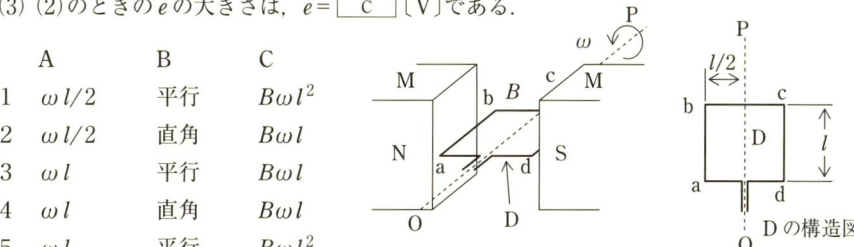

解説 → 問11

導線の周囲には，アンペアの法則より右回りに回転する磁界が発生する．このとき，同一方向に流れる電流間には吸引力が働く．

磁束密度を $B(=\mu_0 H)$，真空の透磁率 $\mu_0 = 4\pi \times 10^{-7}$，導線の長さ $l=1$ [m]，距離 r [m] 離れた電流 I [A] の導線間に働く力 F_{XY} [N] は，

$$F_{XY} = IBl = I\frac{\mu_0 I}{2\pi r}l = \frac{2I^2}{r} \times 10^{-7} \text{ [N]}$$

電流の大きさと距離が同じなので，導線 Y が X および Z から受ける合成力は，二つの力が打ち消されて 0 [N/m] である．

解説 → 問12

コイルが1回転する時間を T [s] とすると，角速度 ω [rad/s] は，

$$\omega = \frac{2\pi}{T} \text{ [rad/s]}$$

直径 l [m] の円周は πl [m] となるので，周辺速度 v [m/s] は，

$$v = \frac{\pi l}{T} = \frac{\omega l}{2} \text{ [m/s]} \quad (\boxed{\text{A}} \text{の答})$$

コイル D が回転して，起電力が最大となるのは導線が移動する方向が磁界と直角のときだから，D の面が B と平行になるとき起電力は最大となる．このとき，導線 ab に発生する起電力 e_1 [V] は，

$$e_1 = Blv \text{ [V]}$$

辺 cd の起電力も同様に発生し，コイルは一回りにつながっているから，起電力は同じ方向に加わるので，起電力の最大値 e [V] は，

$$e = 2e_1 = 2Blv = 2Bl \times \frac{\omega l}{2}$$

$$= B\omega l^2 \text{ [V]} \quad (\boxed{\text{C}} \text{の答})$$

解答 問11 → 4　問12 → 1

問 13

次の記述は，図に示すように，磁束密度が B〔T〕の一様な磁界中に磁界の方向に対して直角に置かれた，I〔A〕の直流電流の流れている長さ l〔m〕の直線導体Pに生ずる力 F について述べたものである．□内に入れるべき字句を下の番号から選べ．

(1) この力 F は，□ア□といわれる．
(2) F の大きさは，$F =$ □イ□〔N〕である．
(3) B の方向，I の方向および F の方向の関係はフレミングの□ウ□の法則で求められる．
(4) (3)の法則では，B の方向と I の方向に定められた指を向けると，□エ□が F の方向を示す．
(5) この力 F は，□オ□に利用する．

| 1 | 静電力 | 2 | 電動機 | 3 | 右手 | 4 | 親指 | 5 | BI^2l |
| 6 | 電磁力 | 7 | 発電機 | 8 | 左手 | 9 | 中指 | 10 | BIl |

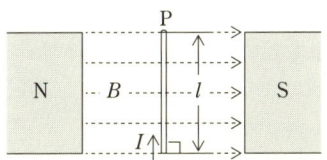

N，S：磁極

問 14

次の記述は，図に示す自己インダクタンスが L〔H〕のコイルに流れる電流 i が，微小時間 Δt〔s〕間に Δi〔A〕変化したときに生ずる現象について述べたものである．□内に入れるべき字句の正しい組合せを下の番号から選べ．

(1) コイルには，起電力 e が生ずる．この現象を□A□という．
(2) e の大きさは，□B□〔V〕である．
(3) e の方向は，Δi の変化を□C□方向である．

	A	B	C
1	自己誘導	$L(\Delta i/\Delta t)$	増加させる
2	自己誘導	$L(\Delta t/\Delta i)$	妨げる
3	自己誘導	$L(\Delta i/\Delta t)$	妨げる
4	相互誘導	$L(\Delta t/\Delta i)$	妨げる
5	相互誘導	$L(\Delta i/\Delta t)$	増加させる

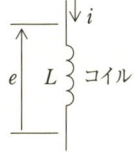

問15

図に示すように，環状鉄心 M の一部に空隙を設けたときの磁気抵抗の値として，最も近いものを下の番号から選べ．ただし，空隙のないときの M の磁気抵抗を R_m〔H^{-1}〕とする．また，M の比透磁率 μ_r を 8,000，M の平均磁路長 l_m を 200〔mm〕，空隙長 l_g を 1〔mm〕とし，磁気回路に漏れ磁束はないものとする．

1　$200R_m$〔H^{-1}〕
2　$100R_m$〔H^{-1}〕
3　$82R_m$〔H^{-1}〕
4　$41R_m$〔H^{-1}〕
5　$28R_m$〔H^{-1}〕

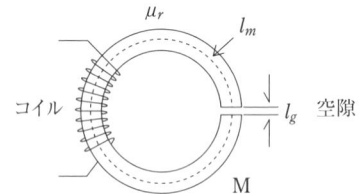

問16

図に示すように，環状鉄心に巻いた二つのコイル A および B を接続したとき，端子 ac 間のインダクタンスの値として，最も近いものを下の番号から選べ．ただし，A の自己インダクタンスは 4〔mH〕，B の巻数は A の 1/2 とする．また，磁気回路には漏れ磁束はないものとする．

1　6〔mH〕
2　9〔mH〕
3　12〔mH〕
4　18〔mH〕
5　24〔mH〕

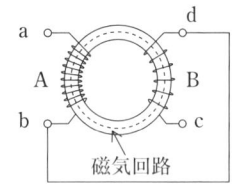

解答　問13➡ア-6　イ-10　ウ-8　エ-4　オ-2　　問14➡3

ミニ解説
問13　フレミングの左手の法則は，親指，人差し指，中指を互いに直角に開いて，人差し指を磁束密度 B の方向に，中指を電流 I の方向に向けると，親指の方向が力 F の向き（図では紙面の奥へ向かう方向）を表す．

問題

問 17

次の記述は，図に示す磁気ヒステリシスループ（$B-H$ 曲線）について述べたものである．□内に入れるべき字句を下の番号から選べ．ただし，磁束密度を B〔T〕，磁界の強さを H〔A/m〕とする．

(1) 図の B_r〔T〕は，□ア□という．
(2) 図の H_c〔A/m〕は，□イ□という．
(3) B_r と H_c が共に大きい材料は，□ウ□の材料に適している．
(4) ヒステリシス損は，磁気ヒステリシスループの面積 S に□エ□する．
(5) モータや変圧器の鉄心には S の□オ□材料がよい．

| 1 | 残留磁気 | 2 | ホール素子 | 3 | 比例 | 4 | 電磁力 | 5 | 小さい |
| 6 | 飽和磁気 | 7 | 永久磁石 | 8 | 反比例 | 9 | 保磁力 | 10 | 大きい |

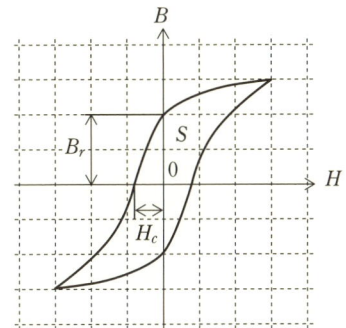

問 18 解説あり！

次の記述は，熱電現象について述べたものである．このうち正しいものを1，誤っているものを2として解答せよ．

ア　ペルチェ効果により熱の吸収が生じている2種類の金属の接点は，電流の方向を逆にしても熱の吸収が生ずる．
イ　ゼーベック効果による起電力の大きさは，導体の材質が均質であるならば，導体の長さには影響されない．
ウ　トムソン効果による熱の発生または吸収は，温度勾配がある均質な金属線に電流を流すときに生ずる．
エ　温度測定に利用される熱電対は，ペルチェ効果を利用している．
オ　電子冷却は，ゼーベック効果を利用している．

解説 → 問15

空隙がないときの題意の数値より，全長 l_m+l_g〔m〕，断面積 S〔m²〕の鉄心の磁気抵抗 R_m〔H^{-1}〕は，比透磁率が μ_r だから，

$$R_m = \frac{l_m+l_g}{\mu_r\mu_0 S}〔\mathrm{H}^{-1}〕$$

ここで，題意の数値より $l_m+l_g \doteqdot l_m$ とすると，長さ l_m〔m〕の鉄心の部分の磁気抵抗 R_{m1} は，$R_{m1} \doteqdot R_m$ となり，空気の部分の磁気抵抗を R_{m2} とすると，直列合成磁気抵抗 R_{m0} は，

$$R_{m0} = R_{m1} + R_{m2}$$

$$= \frac{l_m}{\mu_r\mu_0 S} + \frac{l_g}{\mu_0 S} \doteqdot \frac{l_m}{\mu_r\mu_0 S}\left(1+\frac{\mu_r l_g}{l_m}\right) = R_m\left(1+\frac{8{,}000\times 1\times 10^{-3}}{200\times 10^{-3}}\right)$$

$$= 41 R_m〔\mathrm{H}^{-1}〕$$

解説 → 問16

環状コイルの自己インダクタンスは巻数 N の2乗に比例する．コイルBはコイルAの巻数の1/2だから，$N=1/2$，コイルAのインダクタンス $L_A=4$〔mH〕より，コイルBの自己インダクタンス L_B〔mH〕は，

$$L_B = N^2 L_A = \left(\frac{1}{2}\right)^2 \times 4 = 1〔\mathrm{mH}〕$$

漏れ磁束がない条件より，相互インダクタンス M〔mH〕は，

$$M = \sqrt{L_A L_B} = \sqrt{4\times 1} = 2〔\mathrm{mH}〕$$

問題図のコイルにおいて，端子aからcに電流が流れるとすると，コイルAおよびコイルBによって発生する磁束の向きは，同じ時計回りとなる．コイルの接続は和動接続となり，合成インダクタンス L_M〔mH〕は，

$$L_M = L_A + L_B + 2M = 4+1+2\times 2 = 9〔\mathrm{mH}〕$$

解説 → 問18

誤っている選択肢は，次のようになる．
ア　ペルチェ効果により熱の吸収が生じている2種類の金属の接点は，流れている電流の方向を逆にすると熱の発生が起きる．
エ　温度測定に利用される熱電対は，ゼーベック効果を利用している．
オ　電子冷却は，ペルチェ効果を利用している．

解答　問15→4　問16→2　問17→ア-1 イ-9 ウ-7 エ-3 オ-5
　　　　問18→ア-2 イ-1 ウ-1 エ-2 オ-2

問 19

図に示す環状磁気材料Aに巻いたコイルに直流電流 I_A〔A〕を流したときに生ずるA内部の磁束密度が，環状磁気材料B内部の磁束密度と等しいとき，Bに巻いたコイルに流す直流電流 I_B の値として，正しいものを下の番号から選べ．ただし，AとBの形状は等しく，また，磁気回路には，漏れ磁束および磁気飽和が無いものとする．

1 I_A〔A〕   2 $3I_A/2$〔A〕   3 $2I_A$〔A〕   4 $5I_A/2$〔A〕   5 $3I_A$〔A〕

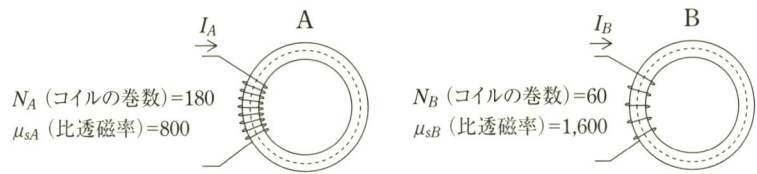

N_A（コイルの巻数）＝180　　N_B（コイルの巻数）＝60
μ_{sA}（比透磁率）＝800　　μ_{sB}（比透磁率）＝1,600

問 20

図に示すように，0〔℃〕のときの抵抗値が R_M〔Ω〕および R_N〔Ω〕の抵抗MおよびNを直列接続したとき，合成抵抗（端子ab間の抵抗）の0〔℃〕における抵抗の温度係数 α_{ab} を表す式として，正しいものを下の番号から選べ．ただし，0〔℃〕におけるMおよびNの抵抗の温度係数をそれぞれ α_M および α_N とする．

1 $\alpha_{ab} = \alpha_M + \alpha_N$
2 $\alpha_{ab} = \sqrt{\alpha_M \alpha_N}$
3 $\alpha_{ab} = (R_M \alpha_N + R_N \alpha_M)/(R_M + R_N)$
4 $\alpha_{ab} = \sqrt{R_M R_N \alpha_M \alpha_N}/(R_M + R_N)$
5 $\alpha_{ab} = (R_M \alpha_M + R_N \alpha_N)/(R_M + R_N)$

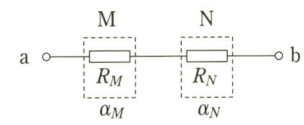

問 21

次の表は，電気磁気量の単位を他のSI単位を用いて表したものである．□内に入れるべき字句を下の番号から選べ．

電気磁気量	静電容量	インダクタンス	コンダクタンス	電力	エネルギー
単位	F	H	S	W	J
他のSI単位表示	ア	イ	ウ	エ	オ

1 C/V   2 Wb/A   3 T   4 J/s   5 Wb
6 W/A   7 C/m²   8 A/V   9 N・m   10 N

解説 → 問19

比透磁率 μ_S,平均磁路長 l [m] の環状鉄心内部の磁束密度 B [T] は,
$$B = \frac{\mu_0 \mu_S N I}{l} \text{ [T]}$$
コイルAとコイルBの磁束密度が同じ条件より,
$$\frac{\mu_0 \mu_{SA} N_A I_A}{l} = \frac{\mu_0 \mu_{SB} N_B I_B}{l}$$
$$\frac{\mu_0 \times 800 \times 180 \times I_A}{l} = \frac{\mu_0 \times 1{,}600 \times 60 \times I_B}{l}$$
よって, $I_B = \dfrac{3}{2} I_A$ [A]

解説 → 問20

0 [℃] の抵抗値が R [Ω] で温度係数が α の抵抗において,t [℃] のときの抵抗値 R_t [Ω] は,
$$R_t = (1 + \alpha t) R \text{ [Ω]}$$
抵抗 R_M [Ω] と R_N [Ω] を直列接続したとき,t [℃] のときの合成抵抗 R_0 [Ω] は,
$$R_0 = (1 + \alpha_M t) R_M + (1 + \alpha_N t) R_N$$
$$= R_M + R_N + R_M \alpha_M t + R_N \alpha_N t$$
$$= \left(1 + \frac{R_M \alpha_M + R_N \alpha_N}{R_M + R_N} t \right)(R_M + R_N) = (1 + \alpha_{ab} t)(R_M + R_N) \text{ [Ω]}$$

よって, $\alpha_{ab} = \dfrac{R_M \alpha_M + R_N \alpha_N}{R_M + R_N}$

$(1 + \alpha t) R$ の形の式に変形する

解説 → 問21

ア 電圧 V [V],電荷 Q [C] より,静電容量 C [F] は,
$$C \text{ [F]} = \frac{Q \text{ [C]}}{V \text{ [V]}}$$
イ 磁束 Φ [Wb],電流 I [A] より,インダクタンス L [H] は,
$$L \text{ [H]} = \frac{\Phi \text{ [Wb]}}{I \text{ [A]}}$$
ウ 電圧 V [V],電流 I [A] より,コンダクタンス G [S] は,
$$G \text{ [S]} = \frac{I \text{ [A]}}{V \text{ [V]}}$$
エ 電力 P [W] は,
$$P \text{ [W]} = V \text{ [V]} \times I \text{ [A]} = \frac{W \text{ [J]}}{Q \text{ [C]}} \times \frac{Q \text{ [C]}}{t \text{ [s]}} = \frac{W \text{ [J]}}{t \text{ [s]}}$$
オ 力 F [N],距離 l [m] より,エネルギー U [J] は,
$$U \text{ [J]} = F \text{ [N]} \times l \text{ [m]}$$

解答 問19→2　問20→5　問21→ア-1　イ-2　ウ-8　エ-4　オ-9

次の記述は，導線に電流が流れているときに生ずる表皮効果について述べたものである．このうち誤っているものを下の番号から選べ．

1　直流電流を流したときには生じない．
2　電流の周波数が高いほど顕著に生ずる．
3　導線断面の中心に近いほど電流密度が大きい．
4　導線に流れる電流による磁束の変化によって生ずる．
5　導線の実効抵抗が大きくなる．

図に示す直流回路の□内に入れるべき数値を下の番号から選べ．

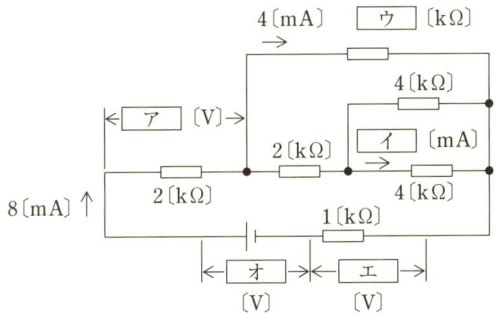

1　2　　　2　4　　　3　6　　　4　8　　　5　10
6　16　　7　28　　 8　32　　 9　40　　10　56

解説 → 問22

導線断面の表皮に近いほど電流密度が大きい.

解説 → 問23

ア 解説図において，抵抗 R_1 〔Ω〕の電圧 V_1 〔V〕は，
$$V_1 = I_1 R_1 = 8 \times 10^{-3} \times 2 \times 10^3$$
$$= 16 \times 10^{-3+3} = 16 \text{〔V〕}$$

イ R_3 を流れる電流 $I_3 = I_1 - I_2 = 8 - 4 = 4$〔mA〕であり，$R_4 = R_5$ だから，
$$I_4 = I_5 = \frac{I_3}{2} = 2 \text{〔mA〕}$$

ウ R_2 に加わる電圧 V_2 〔V〕は，
$$V_2 = V_3 + V_5 = I_3 R_3 + I_5 R_5$$
$$= 4 \times 2 \times 10^{-3+3} + 2 \times 4 \times 10^{-3+3} = 16 \text{〔V〕}$$

R_2 を求めると，
$$R_2 = \frac{V_2}{I_2} = \frac{16}{4 \times 10^{-3}} = 4 \times 10^3 \text{〔Ω〕} = 4 \text{〔kΩ〕}$$

エ R_6 に加わる電圧 V_6 〔V〕は，
$$V_6 = I_1 R_6 = 8 \times 10^{-3} \times 1 \times 10^3$$
$$= 8 \times 1 \times 10^{-3+3} = 8 \text{〔V〕}$$

オ 電源電圧 E 〔V〕は，
$$E = V_1 + V_2 + V_6 = 16 + 16 + 8 = 40 \text{〔V〕}$$

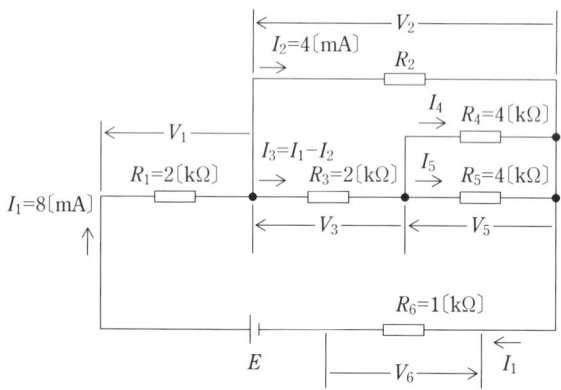

解答 問22→3　問23→ア-6　イ-1　ウ-2　エ-4　オ-9

問 24

図に示す回路において，抵抗 R〔Ω〕に流れる電流 I が 8〔A〕，抵抗 R_1 に流れる電流 I_1 が 2〔A〕であった．このとき R_1 の値として，正しいものを下の番号から選べ．

1 30〔Ω〕
2 35〔Ω〕
3 40〔Ω〕
4 45〔Ω〕
5 50〔Ω〕

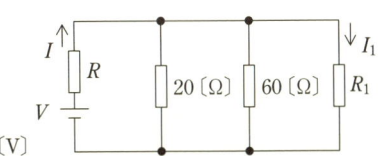

V：直流電圧〔V〕

問 25

次の記述は，テブナンの定理を用いた回路の計算について述べたものである．□ 内に入れるべき字句を下の番号から選べ．

(1) テブナンの定理では，図1に示すように回路網 C の端子 ab 間の電圧が V_{ab}〔V〕で，端子 ab 間から C を見た抵抗が R_{ab}〔Ω〕のとき，端子 ab に R_0〔Ω〕の抵抗を接続すると，R_0 に流れる電流 I_0 は，$I_0 =$ ア 〔A〕で表せる．
(2) 図2の回路において端子 ab から左側を見た回路網を C としたとき，直流電源電圧を V〔V〕とすると端子 ab 間の電圧 V_{ab} は，$V_{ab} =$ イ 〔V〕である．
(3) 図2の回路において端子 ab から C を見た抵抗 R_{ab} は，V の両端を ウ して考えるので，$R_{ab} =$ エ 〔Ω〕である．
(4) したがって，図3のように図2の回路の端子 ab に抵抗 R_1〔Ω〕を接続したとき，R_1 に流れる電流 I_1 は，V，R_1，R を用いて，$I_1 =$ オ 〔A〕で表せる．

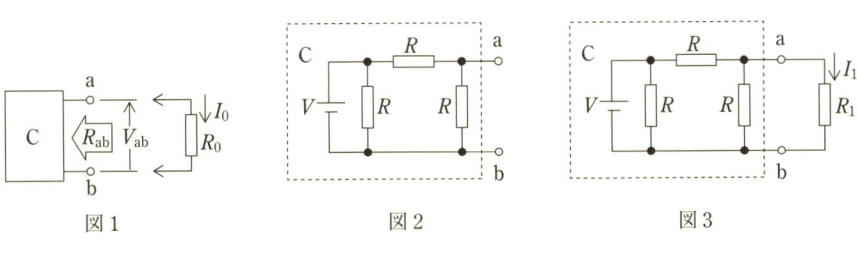

図1 図2 図3

1 $V_{ab}/R_{ab} + V_{ab}/R_0$ 2 $V/3$ 3 短絡   4 $2R/3$ 5 $V/(R+2R_1)$
6 $V_{ab}/(R_{ab}+R_0)$ 7 $V/2$ 8 開放   9 $R/2$ 10 $V/(2R/3+R_1)$

解説 → 問24

抵抗 $R_2=20$〔Ω〕と $R_3=60$〔Ω〕の合成抵抗 R_{23}〔Ω〕は,

$$R_{23}=\frac{R_2 R_3}{R_2+R_3}=\frac{20\times 60}{20+60}=15〔Ω〕$$

電源から流れる電流 $I=8$〔A〕のうち,抵抗 R_{23} を流れる電流 I_{23}〔A〕は,

$$I_{23}=I-I_1=8-2=6〔A〕$$

R_{23} に加わる電圧 V_{23}〔V〕は,

$$V_{23}=I_{23}R_{23}=6\times 15=90〔V〕$$

R_1 に加わる電圧も同じだから,抵抗 R_1〔Ω〕を求めると,

$$R_1=\frac{V_{23}}{I_1}=\frac{90}{2}=45〔Ω〕$$

解説 → 問25

R_0 に流れる電流 I_0〔A〕は,テブナンの定理より次式で表される.

$$I_0=\frac{V_{ab}}{R_{ab}+R_0}〔A〕 \quad (\boxed{ア}\text{の答})$$

V_{ab} は回路網内の同じ値の抵抗 R によって,電圧 V が 1/2 に分圧されるので,

$$V_{ab}=\frac{V}{2}〔V〕 \quad (\boxed{イ}\text{の答})$$

電圧源の内部抵抗は 0 だから,V の両 R_{ab} 端を短絡して考えると,内部抵抗 R_{ab} は抵抗 R と R の並列接続となるので,

$$R_{ab}=\frac{R}{2}〔Ω〕 \quad (\boxed{エ}\text{の答})$$

テブナンの定理より,

$$I_1=\frac{\dfrac{V}{2}}{\dfrac{R}{2}+R_1}$$

$$=\frac{V}{R+2R_1}〔A〕 \quad (\boxed{オ}\text{の答})$$

V に並列に接続されている抵抗 R は,0〔Ω〕となる

解答 問24→4 問25→ア-6 イ-7 ウ-3 エ-9 オ-5

問 26

図に示す抵抗 $R = 100〔\Omega〕$ で作られた回路において，端子 ab 間の合成抵抗の値として，正しいものを下の番号から選べ．

1　250〔Ω〕
2　200〔Ω〕
3　180〔Ω〕
4　150〔Ω〕
5　120〔Ω〕

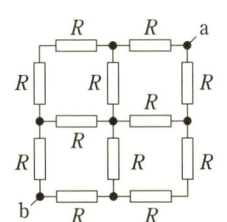

問 27

次の記述は，図1に示す回路において，スイッチ SW を接 (ON) にしたときに抵抗 R_0 に流れる電流 I_0 を求める手順について述べたものである．□内に入れるべき字句を下の番号から選べ．ただし，直流電源の内部抵抗はないものとする．

(1) SW を断 (OFF) にしたとき，端子 ab から電源側を見た合成抵抗 R_{ab} は，$R_{ab} =$ 　ア　〔Ω〕である．

(2) SW を断 (OFF) にしたとき，端子 ab 間の電圧は，図2の電圧 V である．
　　図2の回路に流れる電流 I は，$I =$ 　イ　〔A〕である．
　　したがって，V は次式で表される．
　　　$V =$ 　ウ　〔V〕

(3) よって，I_0 は次式で表される．
　　　$I_0 = V/(R_{ab} +$ 　エ　$) =$ 　オ　〔A〕

1　0.5　　2　1
3　2　　　4　3
5　4　　　6　6
7　12　　 8　18
9　21　　10　24

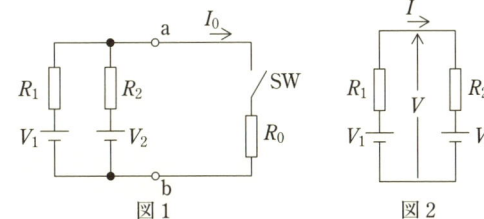

抵抗　$R_1 = R_2 = 6〔\Omega〕$，$R_0 = 21〔\Omega〕$
直流電源電圧　$V_1 = 18〔V〕$，$V_2 = 6〔V〕$

解説 → 問26

問題の回路は，解説図のような抵抗 R_0〔Ω〕が二つ並列に接続されているとすると，

$$R_0 = R + \frac{R+R}{2} + R = 3R = 300 〔Ω〕$$

ab 間の抵抗 R_{ab}〔Ω〕を求めると，

$$R_{ab} = \frac{R_0}{2} = 150 〔Ω〕$$

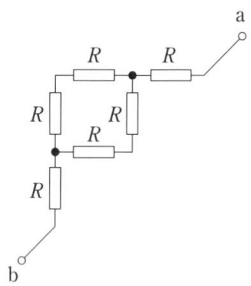

解説 → 問27

電圧源の内部抵抗は 0〔Ω〕として扱うので，V_1，V_2 を短絡して端子 ab から電源側を見た合成抵抗 R_{ab}〔Ω〕を求めると，

$$R_{ab} = \frac{R_1 R_2}{R_1 + R_2} = \frac{6 \times 6}{6+6} = 3 〔Ω〕 \quad (\boxed{ア}\text{の答})$$

SW を断にしたときに図2の回路を流れる電流 I〔A〕は，

$$I = \frac{V_1 - V_2}{R_1 + R_2} = \frac{18-6}{6+6} = 1 〔A〕 \quad (\boxed{イ}\text{の答})$$

V_2 側で端子電圧 V〔V〕を求めると，

$$V = V_2 + IR_2 = 6 + 1 \times 6 = 12 〔V〕 \quad (\boxed{ウ}\text{の答})$$

テブナンの定理より，負荷抵抗 $R_0 = 21$〔Ω〕を接続したときに回路を流れる電流 I_0〔A〕は，次式で表される．

$$I_0 = \frac{V}{R_{ab} + R_0} = \frac{12}{3+21} \quad (\boxed{エ}\text{の答})$$

$$= 0.5 〔A〕 \quad (\boxed{オ}\text{の答})$$

解答 問26→4　問27→アー4 イー2 ウー7 エー9 オー1

問題

問 28 解説あり！

次の記述は，正弦波交流電圧 v_1，v_2 および v_3 の合成について述べたものである．□内に入れるべき字句を下の番号から選べ．ただし，v_1，v_2 および v_3 は次式で表されるものとし，その最大値を V_m〔V〕，角周波数を ω〔rad/s〕，時間を t〔s〕とする．

$v_1 = V_m \sin \omega t$〔V〕
$v_2 = V_m \sin(\omega t + 2\pi/3)$〔V〕
$v_3 = V_m \sin(\omega t - 2\pi/3)$〔V〕

(1) $v_{23} = v_2 + v_3$〔V〕とすると，v_{23} の角周波数は，□ア□〔rad/s〕である．
(2) v_{23} の最大値は□イ□〔V〕であり，位相は v_2 よりも□ウ□〔rad〕進んでいる．
(3) よって，v_1 と v_{23} の位相差は□エ□〔rad〕である．
(4) したがって，$v_0 = v_1 + v_2 + v_3$ とすると，v_0 の瞬時値は□オ□〔V〕となる．

1	0	2	$\pi/6$	3	$\pi/3$	4	$2\pi/3$	5	π
6	$V_m/2$	7	V_m	8	$2V_m$	9	ω	10	2ω

問 29 解説あり！

図に示す抵抗 $R = 10$〔Ω〕と容量リアクタンス $X_C = 10$〔Ω〕の並列回路に，電源電圧として瞬時値 v が $v = 100\sqrt{2}\sin \omega t$〔V〕の電圧を加えたとき，電源から流れる電流 i を表す式として，正しいものを下の番号から選べ．ただし，角周波数を ω〔rad/s〕，時間を t〔s〕とする．

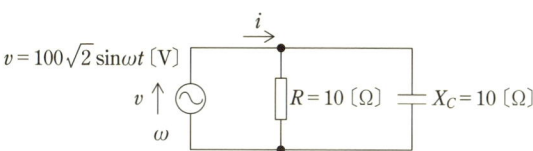

1　$i = 10\sqrt{2} \sin(\omega t + \pi/4)$〔A〕
2　$i = 10\sqrt{2} \sin(\omega t + \pi/2)$〔A〕
3　$i = 20 \sin(\omega t - \pi/4)$〔A〕
4　$i = 20 \sin(\omega t + \pi/2)$〔A〕
5　$i = 20 \sin(\omega t + \pi/4)$〔A〕

解説 → 問28

各交流電圧のベクトル量を $\dot{V}_1$, $\dot{V}_2$, $\dot{V}_3$ としたときのベクトル図を解説図に示す.

(1) $\dot{V}_2$ と $\dot{V}_3$ の和は,解説図より $\dot{V}_1$ と逆位相となるが,角周波数は変化しないので v_{23} の角周波数は ω 〔rad/s〕である.

(2) $\dot{V}_{23}$ の大きさは解説図において正三角形の各辺で表されるので,$\dot{V}_{23}$ の最大値は V_m〔V〕である.解説図より v_{23} は v_2 より $\theta = \pi/3$〔rad〕位相が進んでいる.

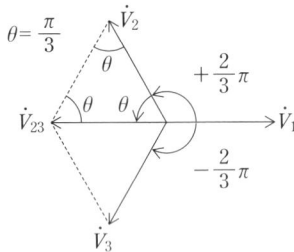

(3) 解説図より v_1 と v_{23} は逆位相だから,位相差は π〔rad〕である.

(4) $v_0 = v_1 + v_2 + v_3 = v_1 + v_{23} = 0$〔V〕

解説 → 問29

抵抗 $R = 10$〔Ω〕に流れる電流 i_R〔A〕は,

$$i_R = \frac{100\sqrt{2}}{R} \sin\omega t = \frac{100\sqrt{2}}{10} \sin\omega t = 10\sqrt{2} \sin\omega t \text{〔A〕}$$

容量リアクタンス $X_C = 10$〔Ω〕に流れる電流 i_C〔A〕は,v より $\pi/2$〔rad〕位相が進んでいるので,

$$i_C = \frac{100\sqrt{2}}{X_C} \sin\left(\omega t + \frac{\pi}{2}\right) = 10\sqrt{2} \sin\left(\omega t + \frac{\pi}{2}\right) \text{〔A〕}$$

各交流電流のベクトル量を $\dot{I}$, $\dot{I}_R$, $\dot{I}_C$ とすると $|\dot{I}_R| = |\dot{I}_C|$ だから解説図より,$|\dot{I}| = \sqrt{2}|\dot{I}_R|$,位相差 $\theta = \pi/4$〔rad〕となるので電源から流れる電流 i〔A〕は,

$$i = \sqrt{2} \times 10\sqrt{2} \sin\left(\omega t + \frac{\pi}{4}\right) = 20 \sin\left(\omega t + \frac{\pi}{4}\right) \text{〔A〕}$$

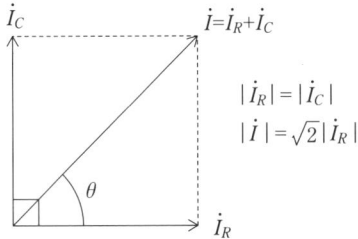

解答 問28→ア-9 イ-7 ウ-3 エ-5 オ-1　問29→5

問題

問30 解説あり！   正解 □ 完璧 □ 直前CHECK □

次の記述は，図に示す抵抗 R〔Ω〕と誘導リアクタンス X_L〔Ω〕の直列回路について述べたものである．□ 内に入れるべき字句を下の番号から選べ．ただし，R〔Ω〕$= X_L$〔Ω〕とする．

(1) X_L の両端の電圧 $\dot{V}_L$ の大きさ $|\dot{V}_L|$ と R の両端の電圧 $\dot{V}_R$ の大きさ $|\dot{V}_R|$ の関係は，ア である．
(2) $\dot{V}_L$ と $\dot{V}_R$ の位相差は，イ〔rad〕である．
(3) 電源電圧 $\dot{V}$〔V〕と回路に流れる電流 $\dot{I}$〔A〕の位相差 θ は，ウ〔rad〕である．
(4) $\dot{I}$ は，$\dot{V}$ よりも位相が エ いる．
(5) 回路の消費電力（有効電力）は，オ〔W〕である．

| 1 | 遅れて | 2 | $|\dot{V}_L|>|\dot{V}_R|$ | 3 | $1/\sqrt{2}$ | 4 | $\pi/4$ | 5 | $|\dot{V}|^2/(2R)$ |
| 6 | 進んで | 7 | $|\dot{V}_L|=|\dot{V}_R|$ | 8 | $\pi/2$ | 9 | π | 10 | $|\dot{V}|^2/(\sqrt{2}R)$ |

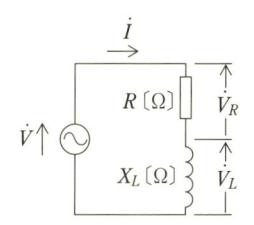

問31 解説あり！   正解 □ 完璧 □ 直前CHECK □

図に示す回路において，交流電源から見たインピーダンスが純抵抗になったときのインピーダンスの値として，正しいものを下の番号から選べ．

1　5〔Ω〕
2　10〔Ω〕
3　15〔Ω〕
4　20〔Ω〕
5　25〔Ω〕

R：抵抗　20〔kΩ〕
L：自己インダクタンス　10〔mH〕
C：静電容量　0.05〔μF〕
V：交流電源〔V〕

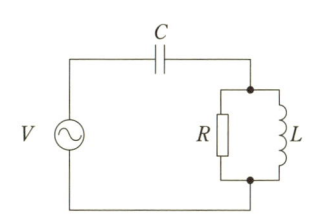

解説 → 問30

(1) 抵抗とコイルを流れる電流 $\dot{I}$〔A〕は同じなので，$\dot{V}_R = R\dot{I}$，$\dot{V}_L = jX_L\dot{I}$ で表される．$R = X_L$ の条件より，$|\dot{V}_L| = |\dot{V}_R|$ である．

(2) $\dot{V}_L$ と $\dot{V}_R$ の位相差は解説図より $\pi/2$〔rad〕である．

(3) $\dot{V}$ と $\dot{I}$ の位相差 θ は解説図より $\pi/4$〔rad〕である．

(4) 解説図より $\dot{I}$ は $\dot{V}$ よりも位相が遅れている．

(5) 回路を流れる電流 $\dot{I}$ を求めると，

$$\dot{I} = \frac{\dot{V}}{R + jX_L} \text{〔A〕}$$

$R = X_L$ の条件より，$\dot{I}$ の大きさは，

$$|\dot{I}| = \frac{|\dot{V}|}{\sqrt{R^2 + R^2}} = \frac{|\dot{V}|}{\sqrt{2}\,R} \text{〔A〕}$$

有効電力 P〔W〕は，

$$P = |\dot{I}|^2 R = \frac{|\dot{V}|^2}{2R^2} R = \frac{|\dot{V}|^2}{2R} \text{〔W〕}$$

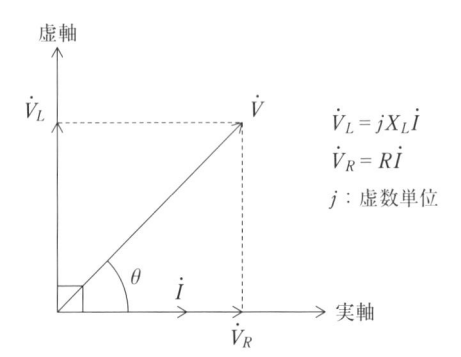

$\dot{V}_L = jX_L\dot{I}$
$\dot{V}_R = R\dot{I}$
j：虚数単位

解説 → 問31

回路のインピーダンス $\dot{Z}$〔Ω〕は，

$$\dot{Z} = -j\frac{1}{\omega C} + \frac{R \times j\omega L}{R + j\omega L} = \frac{R\omega^2 L^2}{R^2 + \omega^2 L^2} + j\left(\frac{R^2 \omega L}{R^2 + \omega^2 L^2} - \frac{1}{\omega C}\right) \quad \cdots\cdots (1)$$

$\dot{Z}$ が純抵抗となるのは，式(1)の虚数部が0のときだから，

$$\frac{R^2 \omega L}{R^2 + \omega^2 L^2} = \frac{1}{\omega C}$$

$$\frac{R\omega^2 L^2}{R^2 + \omega^2 L^2} = \frac{L}{CR} \quad \cdots\cdots (2)$$

式(1)の虚数部=0とした式に，式(2)と題意の数値を代入して計算すると，

$$\dot{Z} = \frac{R\omega^2 L^2}{R^2 + \omega^2 L^2} = \frac{L}{CR} = \frac{10 \times 10^{-3}}{0.05 \times 10^{-6} \times 20 \times 10^3} = 10 \text{〔Ω〕}$$

解答 問30→ア−7 イ−8 ウ−4 エ−1 オ−5　問31→2

問題

問 32

次の記述は，図に示す交流回路の自己インダクタンス L [H] を変化させたときの回路に流れる電流 $\dot{I}$ について述べたものである．□内に入れるべき字句の正しい組合せを下の番号から選べ．ただし，交流電源の角周波数を ω [rad/s] とする．

(1) 回路の合成インピーダンス $\dot{Z}$ は，次式で表される．

$$\dot{Z} = \frac{\boxed{A}}{1+(\omega CR)^2} + j\left\{\omega L - \frac{\boxed{B}}{1+(\omega CR)^2}\right\} \text{ [}\Omega\text{]} \quad \cdots\cdots\cdots ①$$

(2) 式①において，実数部は L に無関係であるから，$\dot{I}$ の大きさが最大値になるときの L は，$L = \boxed{C}$ [H] で表される．

	A	B	C
1	R	$R^2/(\omega L)$	$CR^2/\{1-(\omega CR)^2\}$
2	R	ωCR^2	$CR^2/\{1+(\omega CR)^2\}$
3	$1/(\omega C)$	$R^2/(\omega L)$	$CR^2/\{1+(\omega CR)^2\}$
4	$1/(\omega C)$	ωCR^2	$CR^2/\{1+(\omega CR)^2\}$
5	$1/(\omega C)$	$R^2/(\omega L)$	$CR^2/\{1-(\omega CR)^2\}$

$\dot{V}$：交流電源電圧 [V]
R：抵抗 [Ω]
C：静電容量 [F]

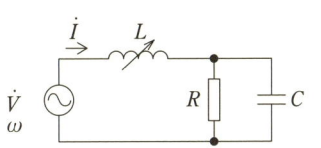

問 33

図に示す直列共振回路において，可変静電容量 C_V が 800 [pF] のとき共振周波数 f_r は 200 [kHz] であった．この回路の f_r を 800 [kHz] にするための C_V の値として，正しいものを下の番号から選べ．ただし，抵抗 R [Ω] および自己インダクタンス L [H] は一定とする．

1　20 [pF]
2　30 [pF]
3　40 [pF]
4　50 [pF]
5　60 [pF]

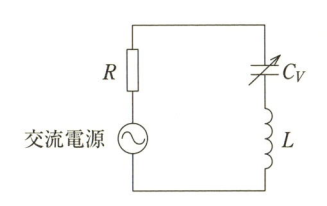

解説 → 問32

回路のインピーダンス $\dot{Z}$ 〔Ω〕は,

$$\dot{Z} = j\omega L + \frac{R \times \frac{1}{j\omega C}}{R + \frac{1}{j\omega C}} = j\omega L + \frac{R}{1 + j\omega CR}$$

$$= j\omega L + \frac{R(1 - j\omega CR)}{1 + (\omega CR)^2} = \frac{R}{1 + (\omega CR)^2} + j\left\{\omega L - \frac{\omega CR^2}{1 + (\omega CR)^2}\right\} \text{〔Ω〕}$$

$\dot{Z}$ が最小のときに $\dot{I}$ の大きさは最大となる。このとき,虚数部は零となるので,

$$\omega L = \frac{\omega CR^2}{1 + (\omega CR)^2} \qquad よって,\quad L = \frac{CR^2}{1 + (\omega CR)^2} \text{〔H〕}$$

解説 → 問33

共振周波数 f_r〔Hz〕は,

$$f_r = \frac{1}{2\pi\sqrt{LC_V}} \text{〔Hz〕}$$

$f_{r1} = 200$〔kHz〕$= 200 \times 10^3$〔Hz〕のときの静電容量が $C_{V1} = 800$〔pF〕$= 800 \times 10^{-12}$〔F〕だから,

$$200 \times 10^3 = \frac{1}{2\pi\sqrt{L \times 800 \times 10^{-12}}} \qquad \cdots\cdots (1)$$

$f_{r2} = 800$〔kHz〕のときの静電容量を C_{V2}〔F〕とすると,

$$800 \times 10^3 = \frac{1}{2\pi\sqrt{L \times C_{V2}}} \qquad \cdots\cdots (2)$$

式(2)÷式(1)より,

$$\frac{800}{200} = \frac{2\pi\sqrt{L \times 800 \times 10^{-12}}}{2\pi\sqrt{L \times C_{V2}}}$$

$$4 = \frac{\sqrt{800 \times 10^{-12}}}{\sqrt{C_{V2}}}$$

両辺を2乗して,C_{V2}〔F〕を求めると,

$$C_{V2} = \frac{800 \times 10^{-12}}{16} = 50 \times 10^{-12} \text{〔F〕} = 50 \text{〔pF〕}$$

解答 問32→2 問33→4

問題

問 34 解説あり！ 正解 □ 完璧 □ 直前CHECK □

図に示す交流回路において、スイッチ SW を断 (OFF) にしたとき、可変静電容量 C_V が 200〔pF〕で回路は共振した。次に SW を接 (ON) にして C_V を 100〔pF〕としたところ、回路は同じ周波数で共振した。このときの静電容量 C_X の値として、正しいものを下の番号から選べ。

1. 150〔pF〕
2. 200〔pF〕
3. 250〔pF〕
4. 300〔pF〕
5. 400〔pF〕

L：自己インダクタンス〔H〕
R：抵抗〔Ω〕

問 35 解説あり！ 正解 □ 完璧 □ 直前CHECK □

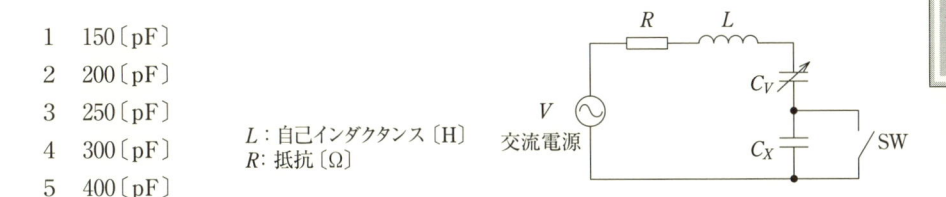

図に示す交流回路において、スイッチ SW を接 (ON) にしたとき、電流 I が、$I = \sqrt{5}$〔A〕であり、SW を断 (OFF) にしたとき、$I = 2$〔A〕であった。このときの抵抗 R および誘導リアクタンス X_L の値の組合せとして、正しいものを下の番号から選べ。

	R	X_L
1	4〔Ω〕	8〔Ω〕
2	4〔Ω〕	6〔Ω〕
3	6〔Ω〕	4〔Ω〕
4	6〔Ω〕	6〔Ω〕
5	8〔Ω〕	4〔Ω〕

解説 → 問34

インダクタンス L〔H〕および静電容量 C〔F〕の共振周波数 f_r〔Hz〕は,

$$f_r = \frac{1}{2\pi\sqrt{LC}} \text{〔Hz〕}$$

SWが断のときの静電容量 C_V を $C_1 = 200$〔pF〕,接のときの C_V を $C_2 = 100$〔pF〕とすると,C_1 と C_X の直列接続と C_2 の値が同じときに,共振周波数は同じ値となるので,次式が成り立つ.

$$\frac{1}{C_1} + \frac{1}{C_X} = \frac{1}{C_2}$$

$$\frac{1}{C_X} = \frac{1}{C_2} - \frac{1}{C_1} = \frac{1}{100} - \frac{1}{200} = \frac{2-1}{200} = \frac{1}{200}$$

よって,$C_X = 200$〔pF〕

> C_a, C_b の直列接続は,
> $$\frac{1}{C_p} = \frac{1}{C_a} + \frac{1}{C_b}$$
> または,
> $$C_p = \frac{C_a C_b}{C_a + C_b}$$

解説 → 問35

交流電圧の大きさ $V = 20$〔V〕と SW が ON のときの電流 $I = \sqrt{5}$〔A〕より,インピーダンスの大きさ Z_N〔Ω〕を求めると,

$$Z_N = \frac{V}{I} = \frac{20}{\sqrt{5}} = \frac{20 \times \sqrt{5}}{\sqrt{5} \times \sqrt{5}} = 4\sqrt{5} \text{〔Ω〕}$$

SW が OFF のときの電流は $I = 2$〔A〕だから,インピーダンス Z_F〔Ω〕は,

$$Z_F = \frac{V}{I} = \frac{20}{2} = 10 \text{〔Ω〕}$$

SW と並列に接続された抵抗を $R_S = 2$〔Ω〕とすると,SW が OFF のときは,

$(R + R_S)^2 + X_L^2 = (R + 2)^2 + X_L^2 = Z_F^2$

$R^2 + 2 \times 2R + 2^2 + X_L^2 = 10^2$

$R^2 + 4R + 4 + X_L^2 = 100$ ……(1)

SW が ON のときは,

$R^2 + X_L^2 = Z_N^2 = (4\sqrt{5})^2 = 80$ ……(2)

> R と X_L が未知数だから,連立方程式を二つ作る

式(1)に式(2)を代入すると,

$4R + 4 + 80 = 100$

よって,$R = 4$〔Ω〕

R の値を式(2)に代入すると,

$X_L^2 = 80 - 4^2 = 64$

よって,$X_L = 8$〔Ω〕

解答 問34➡2 問35➡1

問36

次の記述は，図に示す RC 回路について述べたものである．□内に入れるべき字句の正しい組合せを下の番号から選べ．

(1) 抵抗 R〔Ω〕の両端の電圧を $\dot{V}_R$〔V〕とすると，$\dot{V}_R/\dot{V}$ = □A□ である．
(2) $|\dot{V}_R/\dot{V}| = 1/\sqrt{2}$ となる角周波数 ω_1 は，ω_1 = □B□ 〔rad/s〕である．
(3) 回路は □C□ として働く．

ω：角周波数〔rad/s〕
R：抵抗〔Ω〕
C：静電容量〔F〕
$\dot{V}$：交流電源電圧〔V〕

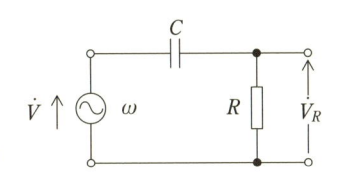

	A	B	C
1	$1/(1+j\omega C/R)$	R/C	低域フィルタ（LPF）
2	$1/(1+j\omega C/R)$	$1/(CR)$	高域フィルタ（HPF）
3	$1/\{1-j/(\omega CR)\}$	R/C	高域フィルタ（HPF）
4	$1/\{1-j/(\omega CR)\}$	$1/(CR)$	高域フィルタ（HPF）
5	$1/\{1-j/(\omega CR)\}$	R/C	低域フィルタ（LPF）

問37

図に示す回路において，スイッチSWを断（OFF）にしたとき，端子a-b間の電圧 $\dot{V}_{ab}$ が，$\dot{V}_{ab}$ = 100〔V〕で，端子abから交流回路側を見たインピーダンス $\dot{Z}_{ab}$ が，$\dot{Z}_{ab}$ = 8 + j2〔Ω〕であった．次にSWを接（ON）にして端子ab間に容量リアクタンス X_C = 8〔Ω〕を接続したとき，X_C に流れる電流 $\dot{I}_C$ の大きさの値として，正しいものを下の番号から選べ．

1　12〔A〕
2　10〔A〕
3　8〔A〕
4　6〔A〕
5　5〔A〕

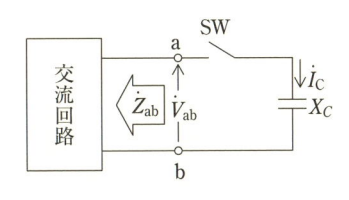

解説 → 問36

(1) Rの両端電圧$\dot{V}_R$は，静電容量CのリアクタンスX_CとRによる電圧の分圧によって求めることができるので，

$$\dot{V}_R = \frac{R}{R - jX_C}\dot{V} = \frac{R}{R - j\dfrac{1}{\omega C}}\dot{V} = \frac{1}{1 - j\dfrac{1}{\omega CR}}\dot{V}$$

よって，

$$\frac{\dot{V}_R}{\dot{V}} = \frac{1}{1 - j\dfrac{1}{\omega CR}}$$

(2) 大きさを求めると，

$$\frac{|\dot{V}_R|}{|\dot{V}|} = \frac{1}{\sqrt{1 + \left(\dfrac{1}{\omega CR}\right)^2}} \quad \cdots\cdots (1)$$

式(1)が$1/\sqrt{2}$となる角周波数をω_1とすると，次式の関係が成り立つ．

$$\frac{1}{\omega_1 CR} = 1 \qquad \text{よって，} \qquad \omega_1 = \frac{1}{CR}$$

(3) $\omega = 0$では出力電圧$|\dot{V}_R|/|\dot{V}| = 1/\infty = 0$，$\omega = \infty$では$|\dot{V}_R|/|\dot{V}| = 1$となるので，この回路は，高い周波数の電圧が通過する高域フィルタ（High Pass Filter）として働く．

解説 → 問37

交流回路網の等価回路は，解説図のようになるので，SWを閉じたときに流れる電流$\dot{I}_C$〔A〕は，

直角三角形の比が3:4:5の関係を覚えておくと計算が楽

$$\dot{I}_C = \frac{\dot{V}_{ab}}{\dot{Z}_{ab} - jX_C}$$

$$= \frac{100}{8 + j2 - j8} = \frac{100}{8 - j6} \text{〔A〕}$$

$\dot{I}_C$の大きさを求めると，

$$|\dot{I}_C| = \frac{100}{\sqrt{8^2 + 6^2}} = \frac{100}{10} = 10 \text{〔A〕}$$

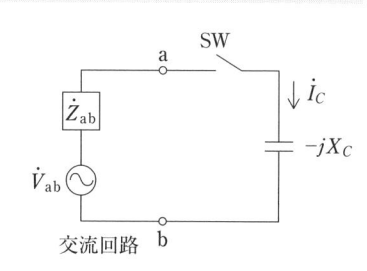

解答 問36 → 4　問37 → 2

問題

問 38

次の記述は，図に示すような変成器Tを用いた回路のインピーダンス整合について述べたものである．　　　内に入れるべき字句の正しい組合せを下の番号から選べ．

(1) Tの2次側に，R_L〔Ω〕の負荷抵抗を接続したとき，1次側の端子abから負荷側を見た抵抗R_{ab}は，R_{ab} =　A　〔Ω〕となる．

(2) 電源の内部抵抗をR_G〔Ω〕としたとき，R_Lに最大電力を供給するには，R_{ab} =　B　〔Ω〕でなければならない．

(3) (2)のとき，R_Lで消費する最大電力の値P_mは，P_m =　C　〔W〕である．

	A	B	C
1	$(N_2/N_1)^2 R_L$	$2R_G$	$V^2/(2R_G)$
2	$(N_2/N_1)^2 R_L$	R_G	$V^2/(4R_G)$
3	$(N_1/N_2)^2 R_L$	$2R_G$	$V^2/(4R_G)$
4	$(N_1/N_2)^2 R_L$	R_G	$V^2/(4R_G)$
5	$(N_1/N_2)^2 R_L$	$2R_G$	$V^2/(2R_G)$

V：交流電源電圧〔V〕
N_1：Tの1次側の巻数
N_2：Tの2次側の巻数

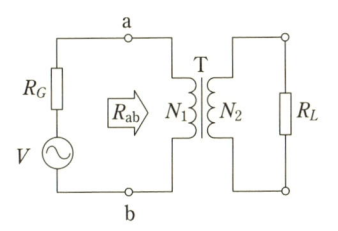

問 39

図に示すように，負荷$\dot{Z}_1$および$\dot{Z}_2$を交流電源電圧$\dot{V}$ = 100〔V〕に接続したとき，この回路の皮相電力の値として，正しいものを下の番号から選べ．ただし，$\dot{Z}_1$は誘導性の負荷とする．

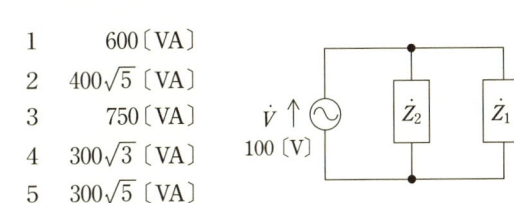

1　600〔VA〕
2　$400\sqrt{5}$〔VA〕
3　750〔VA〕
4　$300\sqrt{3}$〔VA〕
5　$300\sqrt{5}$〔VA〕

負荷	消費電力	力率
$\dot{Z}_1$	400〔W〕	0.8
$\dot{Z}_2$	200〔W〕	1

解説 →問38

1次側の端子abから負荷側を見た抵抗R_{ab}〔Ω〕は，
$$R_{ab} = \left(\frac{N_1}{N_2}\right)^2 R_L \text{〔Ω〕} \quad (\boxed{A}\text{の答})$$

最大電力が供給される条件は，電源側の内部抵抗R_Gと負荷抵抗R_{ab}が同じ値のときである．そのとき，負荷に加わる電圧V_{ab}〔V〕は電源電圧V〔V〕の1/2となるので，最大電力P_m〔W〕は，
$$P_m = \left(\frac{V}{2}\right)^2 \frac{1}{R_{ab}} = \frac{V^2}{4R_{ab}} = \frac{V^2}{4R_G} \text{〔W〕} \quad (\boxed{C}\text{の答})$$

解説 →問39

交流電源電圧の大きさをV〔V〕，$\dot{Z}_1$〔Ω〕を流れる電流の大きさをI_1〔A〕，力率を$\cos\theta_1$とすると，有効電力P_1〔W〕は，
$$P_1 = VI_1\cos\theta_1 \text{〔W〕} \quad \cdots\cdots(1)$$

式(1)より，I_1を求めると，
$$I_1 = \frac{P_1}{V\cos\theta_1} = \frac{400}{100 \times 0.8} = 5 \text{〔A〕}$$

> 有効電力は，電圧と電流が同位相である成分の電力

$\dot{Z}_2$〔Ω〕を流れる電流I_2〔A〕は，力率$\cos\theta_2$，有効電力P_2〔W〕より，
$$I_2 = \frac{P_2}{V\cos\theta_2} = \frac{200}{100 \times 1} = 2 \text{〔A〕}$$

$\dot{Z}_1$，$\dot{Z}_2$を流れる電流のうち，電圧と同位相の電流の成分をI_{e1}，I_{e2}とすると，
$$I_{e1} = I_1\cos\theta_1 = 5 \times 0.8 = 4 \text{〔A〕}$$
$$I_{e2} = I_2\cos\theta_2 = 2 \times 1 = 2 \text{〔A〕}$$

$\dot{Z}_1$，$\dot{Z}_2$を流れる電流のうち，電圧より$\pi/2$位相の異なる電流の成分をI_{q1}，I_{q2}とすると，
$$I_{q1} = I_1\sin\theta_1 = I_1\sqrt{1-\cos^2\theta_1}$$
$$= I_1\sqrt{1-0.8^2} = 5 \times 0.6 = 3 \text{〔A〕}$$
$$I_{q2} = I_2\sin\theta_2 = I_2\sqrt{1-\cos^2\theta_2} = 0 \text{〔A〕}$$

回路全体の皮相電力P_s〔VA〕は，
$$P_s = V \times \sqrt{(I_{e1}+I_{e2})^2 + (I_{q1}+I_{q2})^2}$$
$$= 100 \times \sqrt{(4+2)^2 + 3^2} = 100 \times \sqrt{45} = 300\sqrt{5} \text{〔VA〕}$$

解答 問38→4　問39→5

問題

問 40

次の記述は，図1に示す回路のスイッチSWを図2に示すように時間 t が t_1 〔s〕のときに接(ON)にして10〔V〕の直流電圧 V を加えたときの出力電圧 v_{ab} について述べたものである．　　　内に入れるべき字句の正しい組合せを下の番号から選べ．ただし，初期状態で，C の電荷は零とする．また，自然対数の底を ε としたとき，$\varepsilon^{-1}=0.37$ とする．

(1) SW を接(ON)にした直後の v_{ab} は，約　A　〔V〕である．
(2) 時間 t が $t_2 = t_1 + CR$〔s〕のときの v_{ab} は，約　B　〔V〕である．
(3) 時間 t が十分経過したときの v_{ab} は，約　C　〔V〕である．

	A	B	C
1	0	6.3	10
2	0	3.7	10
3	10	3.7	10
4	10	7.4	0
5	10	3.7	0

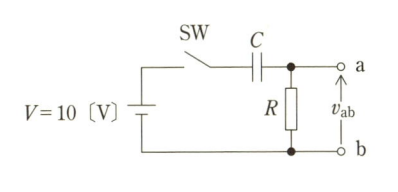

C：静電容量〔F〕　R：抵抗〔Ω〕

図1

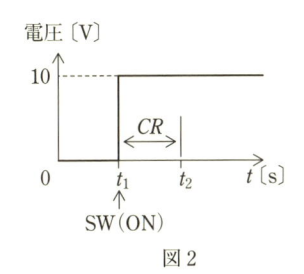

図2

問 41

図に示す抵抗 R，誘導リアクタンス X_L および容量リアクタンス X_C の並列回路の皮相電力 P_0 および有効電力 P_a の値の組合せとして，正しいものを下の番号から選べ．

	P_0	P_a
1	1,800〔VA〕	1,080〔W〕
2	1,800〔VA〕	450〔W〕
3	1,400〔VA〕	1,080〔W〕
4	1,200〔VA〕	450〔W〕
5	1,200〔VA〕	1,080〔W〕

$R = 30$〔Ω〕
$X_L = 18$〔Ω〕
$X_C = 90$〔Ω〕

解説 → 問40

SW を ON にしてから t 秒後の電圧 v_{ab} [V] は,
$$v_{ab} = V\varepsilon^{-t/CR} \text{ [V]}$$

(1) SW を ON にした直後 $t=0$ のときの電圧 v_{ab} [V] は,
$$v_{ab} = V\varepsilon^{-0} = V = 10 \text{ [V]}$$

$$x^{-0} = \frac{1}{x^0} = 1$$

(2) $t = t_2 - t_1 = CR$ のときは,
$$v_{ab} = V\varepsilon^{-CR/CR}$$
$$= V\varepsilon^{-1} = 10 \times 0.37 = 3.7 \text{ [V]}$$

$$x^{-\infty} = \frac{1}{x^\infty} = 0$$

(3) 時間が十分経過したときは, $t = \infty$ とすると,
$$v_{ab} = V\varepsilon^{-\infty} = 0 \text{ [V]}$$

解説 → 問41

回路の合成アドミタンス $\dot{Y}$ [S] は,

$$\dot{Y} = \frac{1}{R} + j\frac{1}{X_C} - j\frac{1}{X_L}$$

$$= \frac{1}{30} + j\left(\frac{1}{90} - \frac{1}{18}\right) = \frac{1}{90} - j\frac{4}{90} \text{ [S]}$$

電源電圧 $\dot{V}$ [V], 回路を流れる電流 $\dot{I}$ [A] のとき, 皮相電力 P_0 [VA] は,

$$P_0 = |\dot{V}| |\dot{I}| = |\dot{V}|^2 |\dot{Y}|$$

$$= 180^2 \sqrt{\frac{3^2}{90^2} + \frac{4^2}{90^2}}$$

$$= \frac{180^2}{90}\sqrt{3^2 + 4^2} = 180 \times 2 \times 5 = 1{,}800 \text{ [VA]}$$

アドミタンスはインピーダンスの逆数だから, $\dot{I} = \dot{V}\dot{Y}$

抵抗を流れる電流の大きさが I_R [A] のとき, 有効電力 P_a [W] は,

$$P_a = VI_R = \frac{V^2}{R} = \frac{180^2}{30} = 1{,}080 \text{ [W]}$$

解答 問40→5　問41→1

問 42

次の記述は，半導体について述べたものである．このうち誤っているものを下の番号から選べ．

1　真性半導体では，電子とホール（正孔）の密度は等しい．
2　P形半導体の多数キャリアは，ホール（正孔）である．
3　N形半導体を作るために入れる不純物をドナーという．
4　半導体のシリコン（Si）は，周期表では，第Ⅳ族（4価）の物質である．
5　一般に電子の移動度は，ホール（正孔）の移動度よりも小さい．

問 43

次の記述は，半導体とその性質について述べたものである．このうち誤っているものを下の番号から選べ．

1　P形半導体を作るために真性半導体に入れる不純物をアクセプタという．
2　N形半導体の多数キャリアは電子である．
3　ゲルマニウムやシリコンは，代表的な真性半導体であり，その原子価は4である．
4　不純物の濃度を濃くすると，抵抗率が高くなる．
5　温度が上がると，抵抗率が低くなる．

問 44

次の図は，半導体素子の図記号とその名称の組合せを示したものである．このうち正しいものを1，誤っているものを2として解答せよ．

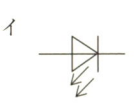

ア	イ	ウ	エ	オ
発光ダイオード	ホトダイオード	ツェナーダイオード	バラクタダイオード	トンネルダイオード

第1部　無線工学の基礎

問 45

次の記述は，半導体のPN接合について述べたものである． 内に入れるべき字句の正しい組合せを下の番号から選べ．

(1) PN接合の接合面付近には，外部から電圧を加えなくても，キャリアの A 領域がある．その領域には，内部電界があり，その電界の方向は B に向かう方向である．
(2) 外部からP形に正（＋），N形に負（－）の電圧を加えると，内部電界の強さは C ，電流が流れやすくなる．

	A	B	C
1	無い	P形からN形	強まり
2	無い	N形からP形	弱まり
3	無い	P形からN形	弱まり
4	充満した	N形からP形	弱まり
5	充満した	P形からN形	強まり

問 46

次の記述は，半導体素子の一般的な働きまたは用途について述べたものである．このうち，誤っているものを下の番号から選べ．

1 バラクタダイオードは，加える電圧によって静電容量が変化する素子として用いられる．
2 ホトダイオードは，光エネルギーを電気エネルギーに変換する素子として用いられる．
3 ツェナーダイオードは，逆方向電圧を加えたときの定電圧特性を利用する素子として用いられる．
4 トンネルダイオードは，順方向電圧を加えたときの負性抵抗特性を利用する素子として用いられる．
5 発光ダイオードは，逆方向電流が流れたときに発光する特性を利用する素子として用いられる．

解答 問42→5　問43→4　問44→ア-2　イ-2　ウ-1　エ-1　オ-1

ミニ解説
問42 一般に電子の移動度はホールの移動度よりも大きい．
問43 不純物の濃度を濃くすると，抵抗率は低くなる．
問44 選択肢アはホトダイオード，イは発光ダイオード

問題

問 47

次の記述は，電子素子の主な用途について述べたものである．□内に入れるべき字句を下の番号から選べ．

(1) 定電圧電源などの基準電圧として用いるのは，□ア□である．
(2) 同調回路などの可変静電容量素子として用いるのは，□イ□である．
(3) 光感知器などの受光素子として用いるのは，□ウ□である．
(4) 磁束計などの磁気検出素子として用いるのは，□エ□である．
(5) 電子温度計などの温度検出素子として用いるのは，□オ□である．

1　ホトダイオード　　2　バリスタ　　　　　　3　ホール素子
4　発光ダイオード　　5　ツェナーダイオード　6　ストレインゲージ
7　サーミスタ　　　　8　サイリスタ　　　　　9　バラクタダイオード
10　アバランシダイオード

問 48

次の記述は，図1に示す図記号の電界効果トランジスタ（FET）の原理的な構造および基本的な使い方について述べたものである．このうち誤っているものを下の番号から選べ．ただし，電極のドレイン，ゲートおよびソースをそれぞれD，GおよびSで表す．

1　接合形である．
2　図2が内部の構造である．
3　チャネルは，N形である．
4　D-S間には，Dに負（−），Sに正（＋）の電圧を加えて使う．
5　G-S間には，Gに負（−），Sに正（＋）の電圧を加えて使う．

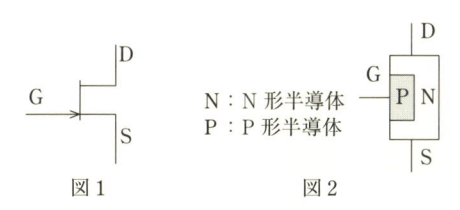

N：N形半導体
P：P形半導体

図1　　　　図2

問題

問 49

次の記述は，サーミスタの一般的な特性などについて述べたものである．このうち正しいものを1，誤っているものを2として解答せよ．

ア 温度によって大きな起電力を発生する素子である．
イ 抵抗の温度係数の大きさの値が，金属と比べて，非常に大きい．
ウ 抵抗の温度係数が，正(＋)のみの素子である．
エ 抵抗率が，銅などの金属と比べて，非常に小さい．
オ 電子回路の温度補償などに用いられる．

問 50

図1に示すダイオードDと抵抗Rを用いた回路に流れる電流Iの値として，最も近いものを下の番号から選べ．ただし，Dの順方向の電圧電流特性は図2で表されるものとする．

1 5〔mA〕   2 10〔mA〕   3 15〔mA〕   4 20〔mA〕   5 25〔mA〕

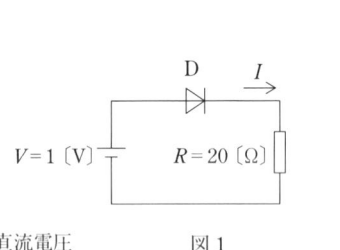

V：直流電圧　　図1　　図2

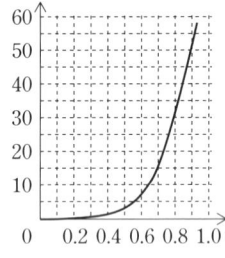

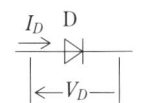

V_D：Dの両端の電圧
I_D：Dに流れる電流

解答
問45→2　問46→5　問47→ア-5 イ-9 ウ-1 エ-3 オ-7
問48→4

ミニ解説
問46 発光ダイオードは，順方向電流が流れたときに発光する．
問47 ツェナーとホールは人名．バラクタは可変(variable)リアクタンス(reactance)．サーミスタは温度(thermal)抵抗素子(resistor)のこと．
問48 D-S間には，Dに正(＋)，Sに負(−)の電圧を加えて使う．

問題

問 51

電界効果トランジスタ（FET）のドレイン（D）－ソース（S）間電圧 V_{DS} とドレイン（D）電流 I_D の特性を求めたところ図に示す特性が得られた．このとき，V_{DS} が6〔V〕，I_D が4〔mA〕のときの相互コンダクタンス g_m の値として，最も近いものを下の番号から選べ．

1　5〔mS〕　　2　7〔mS〕　　3　10〔mS〕　　4　12〔mS〕　　5　15〔mS〕

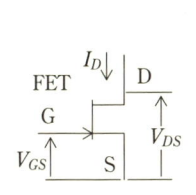

V_{GS}：ゲート（G）－ソース（S）間電圧

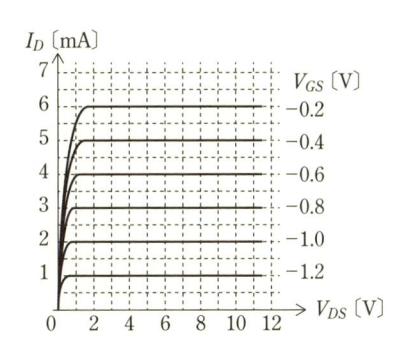

問 52

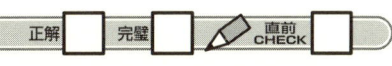

次の記述は，トランジスタに生ずる現象について述べたものである．□内に入れるべき字句の正しい組合せを下の番号から選べ．

(1) 図に示すように，周囲温度の上昇などにより「ΔT」→「ΔI_C」→「ΔP_C」→「ΔH」→「ΔT」の循環ができ，トランジスタが破壊する現象を　A　という．
(2) この現象を防ぐ方法の一つとして，トランジスタに　B　を付けることが行われている．
(3) また，ΔI_C の増加を抑えるために，　C　回路を工夫することが行われている．

	A	B	C
1	熱暴走	放熱板	バイアス
2	熱暴走	吸熱板	入出力の結合
3	熱暴走	放熱板	入出力の結合
4	熱拡散	吸熱板	入出力の結合
5	熱拡散	放熱板	バイアス

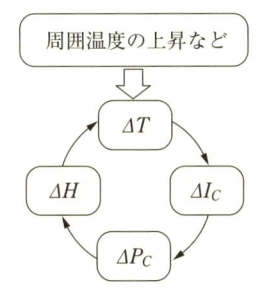

ΔT：トランジスタの温度上昇
ΔI_C：コレクタ電流の増加
ΔP_C：コレクタ損失の増加
ΔH：トランジスタの発熱の増加

解説 → 問49

サーミスタの抵抗率は，銅などの金属に比べて大きい．

解説 → 問50

負荷抵抗 $R=20$〔Ω〕に電源電圧 $V=1$〔V〕が加わったとき，流れる電流 I_{Dm} を求めると，

$$I_{Dm} = \frac{V}{R} = \frac{1}{20} = 50 \times 10^{-3} \text{〔A〕} = 50 \text{〔mA〕}$$

解説図に示すように，$V_D=1$〔V〕と $I_D=50$〔mA〕を通る直線が負荷抵抗 R の負荷線を表すので，負荷線とダイオードの特性曲線が交差した点 P が動作点となる．電流を図から読み取れば，$I_D=15$〔mA〕となる．

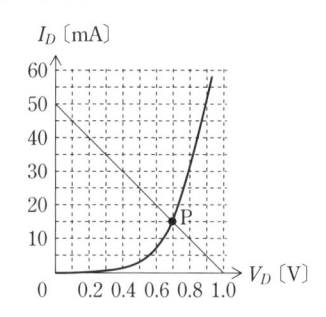

点 P の電圧 $V_D=0.7$〔V〕がダイオードに加わる電圧，$V-V_D=0.3$〔V〕が抵抗に加わる電圧となる

解説 → 問51

V_{DS} が 6〔V〕一定のときに V_{GS} が変化すると，解説図の直線 ab と V_{GS} が一定の特性曲線が交差する点の縦軸が I_D の値となる．この変化はほぼ直線的に変化するので，V_{GS} が -0.6〔V〕から -0.8〔V〕に変化したときの値を $\Delta V_{GS}=0.2$〔V〕として，そのときの I_D の変化を $\Delta I_D = 4-3 = 1$〔mA〕とすると，相互コンダクタンス g_m〔S〕は，

$$g_m = \frac{\Delta I_D}{\Delta V_{GS}}$$

$$= \frac{1 \times 10^{-3}}{0.2}$$

$$= 5 \times 10^{-3} \text{〔S〕}$$

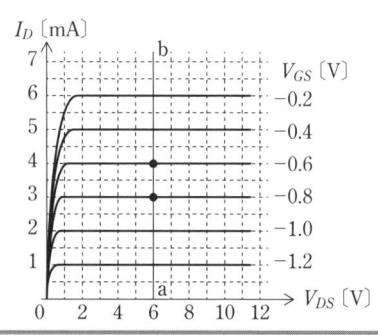

$$= 5 \text{〔mS〕}$$

解答 問49→ア-2 イ-1 ウ-2 エ-2 オ-1　問50→3　問51→1
問52→1

問 53

次の記述は，トランジスタの雑音の周波数特性について述べたものである．　　内に入れるべき字句を下の番号から選べ．

(1) 低域における主な雑音は，周波数に　ア　するので　イ　雑音といわれる．
(2) 中域における主な雑音は，周波数の全帯域にわたり一様に分布するので　ウ　雑音といわれ，主に散弾雑音と　エ　雑音からなる．
(3) 高域における主な雑音は，　オ　雑音といわれ周波数が高くなるにしたがって大きくなる．

| 1 | 比例 | 2 | $1/f$ | 3 | 熱 | 4 | 高 | 5 | 白色 |
| 6 | 反比例 | 7 | f | 8 | 分配 | 9 | 低 | 10 | 量子化 |

問 54

次の記述は，図に示す進行波管（TWT）について述べたものである．　　内に入れるべき字句を下の番号から選べ．

(1) 電子銃からの電子流は，コレクタCなどに加えられた電圧によって加速されると同時にコイルMで　ア　され，コレクタCに達する．
(2) マイクロ波は，　イ　から入力され，もう一方の導波管から出力される．
(3) 入力されたマイクロ波は，　ウ　の働きにより位相速度v_pが遅くなる．
(4) マイクロ波の位相速度をv_p，電子流の速度をv_eとした時，一般にv_pをv_eよりも少し遅くする．
(5) (4)のようにすると，マイクロ波はその速度差により，ら旋を進むにつれて　エ　される．
(6) 進行波管は，空洞共振器が　オ　ので，**広帯域**の信号の増幅が可能である．

1	集束	2	導波管W_1
3	結合回路	4	減衰
5	無い	6	発散
7	導波管W_2	8	ら旋
9	増幅	10	有る

注：**太字**は，ほかの試験問題で穴あきになった用語を示す．

問 55

次の記述は，図1に示す図記号のPゲート逆阻止3端子サイリスタについて述べたものである．　　　内に入れるべき字句の正しい組合せを下の番号から選べ．

(1) 内部の基本的な構造は，図2の　A　である．
(2) ゲート電流でアノード－カソード間を流れる電流を　B　する素子である．
(3) 図3の回路でスイッチSWを接(ON)にしたとき，流れる電流 I は，　C　である．
　ただし，V の値はブレークオーバ電圧以下とする．

A：アノード
K：カソード
G：ゲート

図1

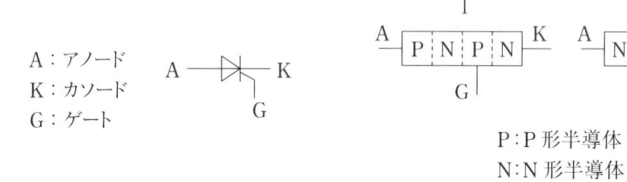

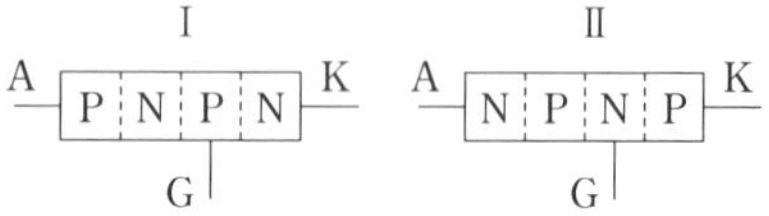

Ⅰ：A─P N P N─K　G
Ⅱ：A─N P N P─K　G

P：P形半導体
N：N形半導体

図2

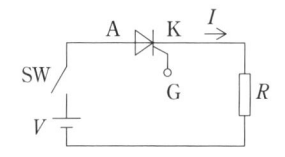

R：抵抗〔Ω〕
V：直流電源電圧〔V〕

図3

	A	B	C
1	Ⅰ	スイッチング	0〔A〕
2	Ⅰ	増幅	V/R〔A〕
3	Ⅰ	スイッチング	V/R〔A〕
4	Ⅱ	増幅	V/R〔A〕
5	Ⅱ	スイッチング	0〔A〕

解答　問53→ア－6　イ－2　ウ－5　エ－3　オ－8
　　　　問54→ア－1　イ－2　ウ－8　エ－9　オ－5

問題

問 56 解説あり！ 正解☐ 完璧☐ 直前CHECK☐

次の記述は，図に示す原理的な構造のマグネトロンについて述べたものである．☐内に入れるべき字句の正しい組合せを下の番号から選べ．

(1) 陽極－陰極間には強い ☐A☐ が加えられている．
(2) 発振周波数を決める主な要素は，☐B☐ である．
(3) ☐C☐ や調理用電子レンジなどの発振用として広く用いられている．

	A	B	C
1	直流電界	空洞共振器	レーダ
2	直流電界	陰極	レーダ
3	直流電界	空洞共振器	ラジオ放送
4	交流電界	空洞共振器	ラジオ放送
5	交流電界	陰極	レーダ

マグネトロンの断面

問 57 解説あり！ 正解☐ 完璧☐ 直前CHECK☐

図1に示すトランジスタ（Tr）回路で，コレクタ電流 I_C が 1.20〔mA〕変化したときのエミッタ電流 I_E の変化が 1.21〔mA〕であった．同じ Tr を用いて図2の回路を作り，ベース電流 I_B を 30〔μA〕変化させたときのコレクタ電流 I_C の変化の値として，最も近いものを下の番号から選べ．ただし，トランジスタの電極間の電圧は，図1および図2で同じ値とする．

1　1.4〔mA〕　　2　2.0〔mA〕　　3　3.6〔mA〕　　4　4.3〔mA〕　　5　5.6〔mA〕

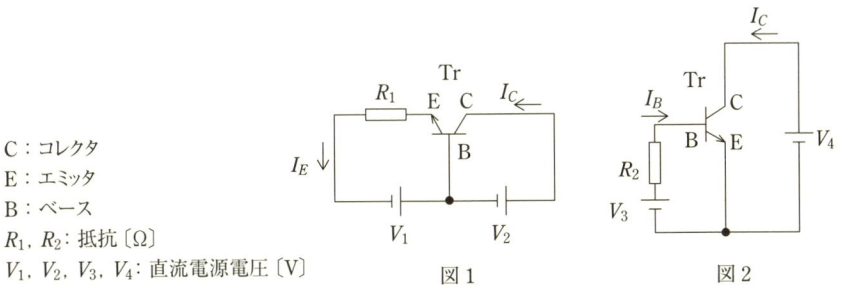

C：コレクタ
E：エミッタ
B：ベース
R_1, R_2：抵抗〔Ω〕
V_1, V_2, V_3, V_4：直流電源電圧〔V〕

図1　　図2

解説 → 問55

解説図に電圧V-電流I特性を示す．ブレークオーバ電圧V_F[V]以下の順方向電圧を加えてもアノード－カソード間に電流I[A]は流れないが，V_Fを超える電圧を加えると電流が流れ始めて，電圧を下げても保持電圧V_H[V]以下の電圧になるまで電流が流れ続ける．ゲート電流I_G[A]を流すとV_Fが低下して，低い電圧でも電流が流れる特性を持つ．

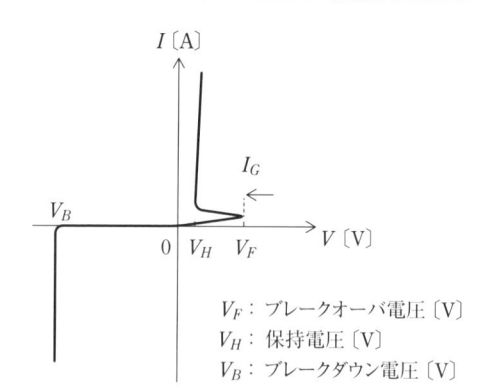

V_F：ブレークオーバ電圧[V]
V_H：保持電圧[V]
V_B：ブレークダウン電圧[V]

解説 → 問56

マグネトロンは，中心に円柱形の陰極，作用空間を挟んで，陰極を取り囲む形状の陽極で構成される．外部から円柱の軸方向に磁界を加えると，陰極から放出された電子は，磁界によって作用空間内を回転する．電子が陽極の空洞共振器を通過するときに空洞にエネルギーを与えて発振する．

解説 → 問57

問題図1のベース接地回路において，コレクタ電流の変化$I_C = 1.2$[mA]，エミッタ電流の変化$I_E = 1.21$[mA]より，ベース接地電流増幅率αは，

$$\alpha = \frac{I_C}{I_E} = \frac{1.2}{1.21}$$

電流の比を求めるので，単位は[mA]のまま計算してよい

問題図2のエミッタ接地回路の電流増幅率βは，

$$\beta = \frac{I_C}{I_B} = \frac{I_C}{I_E - I_C} = \frac{\frac{I_C}{I_E}}{\frac{I_E}{I_E} - \frac{I_C}{I_E}} = \frac{\alpha}{1-\alpha} = \frac{\frac{1.2}{1.21}}{1 - \frac{1.2}{1.21}} = \frac{1.2}{1.21 - 1.2} = 120$$

図2の回路において，ベース電流の変化$I_B = 30$[μA] $= 30 \times 10^{-6}$[A]のときのコレクタ電流の変化I_C[A]は，

$I_C = \beta I_B = 120 \times 30 \times 10^{-6}$
　　$= 3.6 \times 10^{-3}$[A] $= 3.6$[mA]

解答 問55→1　問56→1　問57→3

問 58

次の記述は，図に示す h 定数によるトランジスタの簡易等価回路を用いたエミッタ接地増幅回路について述べたものである．　　内に入れるべき字句を下の番号から選べ．ただし，入力電圧および出力電圧を V_i〔V〕および V_o〔V〕とする．

(1) h_{ie} の名称は，入力　ア　である．
(2) h_{ie} の単位は，　イ　である．
(3) 図中の電流源①の値は，電流増幅率を h_{fe} とすると，　ウ　〔A〕である．
(4) 電圧増幅度の大きさ $|V_o/V_i|$ は，　エ　である．
(5) V_{be} と V_{ce} との位相差は，　オ　〔rad〕である．

1　コンダクタンス
2　$I_c h_{fe}$
3　〔S〕
4　$h_{fe} R_L / h_{ie}$
5　π
6　インピーダンス
7　$I_b h_{fe}$
8　〔Ω〕
9　$h_{fe} h_{ie} / R_L$
10　$\pi/2$

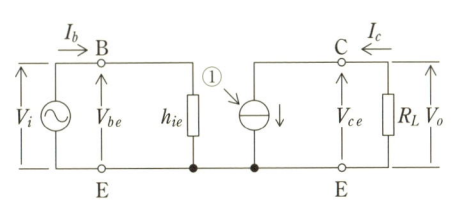

B：ベース　　C：コレクタ　　E：エミッタ
I_b：ベース電流〔A〕　　I_c：コレクタ電流〔A〕
V_{be}：B-E間電圧〔V〕　　V_{ce}：C-E間電圧〔V〕
R_L：負荷抵抗〔Ω〕

問 59

図に示すトランジスタ（Tr）回路のコレクタ-エミッタ間電圧 V_{CE} の値として，正しいものを下の番号から選べ．ただし，Trの直流電流増幅率 h_{FE} を200，ベース-エミッタ間電圧 V_{BE} を 0.6〔V〕とする．

1　4〔V〕
2　6〔V〕
3　8〔V〕
4　12〔V〕
5　14〔V〕

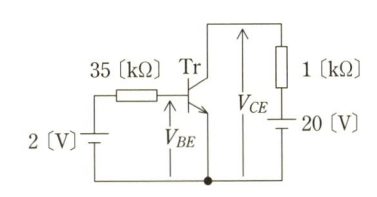

解説 → 問58

(1) h_{ie} は電圧源に直列接続された抵抗の記号で表されているので，入力インピーダンスである．
(2) インピーダンスの単位は〔Ω〕である．
(3) エミッタ接地増幅回路のコレクタ電流 I_c は，ベース電流の h_{fe} 倍となるので，①の電流源の値は $I_c = I_b h_{fe}$〔A〕である．
(4) 電圧増幅度 A は次式で表される．

$$A = \frac{|V_o|}{|V_i|} = \frac{I_c R_L}{I_b h_{ie}} = \frac{I_b h_{fe} R_L}{I_b h_{ie}} = \frac{h_{fe} R_L}{h_{ie}}$$

(5) 入力と出力電流の向きが逆向きなので，V_{be} と V_{ce} の位相差は逆位相となるから π〔rad〕である．

解説 → 問59

ベース電流 I_B〔A〕は，ベースに接続された抵抗 $R_B = 35$〔kΩ〕の電圧降下から求めることができるので，ベース電源の電圧を $V_{BB} = 2$〔V〕とすると，

$$I_B = \frac{V_{BB} - V_{BE}}{R_B} = \frac{2 - 0.6}{35 \times 10^3} = \frac{1.4}{35 \times 10^3} = 4 \times 10^{-5}\text{〔A〕}$$

$h_{FE} = 200$ だから，コレクタ電流 I_C〔A〕は，

$$I_C = h_{FE} I_B = 200 \times 4 \times 10^{-5} = 8 \times 10^{-3}\text{〔A〕}$$

コレクタ-エミッタ間電圧 V_{CE}〔V〕は，コレクタ電源の電圧 $V_{CC} = 20$〔V〕から，コレクタに接続された抵抗 $R_C = 1$〔kΩ〕の電圧降下を引いた値だから，

$$\begin{aligned}V_{CE} &= V_{CC} - R_C I_C \\ &= 20 - 1 \times 10^3 \times 8 \times 10^{-3} \\ &= 20 - 8 \\ &= 12\text{〔V〕}\end{aligned}$$

解答 問58→ア-6 イ-8 ウ-7 エ-4 オ-5　問59→4

問題

問 60 解説あり！   正解 □ 完璧 □ 直前CHECK □

図に示すエミッタ接地トランジスタ（Tr）増幅回路において，バイアスのコレクタ（C）電流 I_C および電圧増幅度の大きさ $A = |V_o/V_i|$ の値の組合せとして，正しいものを下の番号から選べ．ただし，Tr の定数を表の値とし，バイアスのベース（B）－エミッタ（E）間電圧 V_{BE} を 0.6 〔V〕とする．また，出力アドミタンス h_{oe}，電圧帰還率 h_{re} および静電容量 C_1，C_2〔F〕の影響は無視するものとする．

名　称	記号	値
入力インピーダンス	h_{ie}	5〔kΩ〕
電流増幅率	h_{fe}	200
直流電流増幅率	h_{FE}	200

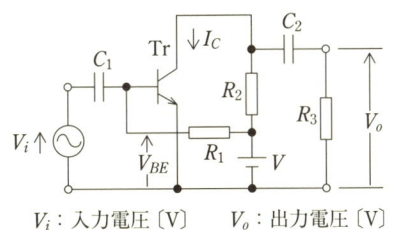

抵抗
$R_1 = 1.54$〔MΩ〕
$R_2 = R_3 = 4$〔kΩ〕

直流電源電圧
$V = 16$〔V〕

V_i：入力電圧〔V〕　V_o：出力電圧〔V〕

	I_C	A
1	2〔mA〕	80
2	2〔mA〕	160
3	3〔mA〕	120
4	4〔mA〕	80
5	4〔mA〕	120

問 61 解説あり！   正解 □ 完璧 □ 直前CHECK □

次の記述は，図に示すトランジスタ（Tr）増幅回路について述べたものである．□内に入れるべき字句の正しい組合せを下の番号から選べ．ただし，トランジスタの h 定数のうち入力インピーダンスを h_{ie}〔Ω〕，電流増幅率を h_{fe} とする．また，抵抗 R_1，静電容量 C_1 および C_2 の影響は無視するものとする．

(1) 電圧増幅度 V_o/V_i の大きさは，約　A　である．
(2) 入力インピーダンスは，約　B　〔Ω〕である．
(3) V_i と V_o の位相は，　C　である．

	A	B	C
1	R_2/h_{ie}	$h_{fe}R_2$	同相
2	R_2/h_{ie}	$h_{ie}{}^2$	逆相
3	1	$h_{fe}R_2$	逆相
4	1	$h_{ie}{}^2$	逆相
5	1	$h_{fe}R_2$	同相

V_i：入力電圧〔V〕
V_o：出力電圧〔V〕
R_2：抵抗〔Ω〕
V：直流電源

解説 → 問60

この回路は固定バイアス回路である．問題の図において，電圧 $V=16$〔V〕の電源から，ベースに接続された抵抗 $R_1=1.54$〔MΩ〕を通ってベース電流 I_B〔A〕が流れるので，

$$I_B = \frac{V - V_{BE}}{R_1} = \frac{16 - 0.6}{1.54 \times 10^6}$$

$$= \frac{15.4}{1.54 \times 10^6} = 10 \times 10^{-6} \text{〔A〕}$$

メガ〔M〕は，10^6

コレクタ電流 I_C〔A〕は，

$$I_C = h_{FE} I_B = 200 \times 10 \times 10^{-6} = 2 \times 10^{-3} \text{〔A〕} = 2 \text{〔mA〕} \quad (I_C \text{の答})$$

交流増幅回路の出力インピーダンス R_L〔Ω〕は，コレクタ抵抗 $R_2 = 4 \times 10^3$〔Ω〕と負荷抵抗 $R_3 = 4 \times 10^3$〔Ω〕の並列合成インピーダンスとなるので，

$$R_L = \frac{R_2 \times R_3}{R_2 + R_3} = \frac{4 \times 4}{4 + 4} \times 10^3 = 2 \times 10^3 \text{〔Ω〕}$$

交流動作では直流電源は短絡しているものとする

電圧増幅度の大きさ A は，交流電流 i_b，i_c と電流増幅率 h_{fe} より，

$$A = \frac{|V_o|}{|V_i|} = \frac{i_c R_L}{i_b h_{ie}} = \frac{h_{fe} R_L}{h_{ie}} = \frac{200 \times 2 \times 10^3}{5 \times 10^3} = 80 \quad (A \text{の答})$$

解説 → 問61

この回路はコレクタ接地増幅回路である．交流動作の等価回路を解説図に示す．解説図より入力電圧 V_i〔V〕は，

$$V_i = h_{ie} I_i + V_o = h_{ie} I_i + (I_i + h_{fe} I_i) R_2 \text{〔V〕}$$

電圧増幅度の大きさ A は，

$$A = \frac{|V_o|}{|V_i|} = \frac{(I_i + h_{fe} I_i) R_2}{h_{ie} I_i + (I_i + h_{fe} I_i) R_2}$$

$$= \frac{(1 + h_{fe}) R_2}{h_{ie} + (1 + h_{fe}) R_2}$$

$h_{ie} \ll (1 + h_{fe}) R_2$ の条件では，$A \fallingdotseq 1$

入力インピーダンス Z_i〔Ω〕を求めると，

$$Z_i = \frac{V_i}{I_i} = h_{ie} + (1 + h_{fe}) R_2$$

$$\fallingdotseq h_{fe} R_2 \text{〔Ω〕}$$

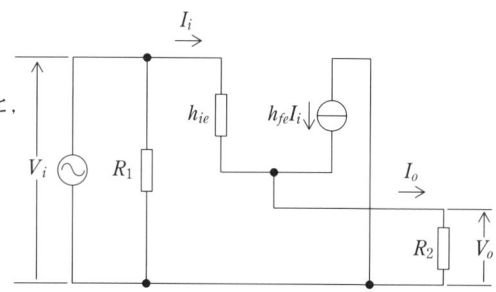

解答 問60 → 1　問61 → 5

問題

問 62

次の記述は，図1に示す電界効果トランジスタ（FET）を用いた増幅回路について述べたものである．□内に入れるべき字句の正しい組合せを下の番号から選べ．ただし，FETの相互コンダクタンスおよびドレイン抵抗をそれぞれ g_m〔S〕および r_D〔Ω〕とし，静電容量 C_1，C_2 および C_S の影響は無視するものとする．また，FETを等価回路で表したときの増幅回路は図2で表されるものとする．

(1) 図2の回路の交流負荷抵抗 R_A は図1の　A　の並列合成抵抗である．
(2) 電力電圧 V_o の大きさは，$r_D \gg R_A$ とすると，$V_o = $　B　〔V〕である．
(3) したがって，電圧増幅度 A_V の大きさは，$A_V = V_o/V_i = $　C　である．

	A	B	C
1	R_S と R_L	$g_m V_{GS} R_A$	$g_m R_A$
2	R_S と R_L	$g_m V_{GS} r_D$	$g_m(r_D+R_A)$
3	R_D と R_L	$g_m V_{GS} R_A$	$g_m(r_D+R_A)$
4	R_D と R_L	$g_m V_{GS} r_D$	$g_m(r_D+R_A)$
5	R_D と R_L	$g_m V_{GS} R_A$	$g_m R_A$

D：ドレイン
G：ゲート
S：ソース

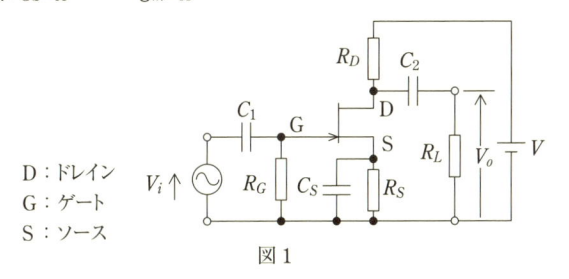

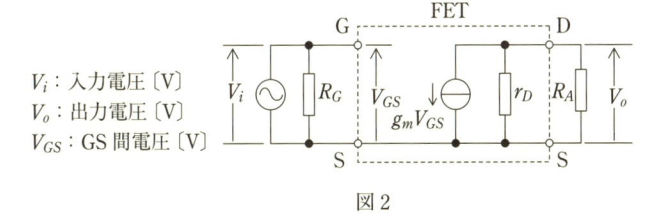

図1

V_i：入力電圧〔V〕
V_o：出力電圧〔V〕
V_{GS}：GS間電圧〔V〕

図2

問題

問 63

図1に示すように,トランジスタTr_1およびTr_2をダーリントン接続した回路を,図2に示すように一つのトランジスタTr_0とみなしたとき,Tr_0のエミッタ接地直流電流増幅率h_{FE0}を表す近似式として,正しいものを下の番号から選べ.ただし,Tr_1およびTr_2のエミッタ接地直流電流増幅率をh_{FE1}およびh_{FE2}とし,$h_{FE1} \gg 1$,$h_{FE2} \gg 1$とする.

1. $h_{FE0} \fallingdotseq h_{FE1}{}^2$
2. $h_{FE0} \fallingdotseq h_{FE2}{}^2$
3. $h_{FE0} \fallingdotseq h_{FE1} h_{FE2}$
4. $h_{FE0} \fallingdotseq h_{FE1} + h_{FE2}$
5. $h_{FE0} \fallingdotseq 2(h_{FE1} + h_{FE2})$

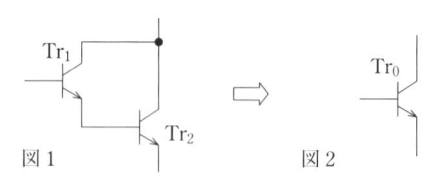

図1　図2

問 64

図に示す電界効果トランジスタ(FET)回路において,直流電圧計Vの値が15〔V〕であるとき,ドレイン電流I_Dおよびドレイン-ソース間電圧V_{DS}の値の組合せとして,最も近いものを下の番号から選べ.ただし,Vの内部抵抗の影響はないものとする.

	I_D	V_{DS}
1	1.5〔mA〕	10〔V〕
2	1.5〔mA〕	15〔V〕
3	1.5〔mA〕	20〔V〕
4	3.0〔mA〕	10〔V〕
5	3.0〔mA〕	15〔V〕

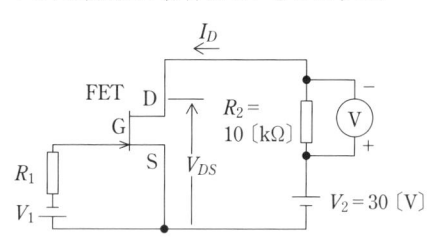

D:ドレイン
S:ソース
G:ゲート
R_1,R_2:抵抗
V_1,V_2:直流電源電圧

解答 問62 ➔ 5

問62 交流の等価回路では直流電源は短絡しているとする.$g_m V_{GS}$は電流源を表すので,$r_D \gg R_A$の条件の並列回路ではr_Dを無視できるから,R_Aと$g_m V_{GS}$の積が出力電圧V_oとなる.

問 65

図に示すように，電圧増幅度の大きさ A_0 が1,000の増幅回路Aを用いて，電圧増幅度 V_o/V_i の大きさが100の負帰還増幅回路にするとき，帰還回路Bの帰還率 $\beta = V_f/V_o$ の値として，最も近いものを下の番号から選べ．

1 2×10^{-3}
2 4×10^{-3}
3 9×10^{-3}
4 12×10^{-3}
5 14×10^{-3}

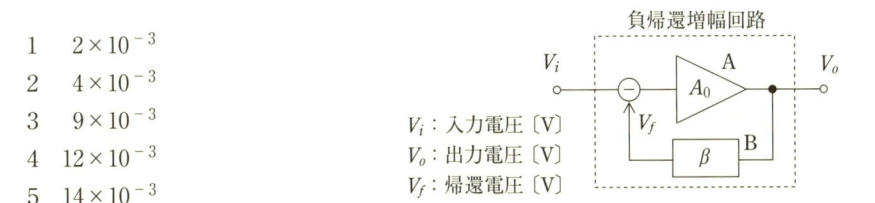

V_i：入力電圧〔V〕
V_o：出力電圧〔V〕
V_f：帰還電圧〔V〕

負帰還増幅回路

問 66

次の記述は，図1および図2に示す回路について述べたものである．□内に入れるべき字句を下の番号から選べ．ただし，A_{OP} は理想的な演算増幅器とする．

(1) 図1の増幅度 $A_0 = |V_{o1}/(V_{i1} - V_{i2})|$ は，　ア　である．
(2) 図1の回路は，入力電流 I_i が　イ　．
(3) 図2の回路の増幅度 $A = |V_o/V_i|$ は，　ウ　である．
(4) 図2の回路の V_o と V_i の位相差は，　エ　〔rad〕である．
(5) 図2の回路は，　オ　増幅回路と呼ばれる．

1 ∞　　2 流れる　　3 $\pi/2$　　4 R_2/R_1　　5 逆相（反転）
6 1　　7 流れない　　8 π　　9 $1+R_2/R_1$　　10 同相（非反転）

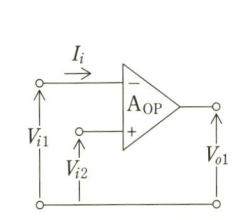

V_{i1}，V_{i2}：入力電圧〔V〕
V_{o1}：出力電圧〔V〕
図1

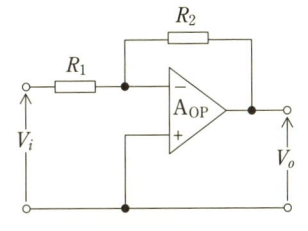

R_1，R_2：抵抗〔Ω〕
V_i：入力電圧〔V〕
V_o：出力電圧〔V〕
図2

解説 → 問63

解説図の各部の電流は，
$$I_{E1} \fallingdotseq I_{C1} = h_{FE1}I_{B1} = h_{FE1}I_{B0}$$
$$I_{B2} = I_{E1} \fallingdotseq h_{FE1}I_{B0}$$
$$I_{C2} = h_{FE2}I_{B2} \fallingdotseq h_{FE1}h_{FE2}I_{B0}$$

Tr_0 の電流増幅率 h_{FE0} は，

$$h_{FE0} = \frac{I_{C0}}{I_{B0}} \fallingdotseq \frac{I_{C2}}{I_{B0}} = h_{FE1}h_{FE2}$$

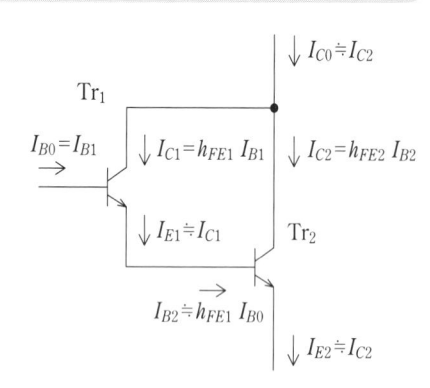

解説 → 問64

問題の図において，ドレインに接続された抵抗 $R_2 = 10 [\mathrm{k\Omega}] = 10 \times 10^3 [\Omega]$，電圧計V の値が $V_D = 15 [\mathrm{V}]$ のとき，ドレイン電流 $I_D [\mathrm{A}]$ は，

$$I_D = \frac{V_D}{R_2} = \frac{15}{10 \times 10^3} = 1.5 \times 10^{-3} [\mathrm{A}] = 1.5 [\mathrm{mA}]$$

ドレイン－ソース間電圧 V_{DS} は，電源電圧 $V_2 = 30 [\mathrm{V}]$ から V_D を引いた値だから，

$$V_{DS} = V_2 - V_D$$
$$= 30 - 15 = 15 [\mathrm{V}]$$

解説 → 問65

負帰還増幅回路の増幅度 A_F は，

$$A_F = \frac{A_0}{1 + A_0\beta}$$

β を求めると，

$$1 + A_0\beta = \frac{A_0}{A_F}$$

$$\beta = \frac{1}{A_F} - \frac{1}{A_0} = \frac{1}{100} - \frac{1}{1,000} = \frac{9}{1,000} = 9 \times 10^{-3}$$

解答
問63→3　問64→2　問65→3
問66→ア－1　イ－7　ウ－4　エ－8　オ－5

問題

問 67

次の記述は，図に示す理想的な演算増幅器(A_{OP})を用いた回路について述べたものである．□内に入れるべき字句を下の番号から選べ．

(1) 抵抗R_1〔Ω〕に流れる電流I_1は，次式で表される．
 $I_1 =$ ア 〔A〕 ……………①

(2) 抵抗R_2〔Ω〕に流れる電流I_2は，次式で表される．
 $I_2 =$ イ 〔A〕 ……………②

(3) 抵抗R_3〔Ω〕に流れる電流I_3は，I_1とI_2で表わせば，次式で表される．
 $I_3 =$ ウ 〔A〕 ……………③

(4) 出力電圧V_oは，次式で表される．
 $V_o = -I_3 \times$ エ 〔V〕 ……………④

(5) 式④を整理すると，次式が得られる．
 $V_o = -\{$ オ $\}$〔V〕

1 V_1/R_1 　　　　　　　　　 2 V_2/R_2
3 $I_1 - I_2$ 　　　　　　　　　 4 $R_1 R_2/(R_1 + R_2)$
5 $V_1(R_3/R_1) + V_2(R_3/R_2)$ 　　6 $V_1/(R_1 + R_3)$
7 $V_2/(R_1 + R_3)$ 　　　　　　 8 $I_1 + I_2$
9 R_3 　　　　　　　　　　　 10 $V_1(R_3/R_1) - V_2(R_3/R_2)$

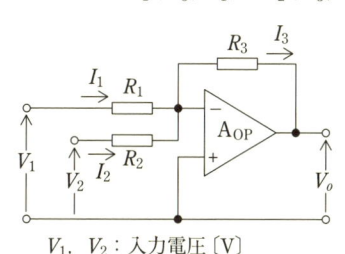

V_1, V_2：入力電圧〔V〕

問題

問 68 解説あり！　　　　　　　　　正解 □　完璧 □　直前CHECK □

次の記述は，図1および図2に示す理想的な演算増幅器 A_{OP} を用いた低域フィルタ（LPF）の基本的な動作について述べたものである．　　　内に入れるべき字句の正しい組合せを下の番号から選べ．

(1) 図1の回路において，$\dot{V}_o/\dot{V}_i$ は，次式で表される．

$$\dot{V}_o/\dot{V}_i = -\boxed{\text{ A }} \qquad \cdots\cdots\cdots\cdots ①$$

(2) 図2の回路において，図1の $\dot{Z}_1$ および $\dot{Z}_2$ を求めて式①を整理すると次式になる．

$$\dot{V}_o/\dot{V}_i = -(R_2/R_1) \times \boxed{\text{ B }} \qquad \cdots\cdots\cdots\cdots ②$$

(3) 式②より，$\omega = 0 \text{[rad/s]}$ のとき，図2の回路の $\dot{V}_o/\dot{V}_i$ は，

$$\dot{V}_o/\dot{V}_i = -R_2/R_1 \text{ になる．}$$

(4) また，図2の回路において，$\dot{V}_o/\dot{V}_i$ の大きさが $\omega=0 \text{[rad/s]}$ のときの $1/\sqrt{2}$ になる角周波数 ω_c は次式で表される．

$$\omega_c = \boxed{\text{ C }} \text{ [rad/s]}$$

	A	B	C
1	$\dot{Z}_2/\dot{Z}_1$	$1/(1+j\omega CR_2)$	$1/(CR_2)$
2	$\dot{Z}_2/\dot{Z}_1$	$1/(1-j\omega CR_2)$	$1/(\sqrt{2}CR_2)$
3	$\dot{Z}_2/\dot{Z}_1$	$1/(1+j\omega CR_2)$	$1/(\sqrt{2}CR_2)$
4	$1+\dot{Z}_2/\dot{Z}_1$	$1/(1-j\omega CR_2)$	$1/(\sqrt{2}CR_2)$
5	$1+\dot{Z}_2/\dot{Z}_1$	$1/(1+j\omega CR_2)$	$1/(CR_2)$

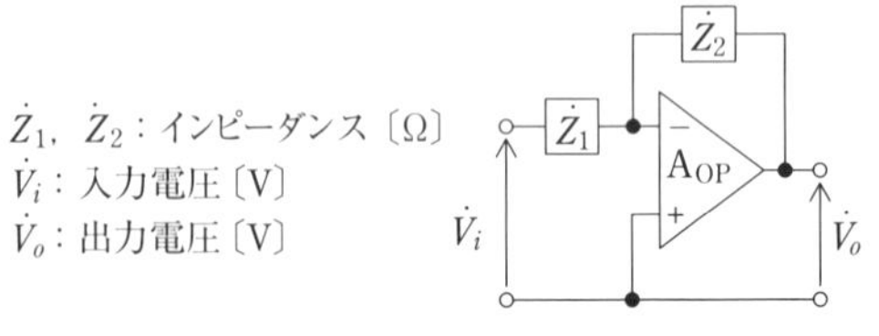

$\dot{Z}_1, \dot{Z}_2$：インピーダンス〔Ω〕
$\dot{V}_i$：入力電圧〔V〕
$\dot{V}_o$：出力電圧〔V〕

図1

R_1, R_2：抵抗〔Ω〕
C：静電容量〔F〕
$\dot{V}_i$：入力電圧〔V〕
$\dot{V}_o$：出力電圧〔V〕

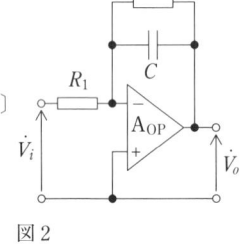

図2

解答　問67 → ア−1　イ−2　ウ−8　エ−9　オ−5

ミニ解説　問67　理想的な演算増幅器の＋−入力端子間の電圧は 0〔V〕とする．

問 69

図に示すトランジスタ(Tr)を用いた原理的なコルピッツ発振回路が $1/\pi$〔MHz〕の周波数で発振しているとき，自己インダクタンス L の値として，正しいものを下の番号から選べ．

1　0.25〔mH〕
2　0.85〔mH〕
3　1.00〔mH〕
4　1.25〔mH〕
5　2.25〔mH〕

C：コレクタ
E：エミッタ
B：ベース
C_1，C_2：静電容量

$C_2 = 600$〔pF〕
$C_1 = 300$〔pF〕

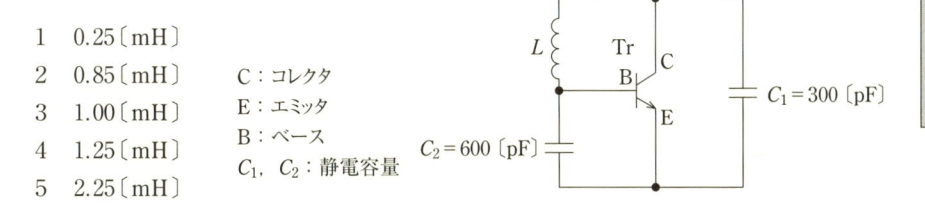

問 70

図に示すトランジスタ(Tr)を用いた原理的なハートレー発振回路が発振状態にあるときの発振周波数の値として，正しいものを下の番号から選べ．ただし，自己インダクタンス L_1 および L_2〔H〕のコイル間の相互インダクタンスは0とする．

1　$10/\pi$〔kHz〕
2　$15/\pi$〔kHz〕
3　$20/\pi$〔kHz〕
4　$25/\pi$〔kHz〕
5　$30/\pi$〔kHz〕

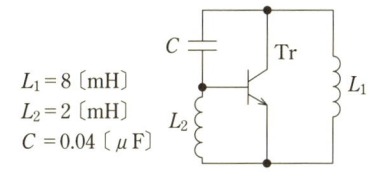

$L_1 = 8$〔mH〕
$L_2 = 2$〔mH〕
$C = 0.04$〔μF〕

解説 → 問68

出力と入力の電圧比の大きさ A は，

$$A = \frac{|\dot{V_o}|}{|\dot{V_i}|} = \frac{R_2}{R_1} \times \frac{1}{\sqrt{1+(\omega C R_2)^2}}$$

$\omega = 0$ [rad/s]の値 $A = R_2/R_1$ から，$1/\sqrt{2}$ の値になるときの角周波数 ω_c は，

$$\omega_c C R_2 = 1 \quad \text{より，} \quad \omega_c = \frac{1}{CR_2} \text{[rad/s]}$$

解説 → 問69

$C_1 = 300$ [pF]と $C_2 = 600$ [pF]の直列合成静電容量 C [pF]は，

$$C = \frac{C_1 C_2}{C_1 + C_2} = \frac{300 \times 600}{300 + 600} = 200 \text{[pF]}$$

発振周波数を $f = 1/\pi$ [MHz] $= (1/\pi) \times 10^6$ [Hz]とすると，

$$f = \frac{1}{2\pi\sqrt{LC}}$$

両辺を2乗して L [H]を求めると，

$$L = \frac{1}{(2\pi f)^2 C} = \frac{1}{\left(2\pi \times \frac{1}{\pi} \times 10^6\right)^2 \times 200 \times 10^{-12}}$$

$$= \frac{1}{2^2 \times 10^{12} \times 2 \times 10^{-10}} = \frac{1}{8 \times 10^2} = 1.25 \times 10^{-3} \text{[H]} = 1.25 \text{[mH]}$$

C_1, C_2 の直列回路と L で構成された同調回路によって f が決まる

解説 → 問70

$L_1 = 8$ [mH] $= 8 \times 10^{-3}$ [H]，$L_2 = 2$ [mH] $= 2 \times 10^{-3}$ [H]と $C = 0.04$ [μF] $= 0.04 \times 10^{-6}$ [F]で構成された回路の発振周波数 f [Hz]は，

$$f = \frac{1}{2\pi\sqrt{(L_1+L_2)C}} = \frac{1}{2\pi\sqrt{(8+2) \times 10^{-3} \times 4 \times 10^{-8}}}$$

$$= \frac{1}{2\pi\sqrt{4 \times 10^{-10}}} = \frac{1}{4\pi \times 10^{-5}}$$

$$= \frac{25}{\pi} \times 10^3 \text{[Hz]} = \frac{25}{\pi} \text{[kHz]}$$

L_1, L_2 の直列回路と C で構成された同調回路によって f が決まる

解答 問68→1　問69→4　問70→4

問 71

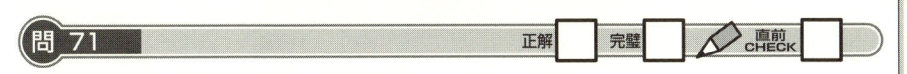

次の記述は，図に示す RC 発振回路について述べたものである．□内に入れるべき字句の正しい組合せを下の番号から選べ．ただし，回路は発振状態にあり，増幅回路の入力電圧および出力電圧をそれぞれ $\dot{V}_i$ および $\dot{V}_o$ とする．

(1) 名称は，□A□ RC 発振回路である．
(2) $\dot{V}_i$ と $\dot{V}_o$ の位相差は，□B□ である．
(3) $R \times C$ の値を大きくすると，発振周波数は □C□ なる．

	A	B	C
1	ターマン形	$\pi/2$ [rad]	高く
2	ターマン形	$\pi/2$ [rad]	低く
3	移相形	$\pi/2$ [rad]	低く
4	移相形	π [rad]	低く
5	移相形	π [rad]	高く

Amp：増幅回路
$\dot{V}_i$：入力電圧 [V]
$\dot{V}_o$：出力電圧 [V]
C：静電容量 [F]
R：抵抗 [Ω]

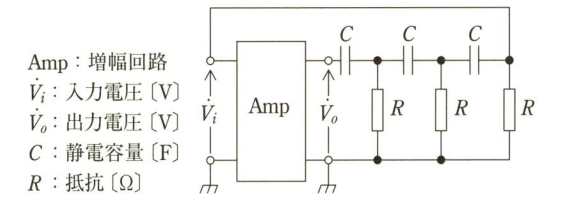

問題

問72 解説あり!　　正解 □　完璧 □　直前CHECK □

次の記述は，図に示す理想的な演算増幅器（A_{OP}）を用いたブリッジ形 CR 発振回路の発振条件について述べたものである．　　内に入れるべき字句の正しい組合せを下の番号から選べ．

(1) R と C の直列インピーダンス $\dot{Z}_S$ および並列インピーダンス $\dot{Z}_P$ は，角周波数を ω〔rad/s〕とすると，それぞれ次式で表される．

$\dot{Z}_S = R + 1/(j\omega C)$〔Ω〕　　………… ①

$\dot{Z}_P = R/(1+j\omega CR)$〔Ω〕　　………… ②

(2) 入力電圧 $\dot{V}_i$ と出力電圧 $\dot{V}_o$ との関係は，$\dot{Z}_S$ および $\dot{Z}_P$ で表すと次式となる．

$\dot{V}_o/\dot{V}_i = \boxed{\text{A}}$　　………… ③

(3) 式③に式①，②を代入し，整理すると，次式が得られる．

$\dot{V}_o/\dot{V}_i = 3 - j\{\boxed{\text{B}}\}$　　………… ④

(4) 回路が発振状態にあるとき，$\dot{V}_o$ と $\dot{V}_i$ は同位相である．

したがって，発振角周波数 ω_0 は，$\omega_0 = \boxed{\text{C}}$〔rad/s〕である．

	A	B	C
1	$1 + \dot{Z}_P/\dot{Z}_S$	$1/(\omega CR) - \omega CR$	$1/(\sqrt{6}\,CR)$
2	$1 + \dot{Z}_P/\dot{Z}_S$	$R/(\omega C) - \omega CR$	$1/(CR)$
3	$1 + \dot{Z}_S/\dot{Z}_P$	$1/(\omega CR) - \omega CR$	$1/(CR)$
4	$1 + \dot{Z}_S/\dot{Z}_P$	$R/(\omega C) - \omega CR$	$1/(CR)$
5	$1 + \dot{Z}_S/\dot{Z}_P$	$1/(\omega CR) - \omega CR$	$1/(\sqrt{6}\,CR)$

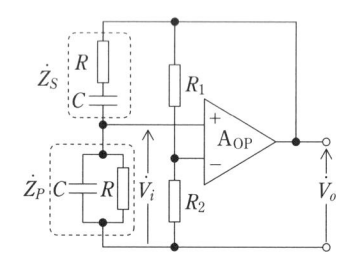

R_1, R_2：帰還抵抗〔Ω〕
C：静電容量〔F〕
R：抵抗〔Ω〕

解答 問71 → 4

ミニ解説

問71 発振周波数 $f = \dfrac{1}{2\pi\sqrt{6}\,RC}$〔Hz〕

RC の値が大きくなると f は低くなる．

70

問 73

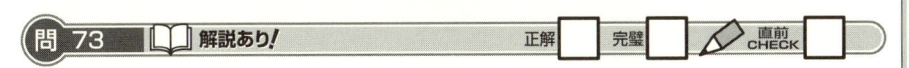

図に示す整流回路において端子ab間の電圧 v_{ab} の平均値(直流電圧)として、正しいものを下の番号から選べ。ただし、回路は理想的に動作し、入力交流電圧 V を100〔V〕、変成器Tの1次側の巻数 N_1 および2次側の巻数 N_2 をそれぞれ400および80とする。

1 20〔V〕
2 $20\sqrt{2}/\pi$ 〔V〕
3 $40\sqrt{2}/\pi$ 〔V〕
4 $40/\pi$ 〔V〕
5 $80\sqrt{2}$ 〔V〕

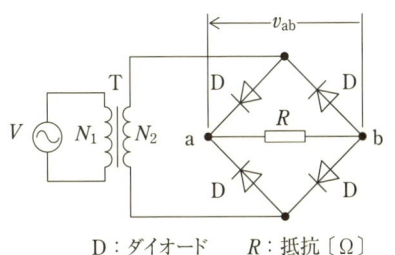

D：ダイオード　　R：抵抗〔Ω〕

問 74

次の記述は、図に示す整流回路の動作について述べたものである。□内に入れるべき字句の正しい組合せを下の番号から選べ。ただし、出力端子ab間は無負荷とする。

(1) この回路の名称は、□A□倍電圧整流回路である。
(2) 正弦波交流電源の電圧が V 〔V〕(実効値)のとき、端子ab間に□B□〔V〕の直流電圧が得られる。

	A	B
1	半波形	$\sqrt{2}V$
2	半波形	$2\sqrt{2}V$
3	全波形	$\sqrt{2}V$
4	全波形	$2\sqrt{2}V$
5	全波形	$2V$

C：静電容量〔F〕
D：理想ダイオード

解説 → 問72

C と R の並列回路のインピーダンス $\dot{Z}_P$〔Ω〕は,

$$\dot{Z}_P = \frac{R \times \dfrac{1}{j\omega C}}{R + \dfrac{1}{j\omega C}} = \frac{R}{1+j\omega CR} \text{〔Ω〕}$$

出入力の電圧比は,出力と入力のインピーダンス比で表されるから,

$$\frac{\dot{V}_o}{\dot{V}_i} = \frac{\dot{Z}_P + \dot{Z}_S}{\dot{Z}_P} = 1 + \frac{\dot{Z}_S}{\dot{Z}_P}$$

$$= 1 + \frac{R + \dfrac{1}{j\omega C}}{\dfrac{R}{R+j\omega C}} = 1 + \frac{(1+j\omega CR)R + \dfrac{1+j\omega CR}{j\omega C}}{R}$$

$$= 1 + 1 + j\omega CR + \frac{1}{j\omega CR} + 1 = 3 - j\left(\frac{1}{\omega CR} - \omega CR\right)$$

虚数部=0より,発振角周波数 ω_0〔rad/s〕を求めると,

$$\frac{1}{\omega_0 CR} = \omega_0 CR \qquad \text{よって,} \quad \omega_0 = \frac{1}{CR} \text{〔rad/s〕}$$

解説 → 問73

変成器の1次側の電圧が $V_1 = 100$〔V〕だから,2次側の電圧 V_2〔V〕は,

$$V_2 = \frac{N_2}{N_1} V_1 = \frac{80}{400} \times 100 = 20 \text{〔V〕}$$

ブリッジ整流回路の出力 ab には,解説図に示す整流電圧 v_{ab} が発生する.実効値 V_2 の最大値 V_m〔V〕は,

$$V_m = \sqrt{2}\, V_2 = 20\sqrt{2} \text{〔V〕}$$

平均値 V_a〔V〕は,

$$V_a = \frac{2}{\pi} V_m = \frac{2}{\pi} \times 20\sqrt{2} = \frac{40\sqrt{2}}{\pi} \text{〔V〕}$$

解説 → 問74

全波形倍電圧整流回路の出力電圧は,入力電圧の最大値の2倍となるので,$2\sqrt{2}\,V$〔V〕

解答 問72→3 問73→3 問74→4

問 75

図に示す定電圧ダイオードD_Tを用いた回路において，負荷抵抗R_Lを400〔Ω〕および100〔Ω〕としたとき，R_Lの両端電圧V_Lの値の組合せとして，正しいものを下の番号から選べ．ただし，D_Tは理想的な特性とし，抵抗R_1を200〔Ω〕，D_Tのツェナー電圧を5〔V〕とする．

	$R_L = 400$〔Ω〕	$R_L = 100$〔Ω〕
1	8〔V〕	4〔V〕
2	8〔V〕	5〔V〕
3	8〔V〕	3〔V〕
4	5〔V〕	5〔V〕
5	5〔V〕	4〔V〕

問 76

次に示す理想的なダイオードD，抵抗$R=1$〔kΩ〕および1〔V〕の直流電源Vの回路の入力v_iに，最大値が2〔V〕の正弦波交流電圧を加えたとき，出力電圧v_oとして図1に示す波形が得られる回路を1，得られない回路を2として解答せよ．ただし，正弦波交流電源および直流電源の内部抵抗は，無視するものとする．

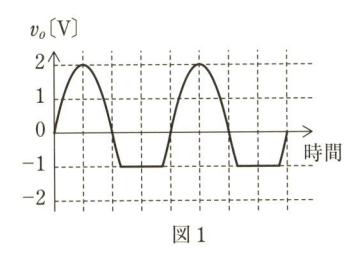

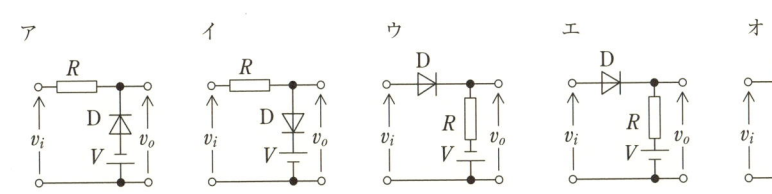

図1

📖 解説 → 問75

直流電圧 $V=12$〔V〕,ツェナー電圧が $V_Z=5$〔V〕のとき,R_1 の電圧降下は $V-V_Z$〔V〕だから,無負荷 ($R_L=\infty$〔Ω〕) のときに定電圧ダイオードを流れる電流 I_Z〔A〕は R_1 の電圧降下より,

$$I_Z = \frac{V-V_Z}{R_1} = \frac{12-5}{200} = 3.5 \times 10^{-2} \text{〔A〕} \quad \cdots\cdots (1)$$

$R_L=400$〔Ω〕のとき,R_L を流れる電流 I_1〔A〕は,$V_L=5$〔V〕とすると,

$$I_1 = \frac{V_L}{R_L} = \frac{5}{400} = 1.25 \times 10^{-2} \text{〔A〕} \quad \cdots\cdots (2)$$

式 (1),(2) より,$I_1<I_Z$ だからこの回路は定電圧回路として動作するので,R_L の両端電圧は $V_L=V_Z=5$〔V〕である.($R_L=400$〔Ω〕の答)

$R_L=100$〔Ω〕のとき,R_L を流れる電流 I_2〔A〕は,$V_L=5$〔V〕とすると,

$$I_2 = \frac{V_L}{R_L} = \frac{5}{100} = 5 \times 10^{-2} \text{〔A〕}$$

$I_2>I_Z$ だから定電圧ダイオードには電流が流れなくなるので,定電圧ダイオードを無視して,V_L〔V〕を求めると,

$$V_L = \frac{R_L}{R_1+R_L}V = \frac{100}{200+100} \times 12$$
$$= 4 \text{〔V〕} \quad (R_L=100\text{〔Ω〕の答})$$

> 定電圧ダイオードに加わる電圧が,ツェナー電圧以下の場合は,ダイオードに電流が流れない

📖 解説 → 問76

問題の図1のような出力波形が得られる回路は,下側クリップ回路である.

選択肢アの回路は,入力電圧 v_i〔V〕が直流電源電圧 $-V=-1$〔V〕以下になるとダイオードに電流が流れて導通するので,出力電圧は $-V=-1$〔V〕となる.入力電圧 v_i が直流電源電圧 $-V=-1$〔V〕以上のときはダイオードは導通しないので,入力電圧 v_i が出力電圧 v_o〔V〕となる.

選択肢ウの回路は,入力電圧 v_i〔V〕が直流電源電圧 $-V=-1$〔V〕以下になるとダイオードは導通しないので,出力電圧は $-V=-1$〔V〕となる.入力電圧 v_i が直流電源電圧 $-V=-1$〔V〕以上のときはダイオードが導通して,入力電圧 v_i が出力電圧 v_o〔V〕となる.

解答 問75 → 5   問76 → アー1 イー2 ウー1 エー2 オー2

問 77

図に示す論理回路と同等の働きをする論理回路として，正しいものを下の番号から選べ．ただし，A および B を入力，X を出力とする．

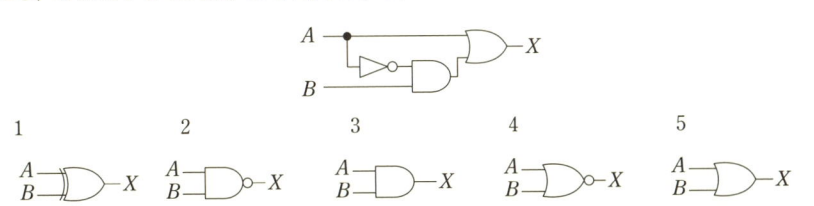

1. A, B → OR → X
2. A, B → NAND → X
3. A, B → AND → X
4. A, B → NOR → X
5. A, B → OR → X

問 78

次は，論理回路とその真理値表を組み合わせたものである．このうち正しいものを1，誤っているものを2として解答せよ．ただし，A および B を入力，X を出力とする．

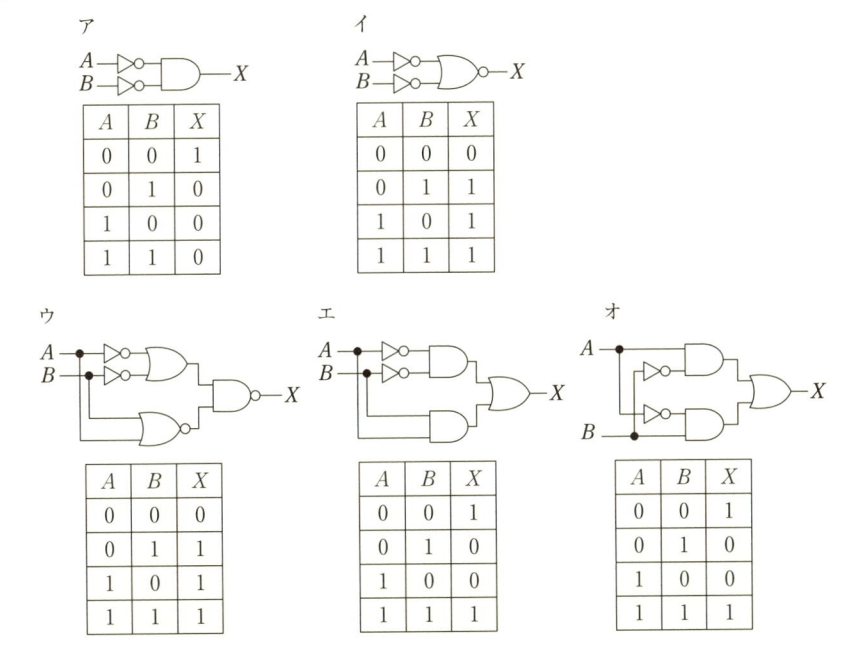

ア

A	B	X
0	0	1
0	1	0
1	0	0
1	1	0

イ

A	B	X
0	0	0
0	1	1
1	0	1
1	1	1

ウ

A	B	X
0	0	0
0	1	1
1	0	1
1	1	1

エ

A	B	X
0	0	1
0	1	0
1	0	0
1	1	1

オ

A	B	X
0	0	1
0	1	0
1	0	0
1	1	1

解説 → 問77

問題の回路の真理値表を次に示す．
真理値表よりOR回路である．
また，論理式から求めることもできる．
問題の図で与えられた回路の論理式は，
$$X = A + (\overline{A} \cdot B)$$
ここで，分配則の公式 $A + (B \cdot C) = (A+B) \cdot (A+C)$ より，
$$X = (A + \overline{A}) \cdot (A + B)$$
また，$A + \overline{A} = 1$ だから
$$X = A + B \qquad \text{よって，OR回路である．}$$

真理値表

入力		出力
A	B	X
0	0	0
1	0	1
0	1	1
1	1	1

解説 → 問78

ア　AND回路は二つの入力がともに "1" のときのみの出力が "1" になるので，NOT回路が入った A，B がともに "0" のとき，"1" となるから正しい．

イ　論理式は，
$$X = \overline{\overline{A} + \overline{B}}$$
ド・モルガンの定理より，$\overline{\overline{A} + \overline{B}} = A \cdot B$ だから，
$$X = A \cdot B \qquad \text{よって，AND回路だから誤っている．}$$

ウ　論理式は，
$$X = \overline{(\overline{A} + \overline{B})} \cdot \overline{(A + B)}$$
ド・モルガンの定理より，$\overline{A \cdot B} = \overline{A} + \overline{B}$ および $\overline{A + B} = \overline{A} \cdot \overline{B}$ だから，
$$X = \overline{(\overline{A} + \overline{B})} + \overline{(A + B)}$$
$$= \overline{(\overline{A} \cdot B)} + (A + B)$$
$$= (A \cdot B) + (A + B)$$
$$= A \cdot (B + 1) + B$$
$(B + 1) = 1$ だから，$X = A + B$　よって，OR回路だから正しい．

$(B+1) = 1$
$B = 1$，$B = 0$ のどちらでも解は "1" である

エ　二つのAND入力 A，B は "0，0" および "1，1" のときにそれぞれの出力が "1" となり，出力 X はそれらのORだから正しい．

オ　二つのAND入力 A，B は "0，1" および "1，0" のときにそれぞれの出力が "1" となり，出力 X はそれらのORだから "1" となるので，誤っている．この回路はEX-OR回路であり，どちらかの入力が "1" のときのみ出力が "1" となる．

解答　問77→5　　問78→アー1　イー2　ウー1　エー1　オー2

問題

問 79 解説あり！ 正解 □ 完璧 □ 直前CHECK □

次は，論理式とそれに対応する論理回路の組合せを示したものである．このうち正しいものを1，誤っているものを2として解答せよ．ただし，A，BおよびCを入力，Xを出力とする．

ア
$X = A \cdot B + A \cdot \overline{B} + \overline{A} \cdot B$

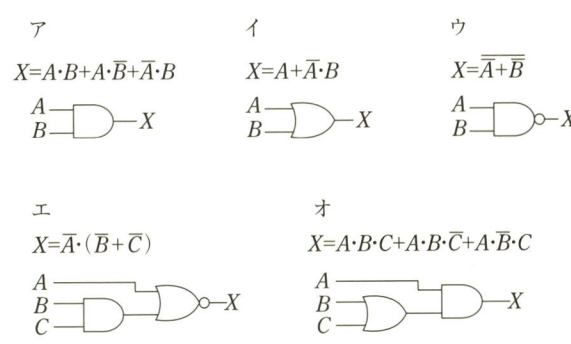

イ
$X = A + \overline{A} \cdot B$

ウ
$X = \overline{\overline{A} + \overline{B}}$

エ
$X = \overline{A} \cdot (\overline{B} + \overline{C})$

オ
$X = A \cdot B \cdot C + A \cdot B \cdot \overline{C} + A \cdot \overline{B} \cdot C$

問 80 解説あり！ 正解 □ 完璧 □ 直前CHECK □

次の記述は，図に示す可動コイル形計器の動作について述べたものである．このうち誤っているものを下の番号から選べ．

1. 永久磁石による磁界と可動コイルに流れる電流との間に生ずる電磁力が，指針の駆動トルクとなる．
2. うず巻ばねによる弾性力が，指針の制御トルクとなる．
3. 指針の駆動トルクと制御トルクは，方向が互いに逆方向である．
4. 指針が静止するまでに生ずるオーバシュート等の複雑な動きを抑えるために，アルミ枠に流れる誘導電流を利用する．
5. 可動コイルに流れる電流が直流の場合，指針の振れの角度 θ は，電流値の2乗に比例する．

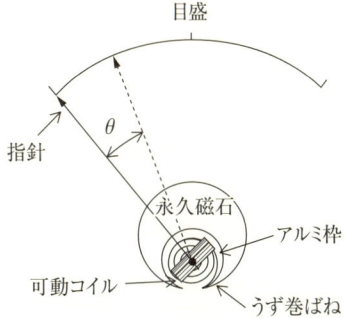

解説 → 問79

ア　$X = A \cdot B + A \cdot \overline{B} + \overline{A} \cdot B = A \cdot (B + \overline{B}) + \overline{A} \cdot B$
　　　$(B + \overline{B}) = 1$　だから，
　　　$X = A + \overline{A} \cdot B$
　　分配則の公式 $A + (B \cdot C) = (A + B) \cdot (A + C)$ より，
　　　$X = (A + \overline{A}) \cdot (A + B)$
　　　$(A + \overline{A}) = 1$　だから，
　　　$X = A + B$　のOR回路となるので誤っている．

イ　分配則の公式 $A + (B \cdot C) = (A + B) \cdot (A + C)$ より，
　　　$X = A + \overline{A} \cdot B = (A + \overline{A}) \cdot (A + B)$
　　　$(A + \overline{A}) = 1$　だから，
　　　$X = A + B$ のOR回路となるので正しい．

ウ　ド・モルガンの定理より，$\overline{A} + \overline{B} = \overline{A \cdot B}$　だから，
　　　$X = \overline{\overline{A} + \overline{B}} = \overline{\overline{A \cdot B}} = A \cdot B$
　　よって，AND回路だから誤っている．

エ　問題の回路図より，B と C のAND と A のNORだから論理式は，
　　　$X = \overline{A + (B \cdot C)}$
　　ド・モルガンの定理より，
　　　$X = \overline{A} \cdot (\overline{B \cdot C}) = \overline{A} \cdot (\overline{B} + \overline{C})$ となるので正しい．

オ　問題の回路図より，B と C のOR と A のANDだから論理式は，
　　　$X = A \cdot (B + C)$
　　問題の論理式は，
　　　$X = A \cdot B \cdot C + A \cdot B \cdot \overline{C} + A \cdot \overline{B} \cdot C$
　　　　$= A \cdot (B \cdot C + B \cdot \overline{C} + \overline{B} \cdot C)$
　　$(A + A) = A$　だから，（　）内に $B \cdot C$ を加えると，
　　　$X = A \cdot (B \cdot C + B \cdot \overline{C} + \overline{B} \cdot C + B \cdot C)$
　　　　$= A \cdot \{(B \cdot C + B \cdot \overline{C}) + (\overline{B} \cdot C + B \cdot C)\}$
　　　　$= A \cdot \{B \cdot (C + \overline{C}) + C \cdot (\overline{B} + B)\}$
　　$(B + \overline{B}) = 1$，$(C + \overline{C}) = 1$　だから，
　　　$X = A \cdot (B + C)$ となるので正しい．

> 式の展開が難しいので，問題で与えられた論理式と回路図の真理値表を作って，確認してもよい

解説 → 問80

可動コイルに流れる電流が直流の場合，指針の振れの角度 θ は，電流値に比例する．

解答　問79 → ア-2　イ-1　ウ-2　エ-1　オ-1　　問80 → 5

問 81

次の記述は，指示電気計器について述べたものである．このうち，誤っているものを下の番号から選べ．

1 永久磁石可動コイル形計器は，直流電流の測定に適している．
2 可動鉄片形計器は，商用周波数(50〔Hz〕/60〔Hz〕)の電流の測定に適している．
3 静電形計器は，商用周波数(50〔Hz〕/60〔Hz〕)の交流の高電圧の測定に適している．
4 熱電対形計器は，高周波の電流の測定に適している．
5 誘導形計器は，直流の電圧の測定に適している．

問 82

最大目盛値が100〔V〕で精度階級の階級指数が0.5(級)の永久磁石可動コイル形電圧計の最大許容誤差の大きさの値として，正しいものを下の番号から選べ．

1 0.2〔V〕
2 0.25〔V〕
3 0.5〔V〕
4 0.75〔V〕
5 1.0〔V〕

問 83

図に示すように，最大目盛値が5〔mA〕の直流電流計Aに分流器$R_1 = R_2 = 0.8$〔Ω〕を用いたとき，端子ab間およびac間で測定できる最大電流値の組合せとして，正しいものを下の番号から選べ．ただし，Aの内部抵抗は1.6〔Ω〕とする．

	ab間	ac間
1	10〔mA〕	8〔mA〕
2	20〔mA〕	10〔mA〕
3	15〔mA〕	7.5〔mA〕
4	30〔mA〕	20〔mA〕
5	20〔mA〕	7.5〔mA〕

解説 → 問81

誘導形計器は，商用周波数の交流の電力量の測定に適している．

解説 → 問82

階級指数が0.5(級)の許容差は，最大目盛値 $V_M=100$ [V]の±0.5[%]だから，最大目盛値の最大許容誤差の大きさ ε [V]は，

$$\varepsilon = \frac{0.5}{100} V_M = \frac{0.5}{100} \times 100 = 0.5 \text{[V]}$$

解説 → 問83

(1) 端子ab間で測定するとき，内部抵抗 $r=1.6$ [Ω]の電流計は R_2 が直列に接続されるので，電流計の内部抵抗は等価的に $(r+R_2)$ [Ω]となる．電流計に最大目盛値 $I_A=5$ [mA]$=5\times 10^{-3}$ [A]の電流が流れたとき端子ab間に加わる電圧 V [V]は，

$$V = I_A(r+R_2) = 5\times 10^{-3} \times (1.6+0.8) = 12\times 10^{-3} \text{[V]}$$

分流器の抵抗 R_1 に流れる電流 I_R [A]は，

$$I_R = \frac{V}{R_1} = \frac{12\times 10^{-3}}{0.8} = 15\times 10^{-3} \text{[A]} = 15 \text{[mA]}$$

よって，測定電流 I_{ab} [mA]は，

$$I_{ab} = I_A + I_R = 5 + 15 = 20 \text{[mA]} \quad (ab間の答)$$

(2) 端子ac間で測定するとき，電流計の最大目盛値を I_A [A]，電流計の内部抵抗を r [Ω]とすると，電流計および分流器の抵抗 (R_1+R_2) [Ω]に加わる電圧 V [V]は，

$$V = I_A r = 5\times 10^{-3} \times 1.6 = 8\times 10^{-3} \text{[V]}$$

分流器の抵抗 (R_1+R_2) に流れる電流 I_R [A]は，

$$I_R = \frac{V}{R_1+R_2} = \frac{8\times 10^{-3}}{0.8+0.8} = 5\times 10^{-3} \text{[A]} = 5 \text{[mA]}$$

$R_1+R_2 = r$
だから，
$I_A = I_R$

よって，測定電流 I_{ac} [mA]は，

$$I_{ac} = I_A + I_R = 5 + 5 = 10 \text{[mA]} \quad (ac間の答)$$

解答 問81→5　問82→3　問83→2

問 84

次の記述は，図に示すように直流電流計A_1およびA_2を並列に接続したときの端子ab間で測定できる電流について述べたものである．　　　内に入れるべき字句の正しい組合せを下の番号から選べ．ただし，A_1およびA_2の最大目盛値および内部抵抗は表の値とする．

(1) 端子ab間に流れる電流Iの値を零から増やしていくと，　A　が先に最大目盛値を指示する．
(2) (1)のとき，もう一方の直流電流計は，　B　を指示する．
(3) したがって，端子ab間で測定できるIの最大値は，　C　である．

	A	B	C
1	A_1	5〔mA〕	30〔mA〕
2	A_1	10〔mA〕	25〔mA〕
3	A_1	5〔mA〕	25〔mA〕
4	A_2	10〔mA〕	25〔mA〕
5	A_2	5〔mA〕	30〔mA〕

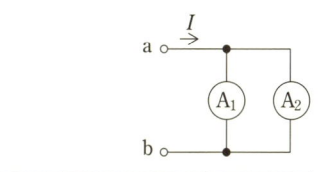

電流計	最大目盛値	内部抵抗
A_1	20〔mA〕	0.5〔Ω〕
A_2	10〔mA〕	2〔Ω〕

問 85

図に示すように，二つの直流電流計A_1およびA_2を並列に接続したとき，指示値の和から測定できる電流Iの最大値として，正しいものを下の番号から選べ．ただし，A_1およびA_2の最大目盛値および内部抵抗は表に示した値とする．

1　175〔mA〕
2　190〔mA〕
3　200〔mA〕
4　210〔mA〕
5　225〔mA〕

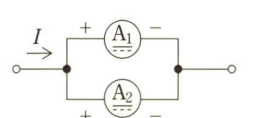

電流計	A_1	A_2
最大目盛値	100〔mA〕	150〔mA〕
内部抵抗	0.6〔Ω〕	0.3〔Ω〕

解説 → 問84

(1) A_1 の最大目盛値の電流 $I_1 = 20 [mA] = 20 \times 10^{-3} [A]$, 内部抵抗 $r_1 = 0.5 [\Omega]$ より, 最大目盛値を指示したときの A_1 の両端の電圧 $V_1 [V]$ は,

$$V_1 = I_1 r_1 = 20 \times 10^{-3} \times 0.5 = 10 \times 10^{-3} [V]$$

最大目盛値の電流 $I_2 = 10 [mA] = 10 \times 10^{-3} [A]$, 内部抵抗 $r_2 = 2 [\Omega]$ より, 最大目盛値を指示したときの A_2 の両端の電圧 $V_2 [V]$ は,

$$V_2 = I_2 r_2 = 10 \times 10^{-3} \times 2 = 20 \times 10^{-3} [V]$$

電流計が並列接続されているので $V_1 < V_2$ より, A_1 が先に最大目盛値を指示する.

(2) 最大目盛値を指示しているとき, 電流計の両端の電圧は $V_{m1} = 10 \times 10^{-3} [V]$ だから, A_2 を流れる電流 $I_{m2} [A]$ は,

$$I_{m2} = \frac{V_{m1}}{r_2} = \frac{10 \times 10^{-3}}{2} = 5 \times 10^{-3} [A] = 5 [mA]$$

(3) 測定できる電流 I の最大値 $I_m [mA]$ は,

$$I_m = I_1 + I_{m2} = 20 + 5 = 25 [mA]$$

解説 → 問85

A_1, A_2 それぞれの最大目盛値の電流 $I_1 = 100 [mA] = 100 \times 10^{-3} [A]$, $I_2 = 150 [mA] = 150 \times 10^{-3} [A]$, 内部抵抗 $r_1 = 0.6 [\Omega]$, $r_2 = 0.3 [\Omega]$ より, 最大目盛値を示したときに電流計に加わる電圧 V_1, $V_2 [V]$ は,

$$V_1 = I_1 r_1 = 100 \times 10^{-3} \times 0.6 = 60 \times 10^{-3} [V]$$
$$V_2 = I_2 r_2 = 150 \times 10^{-3} \times 0.3 = 45 \times 10^{-3} [V]$$

電流計を並列接続すると両端の電圧は同じだから, $V_1 > V_2$ より両端の電圧が $V_{m2} = 45 \times 10^{-3} [V]$ のときに A_2 は最大目盛値を指示し, そのとき, A_1 を流れる電流 $I_{m1} [A]$ は,

$$I_{m1} = \frac{V_{m2}}{r_1} = \frac{45 \times 10^{-3}}{0.6} = 75 \times 10^{-3} [A] = 75 [mA]$$

測定できる電流の最大値 $I_m [mA]$ は,

$$I_m = I_{m1} + I_2 = 75 + 150 = 225 [mA]$$

解答 問84→3 問85→5

問86

図1に示す直流回路の端子ab間の電圧を，図2に示す内部抵抗 R_{V1} が20〔kΩ〕の直流電圧計 V_1 で測定したところ誤差の大きさが2〔V〕であった．同じ回路の電圧を図3に示す内部抵抗 R_{V2} が90〔kΩ〕の直流電圧計 V_2 で測定したときの誤差の大きさの値として，最も近いものを下の番号から選べ．ただし，誤差は電圧計の内部抵抗によってのみ生ずるものとする．

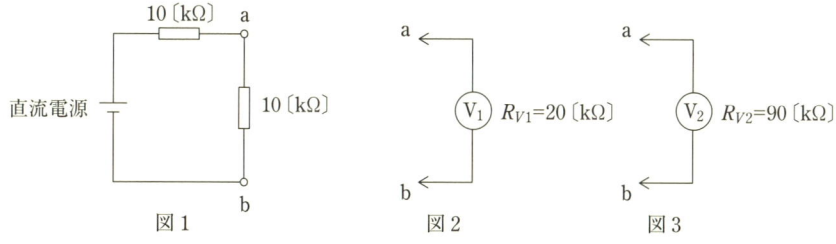

1 0.53〔V〕   2 0.72〔V〕   3 0.78〔V〕   4 0.84〔V〕   5 0.91〔V〕

問87

図に示すように，内部抵抗が10〔kΩ〕の直流電圧計Vおよび内部抵抗が1〔Ω〕の直流電流計Aを接続したときのそれぞれの指示値が40〔V〕および3〔A〕であるとき，抵抗 R〔Ω〕で消費される電力の値として，正しいものを下の番号から選べ．

1 100〔W〕
2 105〔W〕
3 111〔W〕
4 115〔W〕
5 118〔W〕

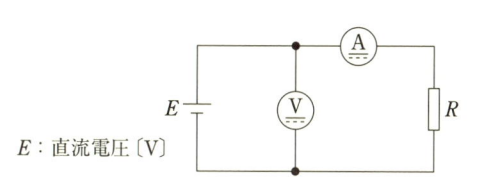

E：直流電圧〔V〕

解説 → 問86

問題の図において,電圧 V〔V〕の直流電源に接続された抵抗を $R_1=10$〔kΩ〕,ab 間の抵抗を $R_2=10$〔kΩ〕とすると,$R_1=R_2$ より,電圧計を接続していないときの ab 間の電圧が真の値 V_T となり,$V_T=V/2$〔V〕となる.

内部抵抗 R_{V1}〔kΩ〕の電圧計 V_1 を接続したとき,R_2 と R_{V1} の並列合成抵抗 R_{A1}〔kΩ〕は,

$$R_{A1} = \frac{R_2 R_{V1}}{R_2 + R_{V1}} = \frac{10 \times 20}{10 + 20} = \frac{20}{3}〔\mathrm{k}\Omega〕$$

測定電圧 V_{M1} は,誤差を $\varepsilon_1=-2$〔V〕とすると,次式の関係がある.

$$\varepsilon_1 = V_{M1} - V_T$$

$$-2 = \frac{R_{A1}}{R_1 + R_{A1}} V - \frac{1}{2} V$$

$$= \left(\frac{\frac{20}{3}}{10 + \frac{20}{3}} - \frac{1}{2} \right) V = \left(\frac{20}{50} - \frac{1}{2} \right) V = -\frac{1}{10} V \quad \text{よって,} \quad V = 20〔\mathrm{V}〕$$

内部抵抗 R_{V2}〔kΩ〕の電圧計 V_2 を接続したとき,R_2 と R_{V2} の並列合成抵抗 R_{A2}〔kΩ〕は,

$$R_{A2} = \frac{R_{A2}}{R_1 + R_{A2}} = \frac{10 \times 90}{10 + 90} = 9〔\mathrm{k}\Omega〕$$

電圧計 V_2 を接続したときの測定電圧を V_{M2} とすると,誤差 ε_2 は,

$$\varepsilon_2 = V_{M2} - V_T$$

$$= \frac{R_{A2}}{R_1 + R_{A2}} V - \frac{1}{2} V = \left(\frac{9}{10+9} - \frac{1}{2} \right) \times 20 = -\frac{1}{38} \times 20 ≒ -0.53〔\mathrm{V}〕$$

解説 → 問87

抵抗 R〔Ω〕に流れる電流は,電流計を流れる電流と同じ値なので,電流の測定値によって誤差は生じない.抵抗 R に加わる電圧 V_R〔V〕は,電流計の電圧降下によって低下するので,電圧計の指示値を V〔V〕,電流計の内部抵抗を r〔Ω〕,電流計の指示値を I_A〔A〕とすると,次式が成り立つ.

$$V_R = V - rI_A = 40 - 1 \times 3 = 37〔\mathrm{V}〕$$

抵抗 R で消費される電力 P〔W〕は,

$$P = V_R I_A = 37 \times 3 = 111〔\mathrm{W}〕$$

解答 問86 → 1　問87 → 3

問題

問 88

次の記述は，測定方法の偏位法および零位法について述べたものである．　　　内に入れるべき字句の正しい組合せを下の番号から選べ．

(1) 一般に零位法は偏位法よりも測定の操作が　A　である．
(2) 一般に零位法は偏位法よりも測定の精度が　B　．
(3) アナログ式のテスタ（回路計）による抵抗値の測定は　C　である．

	A	B	C
1	複雑	良い	偏位法
2	簡単	良い	偏位法
3	複雑	悪い	零位法
4	簡単	悪い	零位法
5	複雑	良い	零位法

問 89

次の記述は，一般的に用いられる測定器と測定項目について述べたものである．　　　内に入れるべき最も適している字句を下の番号から選べ．

(1) 導線などの低抵抗の測定に用いられるのは，　ア　である．
(2) 交流電圧の波形観測に用いられるのは，　イ　である．
(3) コイルのインダクタンスや分布容量の測定に用いられるのは，　ウ　である．
(4) 電池や熱電対の起電力の測定に用いられるのは，　エ　である．
(5) マイクロ波の電力測定に用いられるのは，　オ　である．

1	回路計	2	電流力計形電力計	3	オシロスコープ
4	ボロメータブリッジ	5	ファンクションジェネレータ	6	Qメータ
7	直流電位差計	8	レベルメータ	9	ガウスメータ
10	ケルビンダブルブリッジ				

問題

問 90

図に示す回路の端子acを電流測定の端子として，また，端子bcを電圧測定の端子として用いるとき，測定可能な最大電流値I_mおよび最大電圧値V_mの最も近い値の組合せとして，正しいものを下の番号から選べ．ただし，直流電流計A_aの最大目盛値I_aおよび内部抵抗R_aをそれぞれ1〔mA〕および5〔Ω〕とする．

	I_m	V_m
1	2〔mA〕	30〔V〕
2	2〔mA〕	10〔V〕
3	5〔mA〕	30〔V〕
4	5〔mA〕	10〔V〕
5	5〔mA〕	20〔V〕

問 91

図に示す回路において，未知抵抗R_Xを直流電圧計Vの指示値V〔V〕および直流電流計Aの指示値I〔A〕からV/I〔Ω〕として求めるとき，百分率誤差を5〔%〕以下にするためのVの内部抵抗R_Vの最小値として，最も近いものを下の番号から選べ．ただし，R_X≦20〔kΩ〕とし，また，誤差はR_Vによってのみ生ずるものとする．

1　300〔kΩ〕
2　380〔kΩ〕
3　420〔kΩ〕
4　480〔kΩ〕
5　520〔kΩ〕

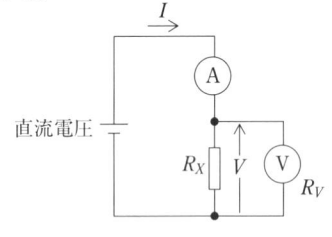

問 92

次に掲げる測定方法のうち偏位法によるものを1，零位法によるものを2として解答せよ．

ア　電流力計形電力計による交流電力の測定
イ　直流電位差計による起電力の測定
ウ　可動コイル形計器による直流電流測定
エ　アナログ式回路計(テスタ)による抵抗測定
オ　ホイートストンブリッジによる抵抗測定

解答 問88→1　問89→ア-10 イ-3 ウ-6 エ-7 オ-4

問 93

次の記述は，図1に示す回路を用いて自己インダクタンス L_X〔H〕のコイルの分布容量 C_X〔F〕を測定する方法について述べたものである．☐内に入れるべき字句を下の番号から選べ．ただし，発振器の周波数を f〔Hz〕とし，発振器の出力は，結合コイルを通して疎に結合されているものとする．なお，同じ記号の☐内には，同じ字句が入るものとする．

(1) 回路が共振しているとき，次式が成り立つ．

$$(2\pi f)^2 L_X \times \boxed{\text{ア}} = 1 \qquad \cdots\cdots\cdots ①$$

(2) 式①を変形すると，次式が得られる．

$$\boxed{\text{ア}} = \{1/(4\pi^2 L_X)\} \times \boxed{\text{イ}} \text{〔F〕} \qquad \cdots\cdots\cdots ②$$

(3) 式の②の $1/(4\pi^2 L_X)$ は定数であるから，C_S を横軸に，$\boxed{\text{イ}}$ を縦軸にしてグラフを描くと，図2の直線ABとなる．

(4) 図2において，直線ABを延長し，横軸との交点をPとすると，$\boxed{\text{ウ}}$ の長さは，分布容量 C_X を表す．

(5) 測定では，発振器の $\boxed{\text{エ}}$ を変えてそのつど交流電流計Aが $\boxed{\text{オ}}$ になるように C_S を調節して，$\boxed{\text{イ}}$ と C_S の値を求めて図2のグラフを描き，グラフの $\boxed{\text{ウ}}$ から C_X を求める．

図1
C_S：可変標準コンデンサの静電容量〔F〕

図2

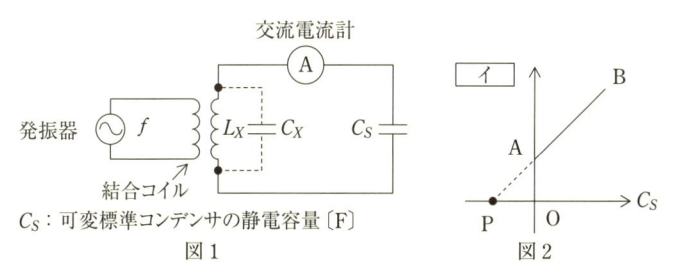

| 1 | $(C_S + C_X)$ | 2 | $1/f^2$ | 3 | 周波数 | 4 | 最小 | 5 | AP |
| 6 | $C_S C_X/(C_S + C_X)$ | 7 | f^2 | 8 | 出力電圧 | 9 | 最大 | 10 | OP |

解説 → 問90

(1) 端子 ac 間で電流を測定するときは，電流計の最大目盛値 $I_a = 1$ [mA] $= 1 \times 10^{-3}$ [A]，電流計の内部抵抗 $R_a = 5$ [Ω] より，端子 ac 間の電圧 V [V] は，
$$V = I_a R_a = 1 \times 10^{-3} \times 5 = 5 \times 10^{-3} \text{ [V]}$$
分流器の抵抗 $R_A = 5$ [Ω] に流れる電流 I_R [A] は，
$$I_R = \frac{V}{R_A} = \frac{5 \times 10^{-3}}{5} = 1 \times 10^{-3} \text{ [A]} = 1 \text{ [mA]}$$

内部抵抗と分流器の抵抗の値が同じだから，2倍の電流が流れる

測定可能な最大電流 I_m [mA] は，電流計を流れる電流と分流器を流れる電流の和だから，
$$I_m = I_a + I_R = 1 + 1 = 2 \text{ [mA]} \quad (I_m \text{の答})$$

(2) 端子 bc 間で電圧を測定するとき，電圧計の最大目盛値は，電流計に最大目盛値の電流が流れたときである．そのとき，端子 ac 間の電圧 V [V] は最大目盛値と等しくなる．
　このとき倍率器の抵抗には測定可能な最大電流 I_m [A] が流れるので，倍率器の抵抗 $R_V = 15 \times 10^3$ [Ω] より，倍率器の端子電圧 V_V [V] を求めると，
$$V_V = I_m R_V = 2 \times 10^{-3} \times 15 \times 10^3 = 30 \text{ [V]}$$
測定可能な最大電圧 V_m [V] は，電流計に加わる電圧と倍率器の電圧の和だから，
$$V_m = V + V_V = 5 \times 10^{-3} + 30 \fallingdotseq 30 \text{ [V]} \quad (V_m \text{の答})$$

解説 → 問91

問題の図において，未知抵抗 R_X [kΩ] を流れる電流が，電圧計の内部抵抗 R_V [kΩ] に分流することにより誤差が生じるので，R_X と R_V による並列合成抵抗 R_A [kΩ] は，
$$\frac{1}{R_A} = \frac{1}{R_X} + \frac{1}{R_V} \quad \cdots\cdots (1)$$
このとき誤差率 ε は，
$$\varepsilon = \frac{R_A}{R_X} - 1 \quad \cdots\cdots (2)$$
問題の条件 $R_X \leq 20$ [kΩ] において，誤差が最大になるのは，$R_X = 20$ [kΩ] のときである．このとき真の抵抗値より下がるので，誤差率 $\varepsilon = -0.05$ として，式(2)に代入すると，
$$-0.05 = \frac{R_A}{R_X} - 1 \qquad \text{よって，} \quad R_A = 0.95 R_X \quad \cdots\cdots (3)$$
式(3)を式(1)に代入すると，
$$\frac{1}{0.95 R_X} = \frac{1}{R_X} - \frac{1}{R_V}$$

[kΩ] の単位のまま計算してもよい

$$\frac{1}{R_V} = \frac{1}{0.95 \times 20} - \frac{1}{20}$$
$$= \frac{1 - 0.95}{19} = \frac{0.05}{19} \qquad \text{したがって，} \quad R_V = \frac{19}{0.05} = 380 \text{ [kΩ]}$$

解答 問90→1　問91→2　問92→ア-1 イ-2 ウ-1 エ-1 オ-2
　　　　問93→ア-1 イ-2 ウ-10 エ-3 オ-9

問題

問 94

図に示す直流ブリッジ回路が平衡状態にあるとき，抵抗 R_X〔Ω〕の両端の電圧 V_X の値として，正しいものを下の番号から選べ．

1. 0〔V〕
2. 2〔V〕
3. 4〔V〕
4. 6〔V〕
5. 8〔V〕

直流電圧　$V=12$〔Ω〕
抵抗　$R_A=800$〔Ω〕
　　　$R_B=200$〔Ω〕
　　　$R_C=400$〔Ω〕
G：検流計

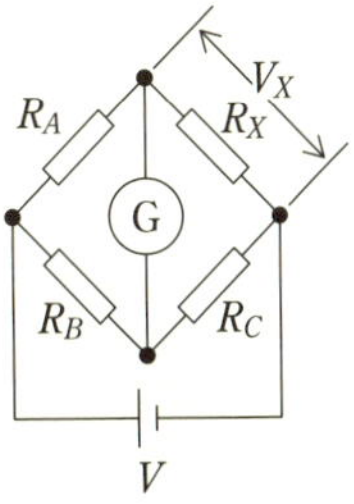

問 95

図に示すブリッジ回路は，素子が表の値になったとき平衡状態になった．このときの静電容量 C_X および抵抗 R_X の値の組合せとして，正しいものを下の番号から選べ．

	C_X	R_X
1	0.002〔μF〕	50〔Ω〕
2	0.002〔μF〕	500〔Ω〕
3	0.002〔μF〕	20〔Ω〕
4	0.05〔μF〕	500〔Ω〕
5	0.05〔μF〕	20〔Ω〕

素子	値
抵抗 R_A	1,000〔Ω〕
抵抗 R_B	200〔Ω〕
抵抗 R_S	100〔Ω〕
静電容量 C_S	0.01〔μF〕

V：交流電源
G：検流計

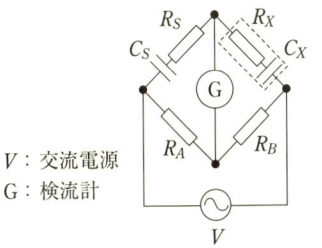

解説 → 問94

ブリッジ回路が平衡状態にあるときは，次式が成り立つ．

$$\frac{R_A}{R_X} = \frac{R_B}{R_C}$$

R_X を求めると，

$$R_X = \frac{R_A R_C}{R_B} = \frac{800 \times 400}{200} = 1,600 \,[\Omega]$$

平衡状態では，検流計 G に電流が流れないので，R_A と R_X [Ω] を流れる電流 I_A [A] は，

$$I_A = \frac{V}{R_A + R_X} = \frac{12}{800 + 1,600} = \frac{12}{2.4 \times 10^3} = 5 \times 10^{-3} \,[\text{A}]$$

よって，

$$V_X = I_A R_X = 5 \times 10^{-3} \times 1,600 = 8 \,[\text{V}]$$

解説 → 問95

ブリッジ回路が平衡しているので電源の角周波数を ω とすると，次式が成り立つ．

$$R_B \left(R_S - j\frac{1}{\omega C_S} \right) = R_A \left(R_X - j\frac{1}{\omega C_X} \right)$$

$$R_B R_S - j\frac{R_B}{\omega C_S} = R_A R_X - j\frac{R_A}{\omega C_X}$$

実数と虚数で表される複素数の等式は，実数部と虚数部がそれぞれ等しいので，実数部より，

$$R_B R_S = R_A R_X$$

よって，

$$R_X = \frac{R_B R_S}{R_A} = \frac{200 \times 100}{1,000} = 20 \,[\Omega]$$

虚数部より，

$$\frac{R_B}{C_S} = \frac{R_A}{C_X}$$

よって，

$$C_X = \frac{C_S R_A}{R_B} = \frac{0.01 \times 10^{-6} \times 1,000}{200} = 0.05 \times 10^{-6} \,[\text{F}] = 0.05 \,[\mu\text{F}]$$

解答 問94 → 5　問95 → 5

問 96

図に示す交流ブリッジ回路において、交流検流計 G の振れが零であるとき、自己インダクタンス L_X の値として、最も近いものを下の番号から選べ。ただし、抵抗 R_1 および R_2 をそれぞれ 200 〔Ω〕および 500 〔Ω〕、静電容量 C_S を 0.02 〔μF〕とする。

1　5 〔mH〕
2　4 〔mH〕
3　3 〔mH〕
4　2 〔mH〕
5　1 〔mH〕

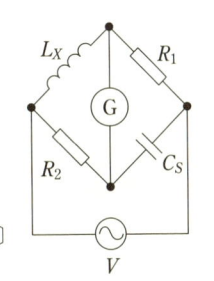

V：交流電源〔V〕

問 97

次の記述は、図に示すように補助電極板を用いた三電極法による接地抵抗の測定原理について述べたものである。□内に入れるべき字句の正しい組合せを下の番号から選べ。

(1) 接地電極板 X の接地抵抗 R_X を測定するには、X、Y および Z を互いに □A□ とともに間隔ができるだけ等距離になるように大地に埋める。

(2) コールラウシュブリッジなどの □B□ を電源とした抵抗の測定器を用いて、端子 ab 間の抵抗 R_{ab} 〔Ω〕、端子 bc 間の抵抗 R_{bc} 〔Ω〕および端子 ca 間の抵抗 R_{ca} 〔Ω〕を測定する。

(3) R_{ab}、R_{bc} および R_{ca} から R_X は、$R_X =$ □C□ 〔Ω〕で求められる。

	A	B	C
1	十分近づける	交流	$(R_{ab}+R_{ca}+R_{bc})/3$
2	十分近づける	直流	$(R_{ab}+R_{ca}-R_{bc})/2$
3	十分離す	交流	$(R_{ab}+R_{ca}-R_{bc})/2$
4	十分離す	直流	$(R_{ab}+R_{ca}-R_{bc})/2$
5	十分離す	交流	$(R_{ab}+R_{ca}+R_{bc})/3$

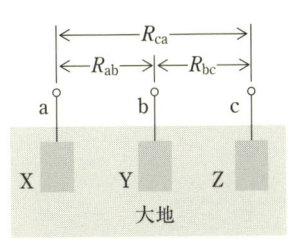

Y、Z：補助電極板

解説 → 問96

ブリッジ回路が平衡しているので電源の角周波数を ω とすると，次式が成り立つ．

$$j\omega L_X \times \frac{1}{j\omega C_S} = R_1 R_2$$

よって，

$$L_X = R_1 R_2 C_S = 200 \times 500 \times 0.02 \times 10^{-6}$$
$$= 10^5 \times 2 \times 10^{-2} \times 10^{-6} = 2 \times 10^{-3} [\mathrm{H}] = 2 [\mathrm{mH}]$$

解説 → 問97

各電極板の接地抵抗を R_X，R_Y，$R_Z [\Omega]$ とすると，各電極間の抵抗は，次式の関係がある．

$$R_X + R_Y = R_{ab} \quad \cdots\cdots (1)$$
$$R_Y + R_Z = R_{bc} \quad \cdots\cdots (2)$$
$$R_Z + R_X = R_{ca} \quad \cdots\cdots (3)$$

式(1)＋式(2)＋式(3)より，

$$2 \times (R_X + R_Y + R_Z) = R_{ab} + R_{bc} + R_{ca} \quad \cdots\cdots (4)$$

式(4)÷2－式(2)より，

$$R_X = \frac{R_{ab} + R_{bc} + R_{ca}}{2} - R_{bc} = \frac{R_{ab} + R_{ca} - R_{bc}}{2} [\Omega]$$

解答 問96 → 4　問97 → 3

問 98

次の記述は，オシロスコープ（OS）による正弦波交流電圧の位相差の測定法について述べたものである．□内に入れるべき字句の正しい組合せを下の番号から選べ．ただし，水平軸入力電圧 v_x および垂直軸入力電圧 v_y は，角周波数を ω〔rad/s〕，位相差を θ〔rad〕，時間を t〔s〕としたとき，次式で表され，それぞれ図1に示すように加えられるものとする．また，OSの画面上には，図2のリサジュー図形が得られるものとする．

$$v_x = V_m \sin \omega t \text{〔V〕} \qquad v_y = V_m \sin(\omega t + \theta) \text{〔V〕}$$

(1) 画面上の a は，v_y の最大値であるから，$a = $ A 〔V〕である．
(2) 画面上の b は，$v_x = 0$〔V〕のときの v_y であるから，$b = V_m \times $ B 〔V〕である．
(3) したがって，v_x と v_y の位相差 θ は次式から求めることができる．

$\theta = $ C 〔rad〕

	A	B	C
1	$V_m/2$	1	$\tan^{-1}(b/a)$
2	$V_m/2$	$\sin\theta$	$\sin^{-1}(b/a)$
3	V_m	1	$\sin^{-1}(b/a)$
4	V_m	$\sin\theta$	$\sin^{-1}(b/a)$
5	V_m	1	$\tan^{-1}(b/a)$

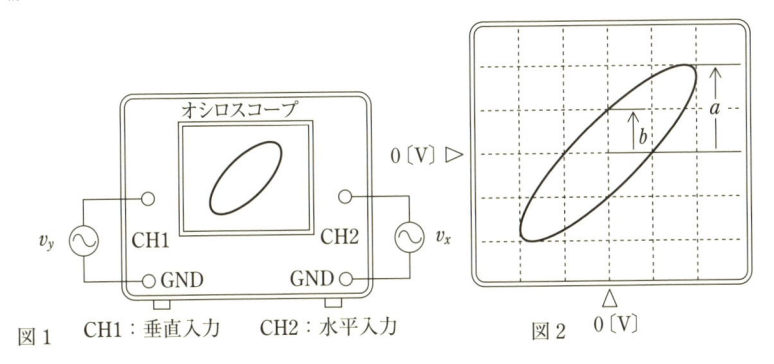

図 1　CH1：垂直入力　CH2：水平入力

図 2

問題

問 99 解説あり！   正解□ 完璧□ 直前CHECK□

次は，オシロスコープの垂直入力信号 v_y および水平入力信号 v_x と管面の波形を組み合わせたものである．このうち誤っているものを下の番号から選べ．ただし，正弦波およびのこぎり波の周波数をそれぞれ f_s および f_n とする．また，垂直および水平の波形の大きさおよびオシロスコープの同期は適切に調節してあるものとし，$v_y=v_x=0$〔V〕のときの輝点の位置は，表示面の中央とする．

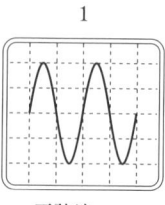

1
v_y: 正弦波
 （$f_s=2$〔kHz〕）
v_x: のこぎり波
 （$f_n=1$〔kHz〕）

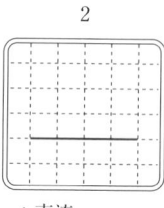

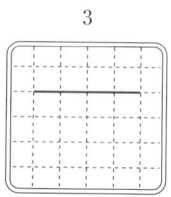

2
v_y: 直流
v_x: 直流

3
v_y: 直流
v_x: のこぎり波
 （$f_n=1$〔kHz〕）

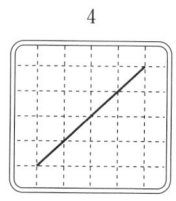

4
v_y: 正弦波
 （$f_s=2$〔kHz〕）
v_x: 正弦波
 （$f_s=2$〔kHz〕）

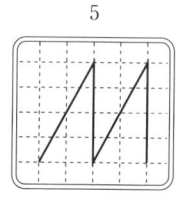

5
v_y: のこぎり波
 （$f_n=2$〔kHz〕）
v_x: のこぎり波
 （$f_n=1$〔kHz〕）

解答 問98→4

ミニ解説
問98 リサジュー図形が直線のときは $b/a=0$ だから，位相差は $\sin^{-1}0=0$〔rad〕となり，図形が円のときは $b/a=1$ だから，位相差は $\sin^{-1}1=\pi/2$〔rad〕となる．

問 100

次の記述は，図1に示すように，三つの交流電流計 A_1，A_2 および A_3 を用いて負荷 $\dot{Z}$ の消費電力 P を測定する方法について述べたものである．　　　内に入れるべき字句の正しい組合せを下の番号から選べ．ただし，A_1，A_2 および A_3 の測定値をそれぞれ I_1，I_2 および I_3 〔A〕，電源電圧 $\dot{V}$ の大きさを V〔V〕，負荷の力率を $\cos\theta$ とする．また，各電流計の内部抵抗の影響はないものとする．

(1) 消費電力（有効電力）P は，$P = V I_2 \cos\theta$ 〔W〕で表される．
(2) 電源電圧 V は，$V = $　A　〔V〕で表される．
(3) 図2に示す各電流のベクトル図から，I_1，I_2 および I_3 の間に次式が成り立つ．
$$I_1{}^2 = \boxed{\text{B}}$$
(4) したがって，(1)，(2)，(3) より，P は次式で表される．
$$P = (R/2) \times \boxed{\text{C}} \ \text{〔W〕}$$

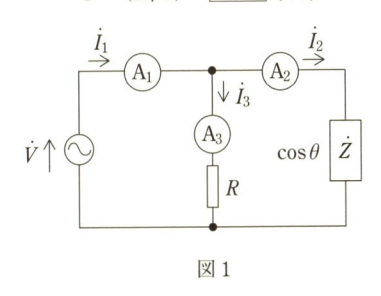

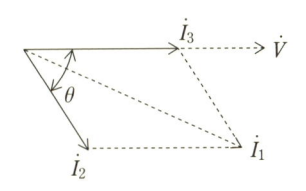

図1

図2

I_1，I_2 および I_3 のベクトルを $\dot{I}_1$，$\dot{I}_2$ および $\dot{I}_3$ で表す．

	A	B	C
1	$I_3 R$	$I_2{}^2 + I_3{}^2 + 2 I_2 I_3 \cos\theta$	$(I_1{}^2 - I_2{}^2 - I_3{}^2)$
2	$I_3 R$	$I_2{}^2 + I_3{}^2 + 2 I_2 I_3 \sin\theta$	$(I_1{}^2 - I_2{}^2 + I_3{}^2)$
3	$I_1 R$	$I_2{}^2 + I_3{}^2 + 2 I_2 I_3 \cos\theta$	$(I_1{}^2 - I_2{}^2 + I_3{}^2)$
4	$I_1 R$	$I_2{}^2 + I_3{}^2 + 2 I_2 I_3 \sin\theta$	$(I_1{}^2 - I_2{}^2 + I_3{}^2)$
5	$I_1 R$	$I_2{}^2 + I_3{}^2 + 2 I_2 I_3 \cos\theta$	$(I_1{}^2 - I_2{}^2 - I_3{}^2)$

解説 → 問99

v_y：直流，v_x：直流のときは，輝点は移動しないので点となる．

解説 → 問100

インピーダンス $\dot{Z}$ を流れる電流の測定値が I_2 〔A〕だから，有効電力 P〔W〕は，
$$P = VI_2\cos\theta \text{〔W〕} \quad \cdots\cdots (1)$$
電源電圧 V〔V〕は，抵抗 R〔Ω〕の電圧降下より，
$$V = I_3 R \text{〔V〕} \quad \cdots\cdots (2) \quad (\boxed{A} \text{の答})$$
電流のベクトル図は，解説図のように表すことができるから三平方の定理より，
$$\begin{aligned}
I_1{}^2 &= (I_2\sin\theta)^2 + (I_2\cos\theta + I_3)^2 \\
&= I_2{}^2\sin^2\theta + I_2{}^2\cos^2\theta + 2I_2 I_3\cos\theta + I_3{}^2 \\
&= (\sin^2\theta + \cos^2\theta)I_2{}^2 + 2I_2 I_3\cos\theta + I_3{}^2 \\
&= I_2{}^2 + I_3{}^2 + 2I_2 I_3\cos\theta \quad \cdots\cdots (3) \quad (\boxed{B} \text{の答})
\end{aligned}$$
式(3)より，力率を求めると，
$$\cos\theta = \frac{I_1{}^2 - I_2{}^2 - I_3{}^2}{2I_2 I_3} \quad \cdots\cdots (4)$$
式(1)に式(2)，(4)を代入すると，
$$\begin{aligned}
P &= I_2 I_3 R\cos\theta \\
&= I_2 I_3 R \frac{I_1{}^2 - I_2{}^2 - I_3{}^2}{2I_2 I_3} = \frac{R}{2} \times (I_1{}^2 - I_2{}^2 - I_3{}^2) \text{〔W〕} \quad (\boxed{C} \text{の答})
\end{aligned}$$

解答 問99 → 2　　問100 → 1

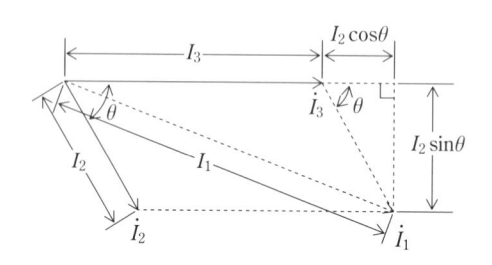

問 101

次の記述は，図に示すデジタル処理型中波AM（A3E）送信機に用いられている電力増幅器（D級増幅器）の基本回路構成例についてその動作原理を述べたものである．☐ 内に入れるべき字句の正しい組合せを下の番号から選べ．ただし，回路は無損失とし，負荷は純抵抗とする．また，負荷に加わる電圧波形は矩形波とし，その矩形波の実効値と最大値は等しいものとする．

(1) 電力増幅器には，オン抵抗の小さいMOS型電界効果トランジスタ（MOSFET）を使用し，☐A☐を向上させている．

(2) FET1〜FET4は，搬送波を波形整形した矩形波の励振入力 $\phi 1$ および $\phi 2$ によって励振されて導通（ON）あるいは非導通（OFF）になる．FET1およびFET4がONで，かつFET2およびFET3がOFFのとき，負荷に流れる電流 I の向きは，☐B☐である．また，FET1およびFET4がOFFで，かつFET2およびFET3がONのとき，電流の向きはその逆になる．この動作を繰り返すと，負荷には周波数が励振入力の周波数と等しい高周波電流が流れる．デジタル処理型中波AM送信機では，音声信号をA-D変換したデジタル信号のビット情報によりこのような電力増幅器を複数台制御し，その出力を電力加算することでAM変調波を得ている．

(3) 直流電源電圧 E が100〔V〕，負荷のインピーダンスの大きさが10〔Ω〕のとき，負荷に供給される高周波電力は，☐C☐〔kW〕である．

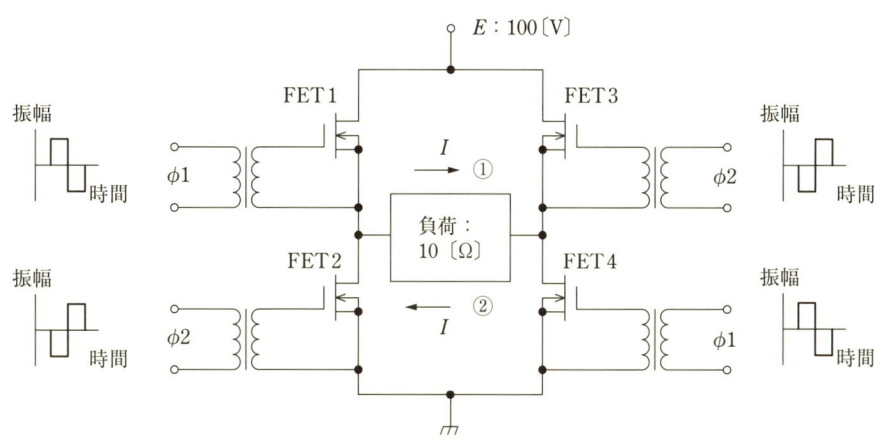

フルブリッジ型 SEPP（Single Ended Push-Pull）回路の電力増幅器

	A	B	C		A	B	C
1	電力効率	①	1	2	電力効率	①	4
3	電力効率	②	4	4	周波数特性	②	4
5	周波数特性	②	1				

問題

問 102 解説あり！ 正解 □ 完璧 □ 直前CHECK □

図に示す電力増幅器の総合的な電力効率を表す式として，正しいものを下の番号から選べ．ただし，終段部の出力電力を P_o〔W〕，終段部の直流入力電力を P_{DCf}〔W〕，励振部の直流入力電力を P_{DCe}〔W〕とする．

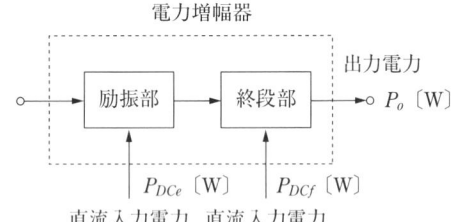

1　$\{P_o/(P_{DCf}+P_{DCe})\}\times 100$　〔％〕
2　$\{P_o/(P_{DCf}-P_{DCe})\}\times 100$　〔％〕
3　$\{(P_o+P_{DCe})/P_{DCf}\}\times 100$　〔％〕
4　$\{(P_o-P_{DCe})/P_{DCf}\}\times 100$　〔％〕
5　$(P_o/P_{DCf})\times 100$〔％〕

問 103 解説あり！ 正解 □ 完璧 □ 直前CHECK □

図は，単一正弦波で変調した AM（A3E）変調波をオシロスコープで観測した波形の概略図である．振幅の最小値（B〔V〕）と最大値（A〔V〕）との比（B/A）の値として，正しいものを下の番号から選べ．ただし，変調度は 50〔％〕とする．

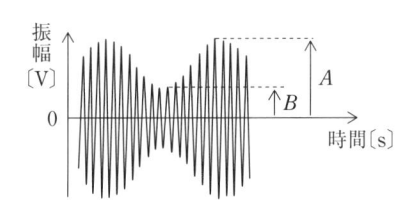

1　1/4
2　1/3
3　1/2
4　2/3
5　3/4

解答 問101 → 1

問101 矩形波（方形波）の実効値と最大値は等しいから，

$$P(電力)=\frac{E^2}{Z}=\frac{100^2}{10}=1,000〔W〕=1〔kW〕$$

98

問題

問 104

図に示す AM（A3E）波 e を表す式として，正しいものを下の番号から選べ．ただし，e の振幅の最大値 A〔V〕に対する最小値 B〔V〕の比（B/A）の値を $1/4$ とし，搬送波の振幅を E〔V〕，角周波数を ω〔rad/s〕とする．また，変調信号は単一正弦波とし，その角周波数を p〔rad/s〕とする．

1　$E(1+0.25\cos pt)\cos\omega t$〔V〕
2　$E(1+0.3\cos pt)\cos\omega t$〔V〕
3　$E(1+0.6\cos pt)\cos\omega t$〔V〕
4　$E(1+0.75\cos pt)\cos\omega t$〔V〕
5　$E(1+0.8\cos pt)\cos\omega t$〔V〕

問 105

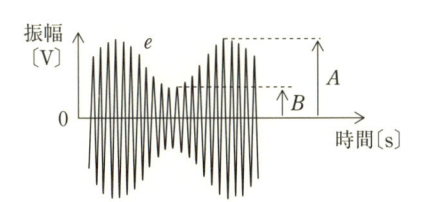

AM（A3E）送信機において，搬送波電力 100〔W〕の高周波を単一正弦波で振幅変調したとき，出力の平均電力が 118〔W〕であった．このときの変調度の値として，正しいものを下の番号から選べ．

1　60〔%〕
2　65〔%〕
3　70〔%〕
4　75〔%〕
5　80〔%〕

解説 →問102

総合的な電力効率 η_0 [%]は，出力電力 P_o [W]と入力電力の比で表される．入力電力は励振部が P_{DCe}，終段部が P_{DCf} [W]だから，

$$\eta_0 = \frac{P_o}{P_{DCf}+P_{DCe}} \times 100\,[\%]$$

解説 →問103

変調度 m は次式で表される．

$$m = \frac{A-B}{A+B} = 0.5$$

式を変形して B/A を求めると，
$0.5 \times (A+B) = A-B$
$1.5B = 0.5A$
よって，

$$\frac{B}{A} = \frac{0.5}{1.5} = \frac{1}{3}$$

搬送波の振幅 V_C は，
$$V_C = \frac{A+B}{2}$$
信号波の振幅 V_S は，
$$V_S = \frac{A-B}{2}$$
変調度 m は，
$$m = \frac{V_S}{V_C} = \frac{A-B}{A+B}$$

解説 →問104

問題では A と B の比が与えられているが，$A=4$，$B=1$ として変調度 m を求めると，

$$m = \frac{A-B}{A+B} = \frac{4-1}{4+1} = 0.6$$

よって，AM波 e [V]は次式で表される．
$$e = E(1+m\cos pt)\cos\omega t = E(1+0.6\cos pt)\cos\omega t\,[\text{V}]$$

解説 →問105

搬送波電力が $P_C = 100$ [W]，変調度を m とすると，被変調波出力の平均電力 $P_{AM} = 118$ [W]は，

$$P_{AM} = \left(1+\frac{m^2}{2}\right)P_C\,[\text{W}]$$

$$118 = \left(1+\frac{m^2}{2}\right) \times 100 \quad \text{より，} \quad 1.18 = 1+\frac{m^2}{2}$$

m を求めると，

$$\frac{m^2}{2} = 0.18 \qquad m^2 = 0.36$$

よって，$m=0.6$ だから，60 [%]

解答 問102→1　問103→2　問104→3　問105→1

問 106

次の記述は，SSB（J3E）変調波のスペクトルおよび波形について述べたものである．□内に入れるべき字句の正しい組合せを下の番号から選べ．なお，同じ記号の□内には，同じ字句が入るものとする．

(1) 搬送波の周波数が f_c〔Hz〕，変調信号の周波数が f_p〔Hz〕のとき，上側波帯を用いる SSB 変調波のスペクトルは， A で表される．
(2) A のスペクトルと対応する波形は， B である．

	A	B
1	図1	図5
2	図2	図6
3	図2	図4
4	図3	図6
5	図3	図4

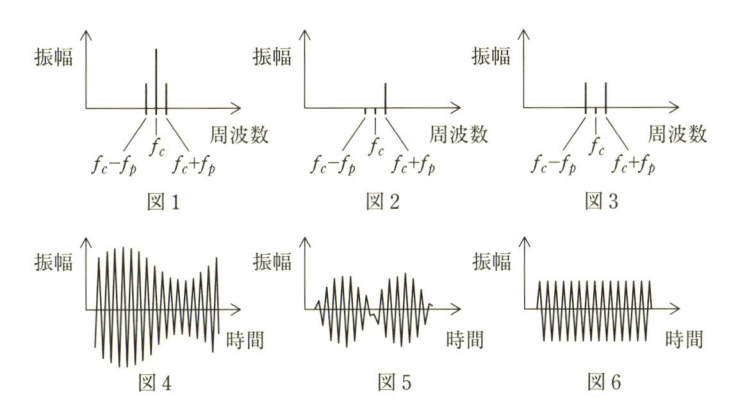

図1　図2　図3

図4　図5　図6

問題

問 107

次の記述は，SSB（J3E）通信方式について述べたものである．　　　内に入れるべき字句を下の番号から選べ．

(1) SSB（J3E）通信方式は，AM（A3E）波の　ア　の側波帯のみを伝送して，変調信号を受信側で再現させる方式である．
(2) SSB（J3E）波の占有周波数帯幅は，変調信号が同じとき，AM（A3E）波のほぼ　イ　である．
(3) SSB（J3E）波は，変調信号の　ウ　放射される．
(4) SSB（J3E）波は，AM（A3E）波に比べて選択性フェージングの影響を受け　エ　．
(5) SSB（J3E）波は，搬送波が　オ　されているため，他のSSB波の混信時にビート妨害を生じない．

| 1 | 一つ | 2 | 1/2 | 3 | 無いときでも | 4 | 易い | 5 | 抑圧 |
| 6 | 二つ | 7 | 1/4 | 8 | 有るときだけ | 9 | 難い | 10 | 低減 |

問 108

図1に示す直線検波回路に，振幅変調波 $e = E(1 + m\cos pt)\cos\omega t$ 〔V〕を加えたとき，図2に示すように，復調出力電圧 e_o の信号波成分の振幅が0.9〔V〕であった．このときの検波効率の値として，正しいものを下の番号から選べ．ただし，搬送波の振幅 E を2〔V〕，変調度 $m \times 100$ を60〔%〕，ω〔rad/s〕を搬送波の角周波数，p〔rad/s〕を信号波の角周波数とし，$\omega \gg 1/(CR) \gg p$ とする．

1　0.6　　2　0.65　　3　0.7　　4　0.75　　5　0.8

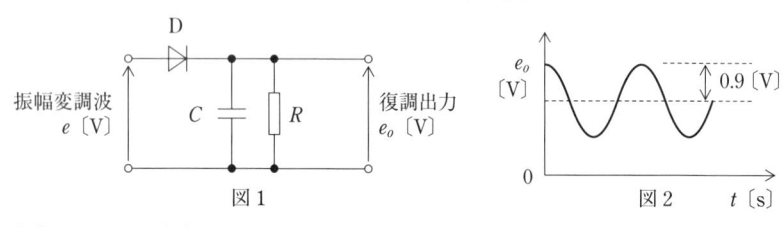

図1　　　　　　　　　　図2

注：**太字**は，ほかの試験問題で穴あきになった用語を示す．

解答 問106→2

問106 図1の全搬送波両側波帯の振幅変調波と対応するのは図4，図3の抑圧搬送波両側波帯の平衡変調波と対応するのは図5

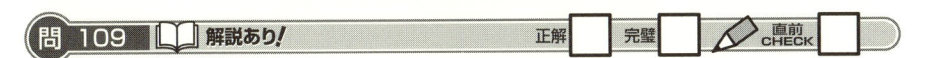

問題

問 109 解説あり！ 正解 □ 完璧 □ 直前CHECK □

振幅変調波を2乗検波し，低域フィルタ（LPF）を通したときの出力電流 i_a の高調波ひずみ率の値として，正しいものを下の番号から選べ．ただし，i_a は次式で表されるものとし，α を比例定数，搬送波の振幅を E〔V〕，変調信号の角周波数を p〔rad/s〕とする．また，変調度 $m \times 100$〔％〕の値を 60〔％〕とする．

$$i_a = \frac{\alpha E^2}{2}\left(1 + \frac{m^2}{2} + 2m\sin pt - \frac{m^2}{2}\cos 2pt\right)\text{〔A〕}$$

1 5〔％〕　　2 10〔％〕　　3 15〔％〕　　4 20〔％〕　　5 25〔％〕

問 110 解説あり！ 正解 □ 完璧 □ 直前CHECK □

図に示す間接周波数変調方式の FM（F3E）送信機の構成例において，変調信号の周波数 f_s が 1〔kHz〕のときの位相変調器の出力における最大位相偏移 $\Delta\theta$ の値として，正しいものを下の番号から選べ．ただし，送信機出力の最大周波数偏移 Δf を 6〔kHz〕，逓倍増幅器による逓倍総数 n の値を 12 とする．

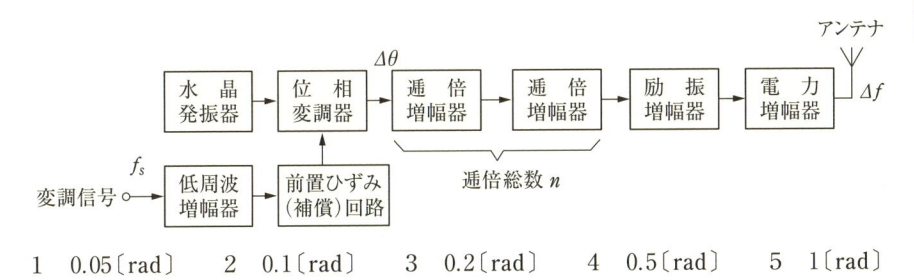

1 0.05〔rad〕　　2 0.1〔rad〕　　3 0.2〔rad〕　　4 0.5〔rad〕　　5 1〔rad〕

解説 →問107

フェージングは受信電界強度が時間の経過とともに絶えず変動する現象である．選択性フェージングは，周波数よって，その影響が異なるので占有周波数帯幅が狭いSSBの方が影響が小さい．

解説 →問108

搬送波電圧の振幅 $E=2$〔V〕，変調度 $m=0.6$ のとき，入力の信号波成分の振幅 V_S〔V〕は，

$V_S = mE = 0.6 \times 2 = 1.2$〔V〕

問題の図より，出力の信号成分の振幅 $V_o=0.9$〔V〕のとき，検波効率 η は，

$$\eta = \frac{V_o}{V_S} = \frac{0.9}{1.2} = 0.75$$

解説 →問109

問題で与えられた式 i_a のうち，第2高調波成分は $\cos 2pt$ の振幅成分で表され，信号波成分は $\sin pt$ の振幅成分だから，これらの比より高調波ひずみ率 η を求めると，

$$\eta = \frac{\dfrac{m^2}{2}}{2m} = \frac{m}{4} = \frac{60}{4} = 15 〔\%〕$$

〔%〕の単位のまま計算してもよい

解説 →問110

逓倍器で逓倍総数 $n=12$ 倍の周波数逓倍を行うと，変調指数 m_F は n 倍となる．送信機出力の最大周波数偏移 $\Delta f = 6$〔kHz〕のとき，変調段の位相変調器出力の等価な周波数偏移 Δf_P〔kHz〕は，次式で表される．

$$\Delta f_P = \frac{\Delta f}{n} = \frac{6}{12} = 0.5 〔\text{kHz}〕$$

位相変調波の最大位相偏移 $\Delta \theta$ と位相変調波の変調指数 m_P は等しいので，これを周波数変調波の変調指数 m_F と同じ値であるとすれば，変調信号の周波数 $f_S = 1$〔kHz〕のとき，次式が成り立つ．

$$m_P = \Delta \theta = m_F = \frac{\Delta f_P}{f_S} = \frac{0.5}{1} = 0.5 〔\text{rad}〕$$

解答 問107→ア-1 イ-2 ウ-8 エ-9 オ-5　問108→4　問109→3　問110→4

問題

問 111

次の記述は，周波数変調波の占有周波数帯幅の計算方法について述べたものである．[ ]内に入れるべき字句の正しい組合せを下の番号から選べ．

(1) 単一正弦波で変調された周波数変調波のスペクトルは，搬送波を中心にその上下に変調信号の周波数間隔で無限に現れる．その振幅は，第1種ベッセル関数を用いて表され，全放射電力 P_t は次式で表される．ただし，無変調時の搬送波の平均電力を P_c 〔W〕とし，m は変調指数とする．

$$P_t = P_c J_0^2(m) + 2P_c \{J_1^2(m) + J_2^2(m) + J_3^2(m) + \cdots \}$$
$$= P_c J_0^2(m) + 2P_c \sum_{n=1}^{\infty} J_n^2(m) \ \text{〔W〕}$$

(2) 周波数変調波は，振幅が一定で，その電力は変調の有無にかかわらず一定であり，次式の関係が成り立つ．

$$J_0^2(m) + 2\sum_{n=1}^{\infty} J_n^2(m) = \boxed{\ \text{A}\ }$$

したがって，$n=k$ 番目の上下側帯波までの周波数帯幅に含まれる平均電力の P_t に対する比 α は，次式より求められる．

$$\alpha = \boxed{\ \text{B}\ }$$

(3) 我が国では，占有周波数帯幅を定める α の値は $\boxed{\ \text{C}\ }$ と規定されている．

	A	B	C
1	1	$J_0^2(m) + 2\sum_{n=1}^{k} J_n^2(m)$	0.90
2	1	$2\sum_{n=1}^{k} J_n^2(m)$	0.99
3	1	$J_0^2(m) + 2\sum_{n=1}^{k} J_n^2(m)$	0.99
4	2	$2\sum_{n=1}^{k} J_n^2(m)$	0.90
5	2	$J_0^2(m) + 2\sum_{n=1}^{k} J_n^2(m)$	0.99

問題

問 112

次の記述は，周波数変調（FM）波について述べたものである．□内に入れるべき字句を下の番号から選べ．ただし，同じ記号の□内には，同じ字句が入るものとする．また，搬送波を $A\sin\omega_c t$〔V〕，変調信号を $B\cos\omega_s t$〔V〕とし，搬送波の振幅および角周波数を A〔V〕および ω_c〔rad/s〕，変調信号の振幅および角周波数を B〔V〕および ω_s〔rad/s〕とする．

(1) FM 波の瞬時角周波数 ω は，電圧を角周波数に変換する係数を k_f〔rad/(s・V)〕とすると次式で表される．

$$\omega = \omega_c + \boxed{\text{ア}} \times \cos\omega_s t \text{〔rad/s〕} \quad \cdots\cdots\cdots ①$$

$\boxed{\text{ア}}$ を，$\boxed{\text{イ}}$ という．

(2) FM 波の位相角 ϕ は，式①を t で積分して得られ，θ〔rad〕を積分定数とすれば次式で表される．

$$\phi = \int \omega dt = \omega_c t + \boxed{\text{ウ}} \times \sin\omega_s t + \theta \text{〔rad〕} \quad \cdots\cdots\cdots ②$$

$\boxed{\text{ウ}}$ を，$\boxed{\text{エ}}$ という．変調信号の振幅が一定で周波数が増加するとき，$\boxed{\text{エ}}$ は $\boxed{\text{オ}}$ する．

1 $k_f B$ 　　　 2 $\omega_s/(k_f B)$ 　　　 3 減少 　　　 4 雑音指数
5 最大角周波数偏移 　　　 6 k_f/B 　　　 7 $k_f B/\omega_s$
8 増加 　　　 9 変調指数 　　　 10 占有角周波数帯幅

解答 問111 → 3

問111 周波数変調の側帯波は変調により大きさが変化するが，それらの和である P_t〔W〕(全電力)は，無変調時の P_c〔W〕(搬送波電力)に等しい．

問 113

次の記述は，図に示すFM（F3E）受信機に用いられる位相同期ループ（PLL）検波器の原理的な構成例について述べたものである．☐内に入れるべき字句の正しい組合せを下の番号から選べ．なお，同じ記号の☐内には，同じ字句が入るものとする．

(1) PLL検波器は，**位相比較器（PC）**， A ，低周波増幅器（AF Amp）および**電圧制御発振器（VCO）**で構成される．

(2) この検波器に周波数変調波が入力されたとき，出力の波形は， B である．ただし，周波数変調波は，単一正弦波で変調されているものとし，搬送波の周波数とVCOの自走周波数は，同一とする．

	A	B
1	直線検波器	図1
2	直線検波器	図2
3	直線検波器	図3
4	低域フィルタ（LPF）	図3
5	低域フィルタ（LPF）	図1

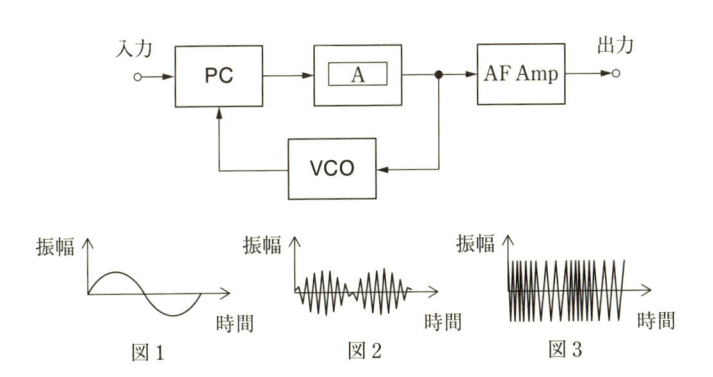

注：**太字**は，ほかの試験問題で穴あきになった用語を示す．

問題

問 114

次の記述は，図に示すQPSK(4PSK)変調器の原理的な構成例について述べたものである．□内に入れるべき字句の正しい組合せを下の番号から選べ．

(1) 分配器で分配された搬送波は，BPSK(2PSK)変調器1には直接，BPSK(2PSK)変調器2には $\pi/2$ 移相器を通して入力される．BPSK変調器1の出力の位相は，符号 a_i に対応して変化し，搬送波の位相に対して A の値をとる．また，BPSK変調器2の出力の位相は，符号 b_i に対応して変化し，搬送波の位相に対して B の値をとるので，それぞれの出力を合成（**加算**）することにより，QPSK波を得る．

(2) このように，QPSKは，搬送波の $\pi/2$ おきの位相を用いて，1シンボルで C ビットの情報を送る変調方式である．

	A	B	C
1	0または $\pi/4$	$\pi/2$ または $3\pi/2$	4
2	0または $\pi/4$	$\pi/4$ または $3\pi/4$	2
3	0または π	$\pi/2$ または $3\pi/2$	4
4	0または π	$\pi/2$ または $3\pi/2$	2
5	0または π	$\pi/4$ または $3\pi/4$	4

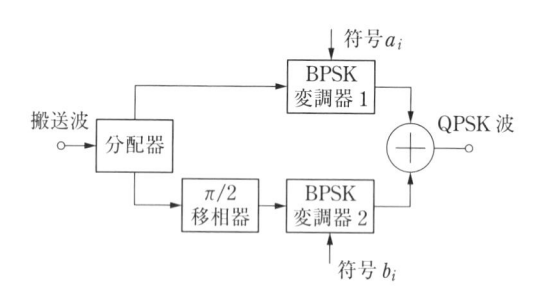

注：**太字**は，ほかの試験問題で穴あきになった用語を示す．

解答 問112 ➔ ア-1 イ-5 ウ-7 エ-9 オ-3   問113 ➔ 5

問112 積分の公式

$$\int \omega_c dt = \omega_c \int 1 dt = \omega_c t$$

$$\int \cos\omega_s t \, dt = \frac{1}{\omega_s}\sin\omega_s t$$

問113 問題の図2は抑圧搬送波両側波帯の平衡変調波，図3は入力の周波数変調波の波形

問 115

次の記述は，BPSK(2PSK)信号およびQPSK(4PSK)信号の信号空間ダイアグラムについて述べたものである．☐内に入れるべき字句の正しい組合せを下の番号から選べ．ただし，信号空間ダイアグラムは，信号が取り得るすべての値を複素平面に表示したものである．信号点間距離は，雑音などがあるときの信号の復調・識別の余裕度を示すので，信号空間ダイアグラムにおける信号点の間の距離のうち，最も短いものをいう．

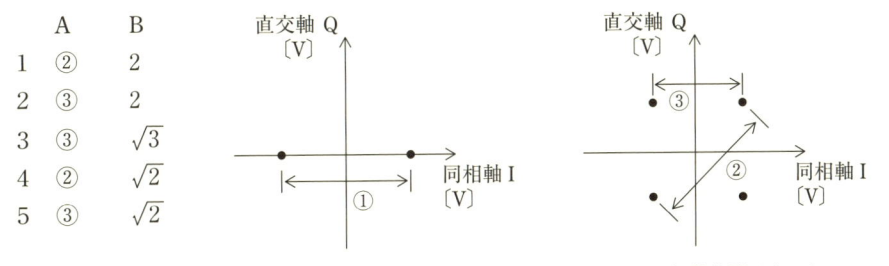

(1) 図1に示すBPSK信号の信号空間ダイアグラムにおいて，信号点間距離は①で表される．また，図2に示すQPSK信号の信号空間ダイアグラムにおいて，信号点間距離は ☐A☐ で表される．

(2) BPSK信号およびQPSK信号の信号点間距離を等しくして誤り率を同じにするためには，QPSK信号の振幅をBPSK信号の振幅の ☐B☐ 倍にする必要がある．

	A	B
1	②	2
2	③	2
3	③	$\sqrt{3}$
4	②	$\sqrt{2}$
5	③	$\sqrt{2}$

図1　BPSK信号空間ダイアグラム　　図2　QPSK信号空間ダイアグラム

問 116

次の記述は，BPSK(2PSK)復調器に用いられる基準搬送波再生回路について述べたものである．□内に入れるべき字句の正しい組合せを下の番号から選べ．ただし，同じ記号の□内には，同じ字句が入るものとする．

(1) 図1において，入力のBPSK波 e_i は，次式で表され，図2(a)に示すように位相が0または π 〔rad〕のいずれかの値をとる．ただし，e_i の振幅を1〔V〕，搬送波の周波数を f_c〔Hz〕とする．また，2値符号 s は "0" または "1" の値をとり，搬送波と同期しているものとする．

$$e_i = \boxed{\text{A}} \text{〔V〕} \quad \cdots\cdots\cdots ①$$

(2) e_i を2乗特性を有するダイオードなどを用いた2逓倍器に入力すると，その出力 e_o は，次式で表される．ただし，2逓倍器の利得は1とする．

$$e_o = (\boxed{\text{A}})^2 = \frac{1+\cos 2(2\pi f_c t + \pi s)}{2} = \frac{1}{2} + \frac{1}{2}\cos(4\pi f_c t + 2\pi s)\text{〔V〕} \quad \cdots ②$$

式②の右辺の位相項は，s の値によって0または $\boxed{\text{B}}$ の値をとるので，式②は，図2(b)に示すような波形を表し，$2f_c$〔Hz〕の成分を含む信号が得られる．

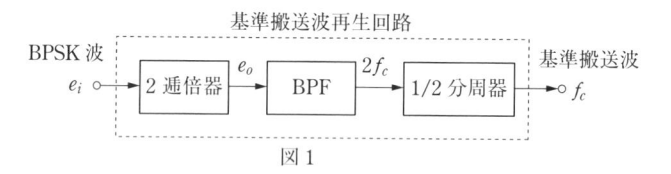

(3) 式②には，$2f_c$〔Hz〕の成分以外に $\boxed{\text{C}}$ 成分が含まれているので，帯域フィルタ(BPF)で $2f_c$〔Hz〕の成分のみを取り出し，これを1/2分周器で分周して図2(c)に示すような周波数 f_c〔Hz〕の基準搬送波を再生する．

図1

解答 問114→4 問115→5

問114 情報量 n ビットは 2^n の値で表される．BPSKは2値をとるので1ビット，QPSKは4値をとるので2ビットである．

問115 信号点間距離は，隣り合う信号点間の距離なのでQPSKでは③である．②の正方形の対角線がQPSKの振幅だから，③の値を①と同じ値にするには②の値を①の $\sqrt{2}$ 倍にする必要がある．

図2

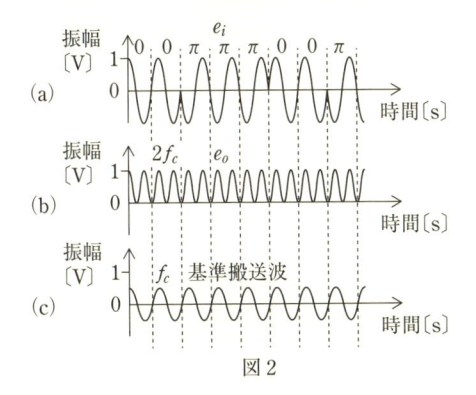

	A	B	C
1	$\cos(2\pi f_c t + \pi s)$	2π	高調波
2	$\cos(2\pi f_c t + \pi s)$	π	直流
3	$\cos(2\pi f_c t + \pi s)$	2π	直流
4	$\cos(2\pi f_c t + \pi s/2)$	π	高調波
5	$\cos(2\pi f_c t + \pi s/2)$	2π	直流

問 117

次の記述は，BPSK等のデジタル変調方式におけるシンボルレートとビットレート（データ伝送速度）との原理的な関係について述べたものである．□内に入れるべき字句の正しい組合せを下の番号から選べ．ただし，シンボルレートは，1秒当たりの変調回数（単位は〔sps〕）を表す．

(1) BPSK(2PSK)では，シンボルレートが5.0〔Msps〕のとき，ビットレートは，　A　〔Mbps〕である．
(2) QPSK(4PSK)では，シンボルレートが5.0〔Msps〕のとき，ビットレートは，　B　〔Mbps〕である．
(3) 64QAMでは，ビットレートが48.0〔Mbps〕のとき，シンボルレートは，　C　〔Msps〕である．

	A	B	C
1	5.0	10.0	8.0
2	5.0	10.0	6.0
3	2.5	10.0	6.0
4	10.0	2.5	9.0
5	10.0	5.0	8.0

問題

問 118

次の記述は，図に示すBPSK（2PSK）信号の復調回路の原理的な構成例について述べたものである．____内に入れるべき字句を下の番号から選べ．ただし，同じ記号の____内には，同じ字句が入るものとする．

(1) この復調回路は，__ア__検波方式を用いている．
(2) 入力のBPSK信号と搬送波再生回路で再生した搬送波との__イ__を行い，__ウ__，識別再生回路およびクロック再生回路によってデジタル信号を復調する．
(3) 搬送波再生回路は，周波数2逓倍回路，帯域フィルタおよび__エ__で構成される．
(4) 入力のBPSK信号の位相がデジタル信号に応じて π〔rad〕変化したとき，搬送波再生回路の帯域フィルタの出力の位相は__オ__．

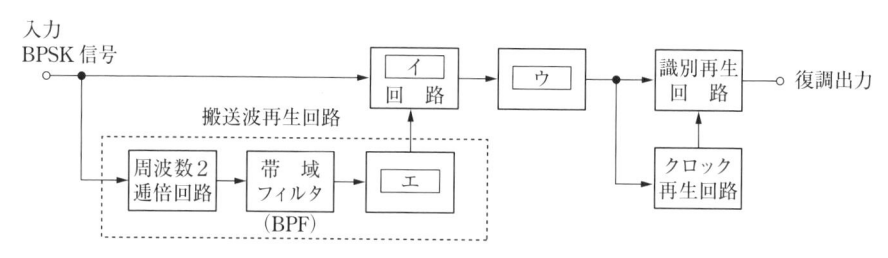

入力
BPSK信号 → イ回路 → ウ → 識別再生回路 → 復調出力
搬送波再生回路：周波数2逓倍回路 → 帯域フィルタ（BPF）→ エ
クロック再生回路

1　周波数4逓倍回路　　2　一定に保たれる　　3　同期
4　高域フィルタ（HPF）　5　乗算　　6　1/2分周回路
7　π〔rad〕変化する　　8　包絡線　　9　低域フィルタ（LPF）　　10　加算

解答　問116→3　問117→1

問116 三角関数の公式

$$\cos^2\theta = \frac{1}{2}\times(1+\cos 2\theta)$$

ミニ解説　問117 ビット数 n，シンボルレート S〔Msps〕のときビットレート D〔Mbps〕は，$D=Sn$ で表される．BPSKは $2^n=2$ より $n=1$，QPSKは $2^n=4$ より $n=2$，64QAMは $2^n=64$ より $n=6$

問題

問 119

次の記述は，デジタル信号の復調（検波）方式について述べたものである．□内に入れるべき字句の正しい組合せを下の番号から選べ．

(1) 一般に，搬送波電力対雑音電力比（C/N）が同じとき，理論上では同期検波は遅延検波に比べ，符号誤り率が　A　．
(2) 同期検波は，受信信号から再生した　B　を基準信号として用いる．
(3) 遅延検波は，1シンボル　C　の変調されている搬送波を基準搬送波として位相差を検出する方式である．

	A	B	C
1	大きい	包絡線	後
2	大きい	搬送波	後
3	大きい	包絡線	前
4	小さい	搬送波	前
5	小さい	搬送波	後

問 120

次の記述は，16値直交振幅変調（16QAM）について述べたものである．□内に入れるべき字句を下の番号から選べ．

(1) 周波数が等しく位相が　ア　〔rad〕異なる直交する二つの搬送波を，それぞれ　イ　のレベルを持つ信号で振幅変調し，それらを合成することにより得られる．
(2) QPSKと比較すると理論的に　ウ　．また，振幅方向にも情報を乗せているため，伝送路におけるノイズやフェージングなどの影響を　エ　．
(3) 同じ E_b/N_0（ビットエネルギー対雑音電力密度比）のとき，16QAMのビット誤り率は理論的に16相位相変調（16PSK）より　オ　．

1	$\pi/4$	2	4値	3	周波数利用効率が低い	4	受け難い	5	小さい
6	$\pi/2$	7	16値	8	周波数利用効率が高い	9	受け易い	10	大きい

問題

問 121

次の記述は，直交振幅変調(QAM)方式について述べたものである．☐内に入れるべき字句の正しい組合せを下の番号から選べ．

(1) 送信側では，互いに直交する位相関係にある二つの搬送波を，複数の振幅レベルを持つデジタル信号 $\psi_I(t)$ [V]および $\psi_Q(t)$ [V]でそれぞれ振幅変調し，その出力を加算して送出する．このときの直交振幅変調波 $e(t)$ は，次式で表される．ただし，ω_c [rad/s]は，搬送波の角周波数を示す．

$$e(t) = \boxed{\text{A}} + \psi_Q(t)\sin\omega_c t \text{ [V]}$$

(2) 受信側では，互いに直交する位相関係にある二つの復調搬送波を用いてデジタル信号を復調する．

復調搬送波 $e_L(t)$ が $e_L(t) = \cos(\omega_c t - \phi)$ [V]のとき，同期検波を行って低域フィルタ(LPF)を通すと，$\phi = 0$ [rad]で，$\boxed{\text{B}}$ が復調され，$\phi = \pi/2$ [rad]で，$\boxed{\text{C}}$ が復調される．

	A	B	C
1	$\psi_I(t)\cos\omega_c t$	$\psi_Q(t)$	$\psi_I(t)$
2	$\psi_I(t)\cos\omega_c t$	$\psi_I(t)$	$\psi_Q(t)$
3	$\psi_I(t)\sin\omega_c t$	$\psi_I(t)$	$\psi_Q(t)$
4	$\psi_I(t)\sin\omega_c t$	$\psi_Q(t)$	$\psi_I(t)$
5	$\psi_I(t)\tan\omega_c t$	$\psi_I(t)$	$\psi_Q(t)$

解答

問118 ➔ アー3 イー5 ウー9 エー6 オー2　　問119 ➔ 4
問120 ➔ アー6 イー2 ウー8 エー9 オー5

ミニ解説

問118 受信信号から基準搬送波を再生するので同期検波方式である．周波数2逓倍回路の2乗特性によって，BPSK信号の搬送波に π [rad]の位相差があっても同位相の搬送波が再生される．

問119 遅延検波は，遅延回路を用いて搬送波を遅延させるので，1シンボル前の変調されている搬送波を基準搬送波とすることができる．

問120 16値QMAは，4値の位相を持つので，位相が $2\pi/4 = \pi/2$ [rad]異なる信号点を持つ．16PSKに比較して信号点間距離が大きいのでビット誤り率は小さい．

問 122

次の記述は，PSKやQAMのデジタル信号の帯域制限に用いられるロールオフフィルタ等について述べたものである．□内に入れるべき字句の正しい組合せを下の番号から選べ．ただし，デジタル信号のシンボル（パルス）期間長を T〔s〕（シンボル・レート：$1/T$〔sps〕）とし，ロールオフフィルタの帯域制限の傾斜の程度を示す係数（ロールオフ率）を α ($0 \leq \alpha \leq 1$)とする．

(1) 遮断周波数 $1/(2T)$〔Hz〕の理想低域フィルタ（LPF）にインパルスを加えたときの出力応答は，中央のピークを除いて　A　〔s〕ごとに零点が現れる波形となる．この間隔でパルス列を伝送すれば，受信パルスの中央でレベルの識別を行うような検出に対して，前後のパルスの影響を受けることなく符号間干渉を避けることができる．

(2) 理想LPFの実現は困難であり，実際にデジタル信号の帯域制限に用いられるロールオフフィルタに，入力としてシンボル期間長 T〔s〕のデジタル信号を通すと，その出力信号（ベースバンド信号）の周波数帯域幅は，　B　$/(2T)$〔Hz〕で表される．また，無線伝送では，ベースバンド信号で搬送波を変調（振幅変調，位相変調）するので，その周波数帯域幅は，ベースバンド信号の　C　倍となる．

	A	B	C
1	T	$(1+\alpha)$	4
2	T	$(1+\alpha)$	2
3	T	$(1-\alpha)$	4
4	$2T$	$(1+\alpha)$	2
5	$2T$	$(1-\alpha)$	4

問題

問 123　解説あり！　正解□　完璧□　直前CHECK□

次の記述は，パルス変調について述べたものである．□内に入れるべき字句の正しい組合せを下の番号から選べ．

(1) パルス振幅変調（PAM）は，入力信号の　A　に応じてパルスの振幅が変化し，パルスの周期および幅は一定である．
(2) パルス位相（位置）変調（PPM）は，入力信号の　B　に応じてパルスの位相（位置）が変化し，パルスの振幅および幅は一定である．
(3) パルス符号変調（PCM）は，入力信号の　C　に応じて複数のパルスを組み合わせて表される符号が変化し，パルスの振幅および幅は一定である．

	A	B	C
1	位相	振幅	正負の極性
2	位相	位相	振幅
3	振幅	位相	正負の極性
4	振幅	振幅	正負の極性
5	振幅	振幅	振幅

問 124　解説あり！　正解□　完璧□　直前CHECK□

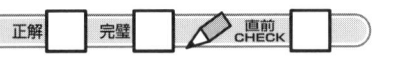

最高周波数が3〔kHz〕の音声信号を，伝送速度が96〔kbps〕のパルス符号変調（PCM）方式で伝送するとき，許容される符号化ビット数の最大値として，正しいものを下の番号から選べ．ただし，標本化は，標本化定理に基づいて行い，同期符号等は無く音声信号のみを伝送するものとする．

1　4　　2　8　　3　16　　4　32　　5　64

解答　問121→2　問122→2

問121 三角関数の公式
$$\cos\left(\theta - \frac{\pi}{2}\right) = \sin\theta$$
$$\cos^2\theta = \frac{1}{2} + \frac{\cos 2\theta}{2}, \quad \sin^2\theta = \frac{1}{2} - \frac{\cos 2\theta}{2}$$
cosとcosあるいはsinとsinの積から出力（1/2の直流成分）が得られる．

問122 ロールオフ率αが0に近づくほどフィルタの傾斜は矩形に近づくので，帯域幅は狭くなる．

問 125

最高周波数が10〔kHz〕の音声信号を標本化および量子化し，16ビットで符号化してパルス符号変調（PCM）方式により伝送するときの通信速度の最小値として，正しいものを下の番号から選べ．ただし，標本化は，標本化定理に基づいて行い，同期符号等は無く音声信号のみを伝送するものとする．

1　80〔kbps〕
2　160〔kbps〕
3　240〔kbps〕
4　320〔kbps〕
5　400〔kbps〕

問 126

次の記述は，パルス符号変調（PCM）方式における標本化について述べたものである．　　　内に入れるべき字句の正しい組合せを下の番号から選べ．ただし，標本化周波数を f〔Hz〕とし，標本化に用いる標本化パルスは，理想的なインパルスとする．なお，同じ記号の　　　内には，同じ字句が入るものとする．

(1) 標本化とは，アナログ信号の　A　を一定の時間間隔で取り出すことをいう．
(2) 標本化定理によれば，入力のアナログ信号の最高周波数が $f/2$〔Hz〕より　B　周波数のとき，標本化して得たパルス列を理想的な　C　に通すことによって元のアナログ信号を完全に復元できる．
(3) 標本化に伴う雑音には折返し雑音および補間雑音などがあり，折返し雑音を生じさせないためには，標本化を行う回路に入力されるアナログ信号が $f/2$〔Hz〕　D　の周波数成分を含まないようにする．また，補間雑音を低減するためには，受信側でアナログ信号を復元するときに用いる　C　が，$f/2$〔Hz〕　D　の周波数成分を十分に除去できる特性を持つようにする．

	A	B	C	D
1	振幅	高い	低域フィルタ（LPF）	以上
2	振幅	低い	低域フィルタ（LPF）	以上
3	振幅	低い	高域フィルタ（HPF）	以下
4	周波数	低い	高域フィルタ（HPF）	以上
5	周波数	高い	低域フィルタ（LPF）	以下

解説 → 問123

PCMは，次の変調過程によってアナログ信号をデジタル信号に変換する．
① 標本化　一定の周期の標本化時間ごとに原信号の振幅を取り出す．
② 量子化　段階的なレベルに近似する．
③ 符号化　2進数の符号に変換して，それに対応するパルスを出力する．

解説 → 問124

最高周波数 $f_m = 3$ 〔kHz〕の音声信号を標本化するには $2f_m$ の周波数を用いる．符号化ビット数 N で符号化したときの伝送速度 $D = 96$ 〔kbps〕は，

$$D = 2f_m N$$

N を求めると，

$$N = \frac{D}{2f_m} = \frac{96}{2 \times 3} = 16$$

最高周波数 f_m の2倍以上の周波数に相当する周期で標本化すれば，受信側では原信号を再現することができる．これを標本化定理という

解説 → 問125

最高周波数 $f_m = 10$ 〔kHz〕の音声信号を標本化するには $2f_m$ の周波数を用いる．符号化ビット数 $N = 16$ のとき，通信速度 D 〔kbps〕は，

$$D = 2f_m N$$
$$= 2 \times 10 \times 16 = 320 \text{〔kbps〕}$$

解説 → 問126

標本化周波数 f 〔Hz〕で標本化したパルス波形は，解説図のようにアナログ信号の持つ周波数成分と標本化周波数を搬送波とした側波帯成分を持つ．このときアナログ信号が $f/2$ 〔Hz〕以上の周波数成分を持つと，アナログ信号の周波数成分が側波帯成分と重なって折返し雑音となる．

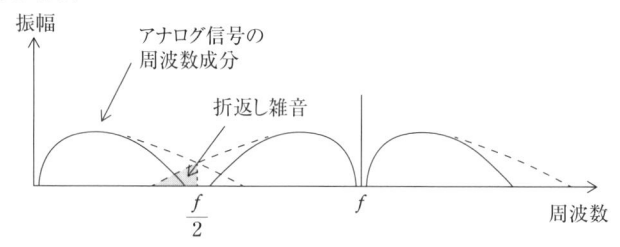

解答 問123→5　問124→3　問125→4　問126→2

問 127

図に示す無線通信回線において，受信機の入力に換算した搬送波電力対雑音電力比（C/N）の値として，正しいものを下の番号から選べ．ただし，送信機の送信電力（平均電力）を40〔dBm〕，送信アンテナおよび受信アンテナの絶対利得をそれぞれ33〔dBi〕，送信給電線および受信給電線の損失を3〔dB〕，送信アンテナおよび受信アンテナ間の伝搬損失を140〔dB〕および受信機の雑音電力の入力換算値を－100〔dBm〕とする．また，1〔mW〕を0〔dBm〕とする．

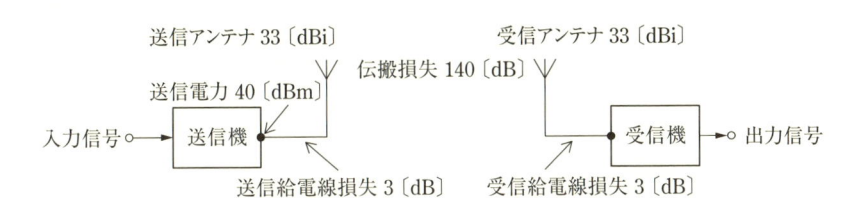

```
                送信アンテナ 33〔dBi〕        受信アンテナ 33〔dBi〕
                    ↓       伝搬損失 140〔dB〕    ↓
         送信電力 40〔dBm〕                            
入力信号 ○─┤ 送信機 ├────            ────┤ 受信機 ├─○ 出力信号
                ↑                            ↑
           送信給電線損失 3〔dB〕      受信給電線損失 3〔dB〕
```

1 70〔dB〕
2 60〔dB〕
3 50〔dB〕
4 40〔dB〕
5 30〔dB〕

問 128

送信周波数が151.0〔MHz〕の送信機T_1に，近傍に存在する送信機T_2の電波が入り込み，150.7〔MHz〕と151.6〔MHz〕の3次の相互変調波が発生した．このときのT_2の送信周波数として，正しいものを下の番号から選べ．

1 151.3〔MHz〕
2 150.4〔MHz〕
3 150.5〔MHz〕
4 150.6〔MHz〕
5 150.7〔MHz〕

解説 → 問127

送信電力 $P_T=40$ 〔dBm〕,送信および受信アンテナ利得 $G_T=G_R=33$ 〔dB〕,給電線損失 $L_T=L_R=3$ 〔dB〕,伝搬損失 $\varGamma_0=140$ 〔dB〕のとき,受信機入力端の搬送波電力 C 〔dBm〕は,

$$C=P_T+G_T-L_T-\varGamma_0+G_R-L_R$$
$$=40+33-3-140+33-3$$
$$=-40 \text{〔dBm〕}$$

受信機の雑音電力の入力換算値 $N=-100$ 〔dBm〕のとき,求める C/N 〔dB〕は,

$$C/N=C-N=-40-(-100)=60 \text{〔dB〕}$$

> 問題の数値はデシベルで与えられているので,利得は和,損失は差で計算する

解説 → 問128

送信周波数を f_1, f_2 〔MHz〕とすると,$f_2>f_1$ のとき $f_2=f_1+\varDelta f$ とすると,2波3次の相互変調積の周波数成分 f_a, f_b 〔MHz〕は,次式で表される.

$$f_a=2f_1-f_2=2f_1-(f_1+\varDelta f)=f_1-\varDelta f \text{〔MHz〕} \qquad \cdots\cdots (1)$$
$$f_b=2f_2-f_1=2(f_1+\varDelta f)-f_1=f_1+2\varDelta f \text{〔MHz〕} \qquad \cdots\cdots (2)$$

これらの周波数関係を解説図に示す.ここで,$f_a=150.7$ 〔MHz〕,$f_b=151.6$ 〔MHz〕,$f_1=151$ 〔MHz〕とすると,式(1)より,

$$150.7=151-\varDelta f$$

より,$\varDelta f=0.3$ 〔MHz〕

よって,

$$f_2=f_1+\varDelta f=151+0.3=151.3 \text{〔MHz〕}$$

> 図を描いて,f_a, f_1, f_2, f_b の周波数が等間隔で並ぶ関係となるようにして,送信機 T_1 の周波数を f_1 または f_2 とする

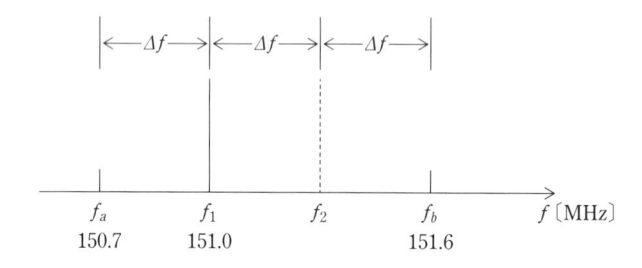

```
|←—Δf—→|←—Δf—→|←—Δf—→|
        |       |       |
        |       |       |
        |       |       |
   f_a     f_1     f_2     f_b      f〔MHz〕
  150.7   151.0           151.6
```

解答 問127 → 2　　問128 → 1

問 129

次の記述は，図に示す FM（F3E）送信機に用いられる瞬時偏移制御（IDC）回路について述べたものである．このうち誤っているものを下の番号から選べ．

変調信号 ─→ 微分回路 → 低周波増幅回路 → クリッパ回路 → 積分回路 → 低周波増幅回路 ─→ 出力信号

1. 間接 FM 方式の FM 送信機に用いられる．
2. FM 送信機の出力の瞬時周波数偏移を一定値以下に制限する．
3. 微分回路の出力の振幅の大きさは，変調信号の振幅と周波数の積に比例する．
4. 積分回路の出力の振幅の大きさは，積分回路の入力信号の周波数に反比例する．
5. クリッパ回路の入力信号の振幅がクリップレベル以上のとき，IDC 回路は，周波数特性が平坦な増幅器として動作する．

問 130

抵抗 400〔Ω〕から発生する熱雑音電圧の実効値として，最も近いものを下の番号から選べ．ただし，等価雑音帯域幅を 2.4〔MHz〕，周囲温度を 300〔K〕，ボルツマン定数を 1.38×10^{-23}〔J/K〕とする．

1. 1×10^{-6}〔V〕
2. 2×10^{-6}〔V〕
3. 3×10^{-6}〔V〕
4. 4×10^{-6}〔V〕
5. 5×10^{-6}〔V〕

問 131

有能利得が 15〔dB〕の高周波増幅器の入力端における雑音の有能電力（熱雑音電力）が -120〔dBm〕，また，出力端における雑音の有能電力が -100〔dBm〕であるとき，この増幅器の雑音指数の値として正しいものを下の番号から選べ．ただし，1〔mW〕を 0〔dBm〕とする．

1. 1〔dB〕
2. 2〔dB〕
3. 3〔dB〕
4. 4〔dB〕
5. 5〔dB〕

解説 → 問129

クリッパ回路の入力信号の振幅がクリップレベル以上のとき，IDC回路の出力信号は，周波数が高いほど小さくなる．

解説 → 問130

抵抗$R=400$〔Ω〕から発生する熱雑音電圧の実効値E_N〔V〕は，等価雑音帯域幅$B=2.4$〔MHz〕$=2.4\times10^6$〔Hz〕，周囲の絶対温度$T=300$〔K〕，ボルツマン定数$k=1.38\times10^{-23}$〔J/K〕より，

$$\begin{aligned}E_N&=\sqrt{4kTBR}\\&=\sqrt{4\times1.38\times10^{-23}\times300\times2.4\times10^6\times400}\\&=\sqrt{4\times1.38\times3\times2.4\times4\times10^{-23+2+6+2}}\\&\fallingdotseq\sqrt{4\times10\times4\times10^{-13}}=4\times10^{-6}〔\text{V}〕\end{aligned}$$

解説 → 問131

増幅器の入力端における信号の有能電力をS_i〔dBm〕，雑音の有能電力を$N_i=-120$〔dBm〕，出力端における信号の有能電力をS_o〔dBm〕，雑音の有能電力を$N_o=-100$〔dBm〕とすると，雑音指数F_{dB}〔dB〕は，

$$\begin{aligned}F_{\text{dB}}&=(S_i-N_i)-(S_o-N_o)\\&=S_i-S_o-N_i+N_o〔\text{dB}〕\quad\cdots\cdots(1)\end{aligned}$$

ここで，高周波増幅器の有能利得を$G=15$〔dB〕とすると次式の関係がある．

$$G=S_o-S_i〔\text{dB}〕\quad\cdots\cdots(2)$$

式(1)，式(2)より，

$$\begin{aligned}F_{\text{dB}}&=-G-N_i+N_o=-15-(-120)+(-100)\\&=5〔\text{dB}〕\end{aligned}$$

雑音指数の真数Fは，

$$F=\dfrac{\dfrac{S_i}{N_i}}{\dfrac{S_o}{N_o}}$$

解答 問129→5　問130→4　問131→5

問 132

受信機の入力端に入力される信号 e の電力が -53〔dBm〕のときの e の電圧の実効値として，最も近いものを下の番号から選べ．ただし，受信機の入力端のインピーダンスを 50〔Ω〕とする．また，1〔mW〕を 0〔dBm〕，$\log_{10} 2 = 0.3$ とする．

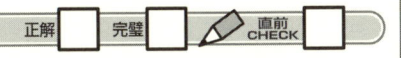

1　300〔μV〕　　2　400〔μV〕　　3　500〔μV〕
4　600〔μV〕　　5　700〔μV〕

問 133

スーパヘテロダイン受信機の受信周波数が $8,400$〔kHz〕のときの影像周波数の値として，正しいものを下の番号から選べ．ただし，中間周波数は 455〔kHz〕とし，局部発振器の発振周波数は，受信周波数より低いものとする．

1　7,490〔kHz〕　　2　7,945〔kHz〕　　3　8,400〔kHz〕
4　8,855〔kHz〕　　5　9,310〔kHz〕

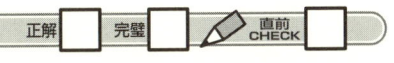

問 134

次の記述は，受信機の雑音制限感度について述べたものである．　　　内に入れるべき字句の正しい組合せを下の番号から選べ．

(1) 雑音制限感度は，受信機の出力側において，　A　を得るためにどれだけ　B　電波まで受信できるかの度合いを示す量をいう．

(2) 二つの受信機の総合利得が等しいとき，それぞれの出力信号中に含まれる内部雑音の　C　方が雑音制限感度が良い．

	A	B	C
1	規定の信号出力	強い	小さい
2	規定の信号出力	弱い	大きい
3	規定の信号出力および規定の信号対雑音比（S/N）	強い	小さい
4	規定の信号出力および規定の信号対雑音比（S/N）	弱い	小さい
5	規定の信号出力および規定の信号対雑音比（S/N）	強い	大きい

解説 → 問132

受信機入力電力のデシベル値 $P_{dB} = -53$ 〔dBm〕，その真数を P〔mW〕とすると，次式の関係がある．

$P_{dB} = 10 \log_{10} P$
$-53 = -50 - 3$
$\quad\ \ \doteqdot 10 \log_{10} 10^{-5} - 10 \log_{10} 2$

> $10 \log_{10} 2 \doteqdot 3$ は覚えておいたほうがよい

真数 P〔mW〕を求めると，

$P = \dfrac{10^{-5}}{2} = 0.5 \times 10^{-5}$〔mW〕

$\quad = 0.5 \times 10^{-8}$〔W〕

受信機の入力インピーダンス $Z_R = 50$〔Ω〕，受信機入力電力 P〔W〕より，入力電圧 V_R〔V〕は，

$V_R = \sqrt{PZ_R}$
$\quad = \sqrt{0.5 \times 10^{-8} \times 50}$
$\quad = \sqrt{5^2 \times 10^{-8}} = 5 \times 10^{-4}$〔V〕$= 500$〔μV〕

> 電力 P は，
> $P = \dfrac{V_R^2}{Z_R}$

解説 → 問133

中間周波数を $f_I = 455$〔kHz〕，受信周波数を $f_R = 8,400$〔kHz〕とすると，局部発振周波数 f_L〔kHz〕が f_R よりも低い（$f_L < f_R$）条件より，妨害波の影像周波数 f_U〔kHz〕は，解説図のような関係だから，

$f_U = f_R - 2f_I = 8,400 - 2 \times 455$
$\quad = 8,400 - 910 = 7,490$〔kHz〕

> $f_L > f_R$ のときは，
> $f_U = f_R + 2f_I$

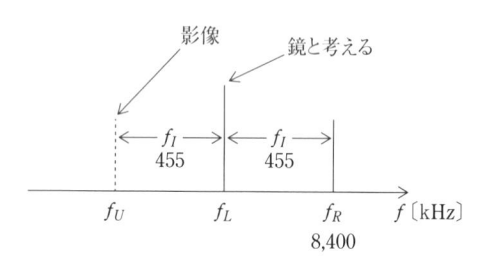

```
                    影像          鏡と考える
                     ↓               ↓
              ├──  f_I  ──┼──  f_I  ──┤
                   455         455
              f_U          f_L         f_R      f〔kHz〕
                                       8,400
```

解答 問132→3　問133→1　問134→4

問 135

次の記述は，放送受信用などの一般的なスーパヘテロダイン受信機について述べたものである．□内に入れるべき字句の正しい組合せを下の番号から選べ．

(1) 総合利得および初段（高周波増幅器）の利得が十分に　A　とき，受信機の感度は，初段の雑音指数でほぼ決まる．
(2) 単一同調を使用した高周波増幅器で，通過帯域幅を決定する同調回路の帯域幅は，尖鋭度 Q が大きいほど，また，同調周波数が低いほど　B　なる．
(3) 自動利得調整（AGC）回路は，受信電波の　C　の変化による出力信号への影響を軽減するために用いる．

	A	B	C		A	B	C
1	大きい	広く	強度	2	大きい	狭く	強度
3	大きい	狭く	位相	4	小さい	広く	強度
5	小さい	狭く	位相				

問 136

次の記述は，FM受信機の感度抑圧効果について述べたものである．このうち誤っているものを下の番号から選べ．

1　感度抑圧効果は，希望波信号に近接した強いレベルの妨害波が加わると，受信機の感度が低下したようになる現象である．
2　感度抑圧効果は，受信機の高周波増幅部あるいは周波数変換部の回路が，妨害波によって飽和状態になるために生ずる．
3　感度抑圧効果を軽減するには，高周波増幅部の利得を規定の信号対雑音比（S/N）が得られる範囲で低くする方法がある．
4　感度抑圧効果による妨害の程度は，妨害波が希望波の近傍にあって変調されているときは無変調の場合よりも大きくなることがある．
5　妨害波の許容限界入力レベルは，希望波信号の入力レベルが一定の場合，希望波信号と妨害波信号との周波数差が大きいほど低くなる．

問 137

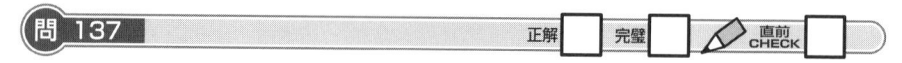

次の記述は，スーパヘテロダイン受信機において生ずることのある現象について述べたものである．☐内に入れるべき字句を下の番号から選べ．

(1) ハウリングは，スピーカから出力された音が，受信機の回路素子を振動させるなどで正帰還を生ずることによって発振し，[ア]を生ずる現象である．
(2) 寄生振動は，発振器または増幅器において，目的とする周波数と一定の関数関係に[イ]周波数で発振する現象である．
(3) 混変調妨害は，受信機に希望波および妨害波が入力されたとき，回路の非直線動作によって妨害波の**変調信号**成分で希望波の[ウ]が変調を受ける現象である．
(4) 相互変調妨害は，受信機に複数の電波が入力されたとき，回路の**非直線**動作によって各電波の周波数の整数倍の成分の[エ]の成分が発生し，これらが希望周波数または中間周波数と一致したときに生ずる現象である．
(5) 影像周波数妨害は，妨害波の周波数が受信周波数より中間周波数の[オ]倍の周波数だけ高い，または低いときに生ずる現象である．

| 1 ある | 2 搬送波 | 3 変調信号 | 4 2 | 5 積 |
| 6 ない | 7 可聴音 | 8 非可聴音 | 9 3 | 10 和または差 |

注：**太字**は，ほかの試験問題で穴あきになった用語を示す．

解答 問135→2 問136→5

問135 同調周波数 f，帯域幅 B，尖鋭度 Q は次式の関係がある．
$$Q = \frac{f}{B}$$
f が低いほど B は狭くなる．

問136 妨害波の許容限界入力レベルは，希望波信号の入力レベルが一定の場合，希望波信号と妨害波信号との周波数差が大きいほど高くなる．

問題

問 138　正解☐　完璧☐　直前CHECK☐

次の記述は，我が国の中波放送における同期放送（精密同一周波放送）方式について述べたものである．このうち誤っているものを下の番号から選べ．

1　同期放送では，相互に同期放送の関係にある放送局の地表波対地表波の混信を考慮する必要がある．
2　同期放送は，相互に同期放送の関係にある放送局の搬送周波数の差 Δf が1〔kHz〕を超えて変わらないものとし，同時に同一の番組を放送するものである．
3　相互に同期放送の関係にある放送局の電波が受信できる地点の合成電界によるフェージングの繰り返しは，受信機の自動利得調整（AGC）機能や受信機のバーアンテナ等の指向性によって所定の混信保護比を満たすことにより，その改善が期待できる．
4　同期放送の混信保護比を満足しない場所において，相互に同期放送の関係にある放送局の被変調波に位相差があると，合成された被変調波の波形が歪んだり，受信機の検波器の特性による歪を発生し易くなり，サービス低下の原因となる．
5　同期放送を行うことによりカーラジオ等の移動体に対するサービス改善が図れる．

問 139　正解☐　完璧☐　直前CHECK☐

次の記述は，我が国のFM放送（アナログ超短波放送）のステレオ放送について述べたものである．☐内に入れるべき字句の正しい組合せを下の番号から選べ．

(1) 左信号（L）と右信号（R）との差の信号（L−R）は，　A　チャネルによって伝送する．
(2) モノラル受信機でステレオ放送を受信するとき，モノラル放送と同等の音質を得るための付加装置が　B　である．
(3) FM放送の主搬送波の変調の型式は周波数変調であり，その最大周波数偏移は，モノラル放送と同じ範囲（±75〔kHz〕）に　C　．

	A	B	C
1	副	必要	収まらない
2	副	不要	収まる
3	副	必要	収まる
4	主	必要	収まらない
5	主	不要	収まらない

問 140

図は，直接拡散 (DS) 形スペクトル拡散通信方式の原理的な構成例を示したものである．◻ 内に入れるべき字句の正しい組合せを下の番号から選べ．なお，同じ記号の ◻ 内には，同じ字句が入るものとする．

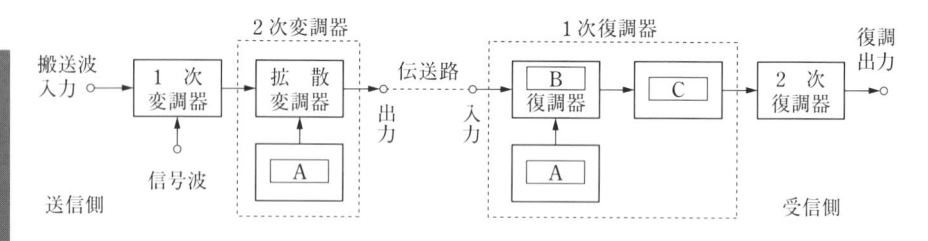

送信側：搬送波入力 → 1次変調器 → 2次変調器（拡散変調器 ← A）→ 伝送路出力

受信側：入力 → 1次復調器（B復調器 ← A）→ C → 2次復調器 → 復調出力

	A	B	C
1	方形波発振器	PCM	帯域フィルタ (BPF)
2	方形波発振器	逆拡散	帯域除去フィルタ (BEF)
3	PN 符号発生器	逆拡散	帯域除去フィルタ (BEF)
4	PN 符号発生器	逆拡散	帯域フィルタ (BPF)
5	PN 符号発生器	PCM	帯域除去フィルタ (BEF)

解答 問137 → ア-7 イ-6 ウ-2 エ-10 オ-4　問138 → 2　問139 → 2

ミニ解説

問137 周波数が f_1, f_2 の妨害波が受信機に入力したとき2波3次の相互変調積は，$2f_1-f_2$, $2f_1+f_2$, $2f_2-f_1$, $2f_2+f_1$ の式で表されるように，f_1 と f_2 の整数倍の和または差の周波数に発生する．このうち差の周波数の妨害が近接した周波数に発生する．

問138 相互に同期放送の関係にある放送局は，同時に同一番組を放送するものであって，相互に同期放送の関係にある放送局の搬送周波数の差 Δf が 0.1 [Hz] を超えて変わらないものであること．

問題

問 141　正解 □　完璧 □　直前CHECK □

次の記述は，我が国の地上系デジタル方式の標準テレビジョン放送に用いられる送信の標準方式について述べたものである．□内に入れるべき字句の正しい組合せを下の番号から選べ．

(1) 映像信号の情報量を減らすための圧縮方式には，□A□が用いられる．
(2) 圧縮された画像情報の伝送には，□B□方式が用いられる．この方式は，送信データを多数の搬送波に分散して送ることにより，単一キャリアのみを用いて送る方式に比べ伝送シンボルの継続時間が□C□なり，マルチパスの影響を軽減できる．

	A	B	C
1	JPEG	残留側波帯（VSB）	長く
2	JPEG	直交周波数分割多重（OFDM）	短く
3	MPEG2	直交周波数分割多重（OFDM）	長く
4	MPEG2	直交周波数分割多重（OFDM）	短く
5	MPEG2	残留側波帯（VSB）	短く

問 142　正解 □　完璧 □　直前CHECK □

次の記述は，アナログ移動通信方式と比較したときのデジタル移動通信方式の特徴について述べたものである．□内に入れるべき字句の正しい組合せを下の番号から選べ．

(1) 雑音や干渉に強く，場合によっては□A□で誤りの訂正ができる．このことは，同一周波数を互いに地理的に離れた場所で繰り返し使用する度合いを高めることに有効であり，周波数の有効利用につながる．
(2) 同一の無線チャネルで複数の情報を時間的に多重化□B□．
(3) 通信の秘匿や認証などのセキュリティの確保が□C□となる．

	A	B	C
1	送信側	できる	困難
2	送信側	できない	容易
3	受信側	できる	容易
4	受信側	できない	容易
5	受信側	できる	困難

第2部　無線工学A

129

問 143

次の記述は，LTE（Long Term Evolution）と呼ばれる我が国のシングルキャリア周波数分割多元接続（SC-FDMA）方式携帯無線通信を行う無線局等について述べたものである．　　　内に入れるべき字句の正しい組合せを下の番号から選べ．

(1) LTE は，セルラー方式の移動通信システムの通信規格の一つである．基地局から陸上移動局（携帯端末）へ送信を行う場合は，直交周波数分割多重（OFDM）方式が用いられる．OFDM は，各サブキャリア信号のシンボル時間が遅延スプレッドに比較して相対的に　A　なるので，マルチパス遅延波による干渉を低減することができる．また，CP（Cyclic Prefix）という干渉を軽減させるための冗長信号を挿入することによって，マルチパス遅延波への耐性を強化している．

(2) OFDMA のようなマルチキャリア方式では，それぞれのサブキャリア信号の変調波がランダムにいろいろな振幅や位相をとり，シングルキャリア方式に比較して信号のピーク電力対平均電力比（PAPR）が高くなるため，高性能な線形出力特性を持つ送信電力増幅器が必要となる．LTE では，携帯端末から基地局へ送信する場合，PAPR の低減が可能なシングルキャリア方式である SC-FDMA が用いられている．このことは，送信電力増幅器の　B　を抑えることにつながるため，携帯端末の省電力化や送信電力増幅器の低廉化が可能となる．

(3) 基地局から携帯端末へ送信を行う回線においては，無線フレーム長を短縮することにより，接続遅延や制御遅延などの短縮が可能となり，　C　の無線ネットワークを実現している．

	A	B	C
1	長く	空中線電力	無遅延
2	長く	電力消費	低遅延
3	短く	電力消費	低遅延
4	短く	電力消費	無遅延
5	短く	空中線電力	無遅延

解答　問140→4　問141→3　問142→3

問 144

次の記述は，スペクトル拡散（SS）通信方式について述べたものである．このうち正しいものを1，誤っているものを2として解答せよ．

ア　直接拡散方式は，デジタル信号を擬似雑音符号により広帯域信号に変換した信号で搬送波を変調する．受信時における狭帯域の妨害波は，受信側で拡散されるので混信妨害を受けやすい．

イ　周波数ホッピング方式は，搬送波周波数を擬似雑音符号によって定められた順序で時間的に切り換えることにより，スペクトラムを拡散する．

ウ　周波数ホッピング方式は，狭帯域の妨害波により搬送波が妨害を受けても，搬送波がすぐに他の周波数に切り換わるため，混信妨害を受けにくい．

エ　スペクトル拡散（SS）通信方式は，送信側で用いた擬似雑音符号と異なる符号でしか復調できないため秘匿性が高い．

オ　通信チャネルごとに異なる擬似雑音符号を用いる多元接続方式は，TDMA方式と呼ばれる．

問 145

次の記述は，FM放送に用いられるエンファシスについて述べたものである．このうち正しいものを下の番号から選べ．

1　受信機では復調した後に送信側と逆の特性で高域の周波数成分を強調（プレエンファシス）する．

2　受信機の入力端で一様な振幅の周波数特性を持つ雑音は，復調されると三角雑音になり，周波数に比例して振幅が小さくなる．

3　受信信号の信号対雑音比（S/N）を改善するために用いられる．

4　送信機では周波数変調する前の信号の高域の周波数成分を低減（デエンファシス）する．

5　送受信機間の総合した周波数特性は，プレエンファシス回路とデエンファシス回路の時定数を異なるものとすることにより，平坦になる．

問題

問 146

次の記述は，パルス符号変調（PCM）を用いた多重通信方式について述べたものである．□内に入れるべき字句を下の番号から選べ．

(1) 複数のPCM信号を一定の時間間隔で配列し，□ア□の搬送波を用いて伝送する方式は，時分割多重方式の一つである．
(2) 漏話および雑音などのPCMパルス波形がひずんでも，パルスの有無が検出できれば元のパルスを□イ□できるため，中継を繰り返しても各中継器の熱雑音などの□ウ□が少ない．
(3) 一般に，伝送する信号およびチャネル数が同じとき，周波数分割多重方式に比べ占有周波数帯幅が□エ□．
(4) 信号を符号化する過程で標本化ひずみおよび□オ□雑音を生ずる．

1 累積	2 一つ	3 散弾（ショット）	4 増幅	5 広い
6 減衰	7 複数	8 量子化	9 再生	10 狭い

解答 問143→2　問144→ア-2 イ-1 ウ-1 エ-2 オ-2　問145→3

問144 誤っている選択肢は，次のようになる．
　ア　狭帯域の妨害波は，受信側で拡散されるので混信妨害を受けにくい．
　エ　擬似雑音符号と同じ符号でしか復調できないため秘匿性が高い．
　オ　CDMA（Code Division Multiple Access）方式と呼ばれる．

問145　1　受信機では，高域の周波数成分を低減（デエンファシス）する．
　　2　三角雑音は，周波数に比例して振幅が大きくなる．
　　4　送信機では，高域の周波数成分を強調（プレエンファシス）する．
　　5　周波数特性は，時定数を同じものとすることにより，平坦になる．

132

問 147

次の記述は，図に示す大容量デジタルマイクロ波回線の受信機に用いられる可変共振形自動等化器の構成例について述べたものである．　　　内に入れるべき字句を下の番号から選べ．

(1) 選択性フェージングなどによる伝送特性の劣化は，　ア　が大きくなる原因となる．可変共振形自動等化器は，可変共振形等化回路の特性をフェージングで劣化した伝送特性と　イ　になるように等化して，　ウ　の段階で振幅および遅延周波数特性を補償する．

(2) フェージング検出部は，入力信号の　エ　を掃引して振幅の減衰量の周波数特性を検出する．また，等化特性検出部は，出力信号の3周波数（f_-，f_0，f_+）の検出レベルから等化後の周波数特性を検出する．

(3) 等化回路制御部は，両者の検出結果に基づき等化残差が　オ　となるように可変共振形等化回路内の共振回路の共振周波数 f_r〔Hz〕および尖鋭度 Q の値を制御する．

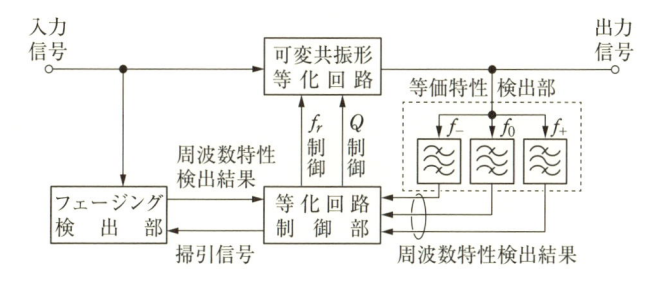

| 1 | 同じ特性 | 2 | 復調の前 | 3 | 符号誤り率 | 4 | 帯域内 | 5 | 最大 |
| 6 | 逆の特性 | 7 | 復調の後 | 8 | 占有周波数帯幅 | 9 | 帯域外 | 10 | 最小 |

問題

問 148

次の記述は，マイクロ波多重回線の中継方式について述べたものである．　　内に入れるべき字句の正しい組合せを下の番号から選べ．

(1) 直接中継方式は，受信波を同一の周波数帯で増幅して送信する方式である．直接中継を行うときは，希望波受信電力 C と自局内回込みによる干渉電力 I の比（C/I）を規定値　A　に確保しなければならない．

(2) 　B　（ヘテロダイン中継）方式は，送られてきた電波を受信してその周波数を中間周波数に変換して増幅した後，再度周波数変換を行い，これを所定レベルまで電力増幅して送信する方式であり，復調および変調は行わない．

(3) 検波再生中継方式は，復調した信号から元の符号パルスを再生した後，再度変調して送信するため，波形ひずみ等が累積　C　．

	A	B	C
1	以上	無給電中継	されない
2	以上	非再生中継	されない
3	以上	非再生中継	される
4	以下	無給電中継	される
5	以下	非再生中継	される

問 149

次の記述は，衛星通信に用いられる多元接続方式について述べたものである．このうち正しいものを1，誤っているものを2として解答せよ．

ア　FDMA方式は，複数の搬送波をその周波数帯域が互いに重ならないように周波数軸上に配置する方式である．

イ　FDMA方式は，多数波を一つの中継器で共通増幅するために，中継器を非線形領域で動作させることが必要となる．

ウ　TDMA方式は，時間を分割して各地球局に割り当てる方式である．

エ　TDMA方式は，隣接する通信路間の衝突が生じないようにガードバンドを設ける．

オ　CDMA方式は，多数の地球局が中継器の同一の周波数帯域を同時に共用し，それぞれ独立に通信を行う．

解答　問146 → ア－2　イ－9　ウ－1　エ－5　オ－8
　　　問147 → ア－3　イ－6　ウ－2　エ－4　オ－10

問題

問 150

次の記述は，図に示すマイクロ波通信における2周波中継方式の送信および受信周波数配置について述べたものである．このうち正しいものを1，誤っているものを2として解答せよ．

ア　中継所Aの送信周波数f_5，f_6と，中継所Cの送信周波数f_7，f_8は同じ周波数である．
イ　中継所Bの送信周波数f_3と，受信周波数f_7は同じ周波数である．
ウ　中継所Bの送信周波数f_3と，受信周波数f_6は同じ周波数である．
エ　中継所Aの送信周波数f_5と，中継所Cの受信周波数f_3は同じ周波数である．
オ　中継所Bの送信周波数f_2と，送信周波数f_3は同じ周波数である．

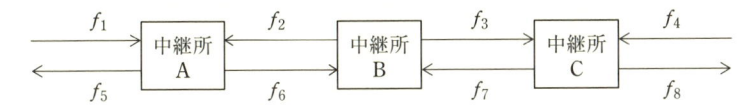

```
     f_1         f_2          f_3          f_4
  →[中継所A]→  →[中継所B]→  →[中継所C]→
  ←            ←            ←            ←
     f_5         f_6          f_7          f_8
```

問 151

通信衛星（静止衛星）に関する次の記述のうち，誤っているものを下の番号から選べ．

1　通信衛星は，通信を行うための機器（ミッション機器）およびこれをサポートする共通機器（バス機器）から構成され，ミッション機器には，通信用アンテナおよび中継器（トランスポンダ）などがある．

2　マイクロ波（SHF）帯の通信用アンテナとして，主として反射鏡アンテナおよびホーンアンテナが用いられる．

3　中継器（トランスポンダ）は，地球局から通信衛星向けのアップリンクの周波数を通信衛星から地球局向けのダウンリンクの周波数に変換するとともに，アップリンクで減衰した信号を必要なレベルに増幅して送信する．

4　通信衛星の主電力は，太陽電池から供給され，太陽電池のセルは，スピン衛星では展開式の平板状のパネルに，3軸制御衛星では円筒状のドラムに実装される．

5　中継器（トランスポンダ）を構成する受信機は，地球局からの微弱な信号の増幅を行うので，その初段には低雑音増幅器が必要であり，GaAsFETやHEMTなどが用いられている．

問題

問 152

次の記述は，衛星通信に用いられる多元接続方式について述べたものである．□内に入れるべき字句を下の番号から選べ．

(1) FDMA方式では，相互変調積などの影響を軽減するためバックオフを ア し，中継器の電力増幅器の動作点を イ に近づけるとともに，相互変調波による干渉を避けるため通信路の配置にも工夫が必要である．

(2) TDMA方式では，通信路の時分割のために ウ で繰り返すTDMAフレームが定義され，このフレーム内の適当な長さの時間スロットが各地球局に通信路として割り当てられる．また，通信路間の衝突が生じないように エ を設ける必要がある．

(3) CDMA方式では，個々の通信路に オ の符号を割り当て，この符号で搬送波に変調を加えることによって通信路を分割することができる．

1 大きく	2 非線形領域	3 同一の周期	4 ガードタイム	5 共通
6 小さく	7 線形領域	8 異なる周期	9 ガードバンド	10 固有

問 153 解説あり！

衛星通信回線における総合の搬送波電力対雑音電力比 (C/N) の値 (真数) として，正しいものを下の番号から選べ．ただし，雑音は，アップリンク熱雑音電力，ダウンリンク熱雑音電力，システム間干渉雑音電力およびシステム内干渉雑音電力のみとし，各雑音電力における搬送波電力対雑音電力比は，いずれも 100 (真数) とする．また，各雑音は，相互に相関を持たないものとする．

1 12 2 16 3 20 4 25 5 30

解答
問148→2　問149→アー1 イー2 ウー1 エー2 オー1
問150→アー1 イー2 ウー2 エー2 オー1　問151→4

ミニ解説

問149 誤っている選択肢は，次のようになる．
  イ 中継器を直線領域で動作させることが必要になる．
  エ ガードタイムを設ける．

問150 誤っている選択肢は，次のようになる．
  イ 送信周波数 f_3 と，受信周波数 f_7 は異なる周波数である．
  ウ 送信周波数 f_3 と，受信周波数 f_6 は異なる周波数である．
  エ 送信周波数 f_5 と，受信周波数 f_3 は異なる周波数である．

問151 スピン衛星では円筒状のドラムに，3軸制御衛星では展開式の平板状のパネルに実装される．

問 154

次の記述は，衛星通信に用いる SCPC 方式について述べたものである。□ 内に入れるべき字句を下の番号から選べ。なお，同じ記号の □ 内には，同じ字句が入るものとする。

(1) SCPC 方式は，□ア□ 多元接続方式の一つであり，送出する □イ□ チャネルに対して一つの搬送波を割り当て，一つのトランスポンダの帯域内に複数の異なる周波数の □ウ□ を等間隔に並べる方式である。
(2) この方式では，同時に送信できる □ウ□ の数は，トランスポンダの出力電力を一つの □ウ□ 当たりに必要な電力で □エ□ 数で決まる。
(3) 時分割多元接続（TDMA）方式に比べ，構成が簡単であり，通信容量が □オ□ 地球局で用いられている。

| 1 一つの | 2 割った | 3 小さい | 4 パイロット信号 | 5 時分割 |
| 6 二つの | 7 掛けた | 8 大きい | 9 搬送波 | 10 周波数分割 |

問 155 解説あり!

パルスレーダにおいて，受信機の入力端子の有能雑音電力 N_i〔W〕および物標からの反射波を探知するための受信機の入力端子における信号電力の最小値 S_i〔W〕の値の組合せとして，正しいものを下の番号から選べ。ただし，入力端に換算した，探知可能な反射波の信号対雑音比（S/N）の最小値は 20〔dB〕，雑音は熱雑音のみとし，受信機の雑音指数の値は 4（真数）とする。また，ボルツマン定数を k〔J/K〕，等価雑音温度を T〔K〕，受信機の等価雑音帯域幅を B〔Hz〕とするとき，kTB の値は 1×10^{-13}〔W〕とする。

	N_i	S_i
1	4×10^{-13}〔W〕	4×10^{-11}〔W〕
2	4×10^{-14}〔W〕	4×10^{-12}〔W〕
3	1×10^{-14}〔W〕	1×10^{-12}〔W〕
4	1×10^{-13}〔W〕	1×10^{-11}〔W〕
5	1×10^{-12}〔W〕	1×10^{-10}〔W〕

解説 → 問153

各 C/N のうちアップリンク熱雑音によるものを C/N_1, ダウンリンク熱雑音によるものを C/N_2, システム間干渉雑音によるものを C/N_3, システム内干渉雑音によるものを C/N_4 とすると, それぞれの値が100だから, 衛星通信回線の総合の C/N は,

$$\frac{C}{N} = \frac{1}{\dfrac{N_1}{C} + \dfrac{N_2}{C} + \dfrac{N_3}{C} + \dfrac{N_4}{C}}$$

$$= \frac{1}{\dfrac{1}{C/N_1} + \dfrac{1}{C/N_2} + \dfrac{1}{C/N_3} + \dfrac{1}{C/N_4}}$$

$$= \frac{1}{\dfrac{1}{100} + \dfrac{1}{100} + \dfrac{1}{100} + \dfrac{1}{100}}$$

$$= \frac{1}{\dfrac{4}{100}} = 25$$

> 搬送波電力対雑音電力比のうち, 搬送波電力を1とすると, 雑音電力の和から総合 C/N を求めることができる

解説 → 問155

受信機の雑音指数 $F=4$ のとき, 受信機入力端に換算した雑音電力 N_i 〔W〕は,

$N_i = kTBF$
　　$= 1 \times 10^{-13} \times 4 = 4 \times 10^{-13}$ 〔W〕

雑音が熱雑音のみの条件より, 信号対雑音比 $S_i/N_{i\mathrm{dB}}$〔dB〕の真数を S_i/N_i とすると, 次式の関係がある.

　　$S_i/N_{i\mathrm{dB}} = 10 \log_{10} S_i/N_i$

題意の数値より,

　　$20 = 10 \log_{10} S_i/N_i = 10 \log_{10} 10^2$ 　　よって, $S_i/N_i = 10^2$

S_i を求めると,

　　$S_i = 10^2 N_i = 10^2 \times 4 \times 10^{-13} = 4 \times 10^{-11}$ 〔W〕

解答　問152→ア-1　イ-7　ウ-3　エ-4　オ-10　　問153→4
　　　　問154→ア-10　イ-1　ウ-9　エ-2　オ-3　　問155→1

問 156

パルスレーダにおいて, 送信パルスの尖頭電力が50〔kW〕のときの平均電力の値として, 正しいものを下の番号から選べ. ただし, パルスは理想的な方形波とし, パルスの繰り返し周波数を1,000〔Hz〕, パルス幅を1〔μs〕とする.

1 10〔W〕　　2 20〔W〕　　3 30〔W〕　　4 40〔W〕　　5 50〔W〕

問 157

最大探知距離R_{max}が10〔km〕のパルスレーダの送信せん頭電力を9倍にしたときのR_{max}の値として, 最も近いものを下の番号から選べ. ただし, R_{max}は, レーダ方程式によるものとする.

1 14.1〔km〕
2 17.3〔km〕
3 22.4〔km〕
4 24.5〔km〕
5 26.5〔km〕

問 158

図に示すように, ドプラレーダを用いて移動体を前方30°の方向から測定したときのドプラ周波数が, 800〔Hz〕であった. この移動体の移動方向の速度の値として, 最も近いものを下の番号から選べ. ただし, レーダの周波数は10〔GHz〕とし, 前方30°の方向から測定した移動体の相対速度vと移動方向の速度v_0との関係は, $v = v_0 \cos 30°$で表せる. また, $\cos 30° ≒ 0.87$とする.

1 40〔km/h〕
2 50〔km/h〕
3 60〔km/h〕
4 70〔km/h〕
5 80〔km/h〕

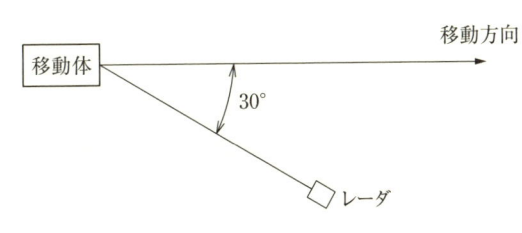

解説 → 問156

送信尖頭電力 $P_X = 50 \text{[kW]} = 5 \times 10^3 \text{[W]}$，パルス幅 $\tau = 1 \text{[}\mu\text{s]} = 1 \times 10^{-6} \text{[s]}$，パルスの繰り返し周波数 $f = 1 \text{[kHz]} = 1 \times 10^3 \text{[Hz]}$ のとき，平均電力 $P_Y \text{[W]}$ は，

$$P_Y = P_X \tau f$$
$$= 50 \times 10^3 \times 1 \times 10^{-6} \times 1 \times 10^3$$
$$= 50 \text{[W]}$$

> 尖頭電力とパルス幅の積は，平均電力とパルス繰り返し周期 ($T = 1/f$) の積と等しい.
> $P_X \times \tau = P_Y \times T$

解説 → 問157

送信せん頭電力を $P\text{[W]}$，アンテナの利得を G，使用電波の波長を $\lambda \text{[m]}$，物標の有効反射断面積を $\sigma \text{[m}^2\text{]}$，最小受信電力を $P_{\min}$ とすると，最大探知距離 $R_{\max} \text{[m]}$ は，次のレーダ方程式で表される．

$$R_{\max} = \sqrt[4]{\frac{PG^2 \lambda^2 \sigma}{(4\pi)^3 P_{\min}}} \text{[m]} \quad \cdots\cdots (1)$$

> $\sqrt{3} \fallingdotseq 1.73$

式(1)より，$P\text{[W]}$を9倍にすると，$R_{\max} \text{[km]}$は，$\sqrt[4]{9} = \sqrt[4]{3^2} = \sqrt{3}$ 倍になるので，

$$R_{\max} = \sqrt{3} \times 10$$
$$\fallingdotseq 1.73 \times 10 \fallingdotseq 17.3 \text{[km]}$$

解説 → 問158

移動体の速度 $v \text{[m/s]}$，測定角度 $\theta = 30°$，電波の周波数 $f_0 = 10 \text{[GHz]} = 10 \times 10^9 \text{[Hz]}$，電波の速度 $c \fallingdotseq 3 \times 10^8 \text{[m/s]}$ のとき，ドプラ周波数 $f_d = 800 \text{[Hz]}$ は，

$$f_d = \frac{2vf_0}{c} \cos\theta \text{[Hz]}$$

移動体の速度 v を求めると，

$$v = \frac{f_d c}{2f_0 \cos\theta} = \frac{8 \times 10^2 \times 3 \times 10^8}{2 \times 10 \times 10^9} \times \frac{2}{\sqrt{3}}$$
$$= 8 \times \sqrt{3} \fallingdotseq 8 \times 1.73 \fallingdotseq 13.8 \text{[m/s]}$$

v を時速 [km/h] で表すと，

$$v = 13.8 \times 3,600 \fallingdotseq 50 \times 10^3 \text{[m/h]} = 50 \text{[km/h]}$$

> $\cos 30° = \frac{\sqrt{3}}{2}$
> 問題で与えられた
> $\cos 30° \fallingdotseq 0.87$ を使うと，
> $\frac{12}{0.87} \fallingdotseq 13.8$

解答 問156→5　問157→2　問158→2

問 159

次の記述は，ASR（空港監視レーダ）について述べたものである．□内に入れるべき字句の正しい組合せを下の番号から選べ．

(1) ASRは，航空機の位置を探知し，SSR（航空用2次監視レーダ）を併用して得た航空機の　A　情報を用いることにより，航空機の位置を　B　的に把握することが可能である．

(2) 移動する航空機の反射波の位相が　C　によって変化することを利用して山岳，地面および建物などの固定物標からの反射波を除去し，移動目標の像をレーダの指示器に明瞭に表示することができるMTI（移動目標指示装置）を用いている．

	A	B	C
1	高度	3次元	ドプラ効果
2	高度	3次元	ファラデー効果
3	方位	2次元	ドプラ効果
4	方位	3次元	ドプラ効果
5	方位	2次元	ファラデー効果

問 160

VOR（超短波全方向式無線標識）に関する次の記述について，正しいものを1，誤っているものを2として解答せよ．

ア　航空機に対して距離の情報を提供する．

イ　送信アンテナを中心として，原理的に全方位にある航空機に情報を提供することができる．

ウ　全方位にわたって位相が一定の基準位相信号を含んだ電波と，方位により位相が変化する可変位相信号を含んだ電波を交互に発射している．

エ　基準位相信号と可変位相信号の位相は，VORの磁北の方向において合致する．

オ　ドプラVOR（DVOR）において周波数9,960〔Hz〕の副搬送波は，可変位相信号によって，空間において等価的に周波数変調されていることとなる．

問題

問 161

次の記述は，航空機の航行援助に用いられるILS（計器着陸システム）について述べたものである．このうち誤っているものを下の番号から選べ．

1　ILSは，航空機の着陸降下の直前または着陸降下中に，電波によって正しい進路に対する水平および垂直の誤差情報を与えるとともに，定点において着陸基準点までの距離を示すシステムである．
2　ILS地上システムは，マーカビーコン，ローカライザおよびグライドパスの装置で構成される．
3　マーカビーコンは，その上空を通過する航空機に対して，概略の高度情報を与えるためのものであり，VHF帯の電波を利用している．
4　ローカライザは，滑走路に進入および着陸する航空機に対して，その進路の滑走路中心線に対する左右の誤差情報を与えるためのものであり，VHF帯の電波を利用している．
5　グライドパスは，滑走路に向かって進入および着陸する航空機に対して，その降下路の上下の誤差情報を与えるためのものであり，UHF帯の電波を利用している．

解答　問159→1　　問160→アー2　イー1　ウー2　エー1　オー1

ミニ解説

問159　1次監視レーダはパルスレーダだから，航空機の方位と距離情報を得ることができる．2次監視レーダは，航空機の応答信号から高度や速度などの情報を得ることができる．

問160　誤っている選択肢は，次のようになる．
　ア　磁方位および相対方位の情報を提供する．
　ウ　基準位相信号を含んだ電波と，可変位相信号を含んだ電波を同時に発射している．

問 162

次の記述は，図に示す航空用DME（距離測定装置）の原理的な構成例について述べたものである．　　　内に入れるべき字句の正しい組合せを下の番号から選べ．

(1) 地上DME（トランスポンダ）は，航空機の機上DME（インタロゲータ）から送信された質問信号を受信すると，自動的に応答信号を送信し，インタロゲータは，質問信号と応答信号との　A　を測定して航空機とトランスポンダとの　B　を求める．

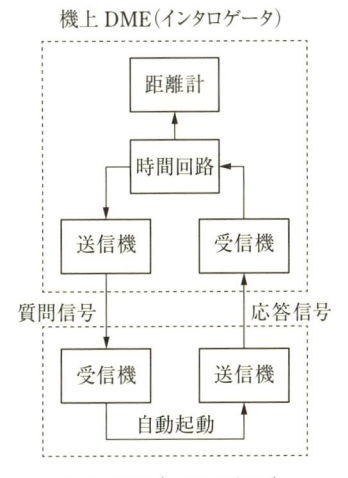

(2) トランスポンダは，複数の航空機からの質問信号に対し応答信号を送信する．このため，インタロゲータは，質問信号の発射間隔を　C　にし，自機の質問信号に対する応答信号のみを安定に同期受信できるようにしている．

	A	B	C
1	時間差	方位	一定
2	時間差	距離	一定
3	時間差	距離	不規則
4	周波数差	方位	不規則
5	周波数差	距離	一定

問 163

次の記述は，GPS（全地球的衛星航法システム）について述べたものである．　　内に入れるべき字句を下の番号から選べ．

(1) GPSは，宇宙に配置されたGPS衛星群，それを管制制御する地上基地局およびGPS受信機を持つ利用者からなる全地球的衛星航法システムである．このシステムは，　ア　個の衛星を高度約　イ　，軌道傾斜角55度および周期約11時間58分の六つの軌道上に分散配置し，世界中どこにいても常時4個以上の衛星を観測できて3次元測位が可能となるようにしたものである．受信したそれぞれの電波は，GPS衛星に搭載されている　ウ　により共通の基準が与えられており，時間差や位相などを比較して受信点の位置，移動方向，速度などを計測することができる．

(2) GPS衛星からは，1.2および　エ　〔GHz〕帯の二つの周波数の電波が送信されている．各衛星では，個々の衛星を識別するためおよび　オ　変調を行うため，各衛星ごとに異なる擬似雑音（PN）コードが割り当てられ，このPNコードと航法メッセージデータとで搬送波を位相変調（PSK）して送信する．

1	24	2	36,000〔km〕	3	原子時計	4	2.5	5 OFDM
6	12	7	20,000〔km〕	8	水晶時計	9	1.5	10 スペクトル拡散

解答　問161 → 3　問162 → 3

ミニ解説

問161 マーカビーコンは，滑走路進入端から特定の位置に設置され，その上空を通過する航空機に対して，着陸点までの距離の情報を与えるためのものである．滑走路進入端から遠い順にアウタマーカ，ミドルマーカおよびインナマーカが設置され，すべてのマーカビーコンはVHF帯の電波を利用している．

問題

問 164

次の記述は，鉛蓄電池の充電について述べたものである．このうち誤っているものを下の番号から選べ．

1　電池の電極の負担を軽くするには，充電の初期に大きな電流が流れるようにする．
2　定電流充電は，常に一定の電流で充電する．
3　定電圧充電は，電池にかける電圧を充電終止電圧に設定し，これを一定に保って充電する．
4　定電圧充電では，充電する電流の大きさは，充電の終期に近づくほど小さくなる．
5　一般によく用いられる定電流・定電圧充電は，充電の初期および中期には定電流で充電し，終期には定電圧で充電する．

問 165

次の記述は，移動通信端末などに使用されているリチウムイオン蓄電池について述べたものである．　　　内に入れるべき字句の正しい組合せを下の番号から選べ．

(1) リチウムイオン蓄電池の一般的な構造では，負極に，リチウムイオンを吸蔵・放出できる　A　を用い，正極にコバルト酸リチウム，電解液としてリチウム塩を溶解した有機溶媒からなる有機電解液を用いている．
(2) ニッケルカドミウム蓄電池と異なって　B　がなく，継ぎ足し充電も可能である．
(3) 充電が完了した状態のリチウムイオン蓄電池を高温で貯蔵すると，容量劣化が　C　なる．

	A	B	C
1	金属リチウム	サイクル劣化	大きく
2	金属リチウム	メモリ効果	少なく
3	炭素質材料	サイクル劣化	少なく
4	炭素質材料	メモリ効果	少なく
5	炭素質材料	メモリ効果	大きく

問題

問 166 解説あり！　正解 □　完璧 □　直前CHECK □

次の記述は，図に示すコンデンサ入力形平滑回路を持つ単相半波整流回路に用いるダイオードDの逆耐電圧について述べたものである．　□　内に入れるべき字句の正しい組合せを下の番号から選べ．なお，同じ記号の　□　内には，同じ字句が入るものとする．また，交流入力は，単一の正弦波とする．

(1) 無負荷のとき，コンデンサCの両端の電圧V_C〔V〕は，交流入力の電圧の　A　とほぼ等しい．

(2) ダイオードDが非導通（OFF）のとき，Dに加わる逆電圧の最大値は，交流入力の電圧の　A　のほぼ　B　倍になる．

(3) 交流入力が実効値で100〔V〕のとき，Dに必要な逆耐電圧の値は，約　C　である．

	A	B	C
1	最大値	1.4	$140\sqrt{2}$〔V〕
2	最大値	2	$200\sqrt{2}$〔V〕
3	平均値	1.4	$280\sqrt{2}/\pi$〔V〕
4	平均値	2	$400\sqrt{2}/\pi$〔V〕
5	実効値	1.4	140〔V〕

解答 問163→ア−1　イ−7　ウ−3　エ−9　オ−10　　問164→1　　問165→5

ミニ解説 問164　電池の電極の負担を軽くするには，充電の初期に大きな電流が流れすぎないようにする．

問題

問 167　解説あり！　正解 □　完璧 □　直前CHECK □

次の記述は，図に示す基本的な定電圧回路の原理について述べたものである．□内に入れるべき字句の正しい組合せを下の番号から選べ．ただし，ツェナーダイオード D_Z のツェナー電圧を10〔V〕，直流入力電圧を20〔V〕，抵抗 R を100〔Ω〕とする．

D_Z に流れる電流 I_Z〔A〕と負荷抵抗に流れる電流 I_L〔A〕との和は，一定である．よって，I_Z の最大値は，負荷が　A　のときで，　B　〔A〕になる．したがって，このときに D_Z で消費される電力　C　〔W〕より大きい許容損失の D_Z を使用する必要がある．

	A	B	C
1	短絡	0.2	1.0
2	短絡	0.2	2.0
3	開放	0.1	1.0
4	開放	0.1	2.0
5	開放	0.2	2.0

問 168　解説あり！　正解 □　完璧 □　直前CHECK □

図に示す直列制御形定電圧回路において，制御用トランジスタ Tr_1 のコレクタ損失の最大値として，正しいものを下の番号から選べ．ただし，入力電圧 V_i は $20\sim28$〔V〕，出力電圧 V_o は $10\sim14$〔V〕，負荷電流 I_L は $0\sim1$〔A〕とする．また，Tr_1 と負荷以外で消費される電力は無視するものとする．

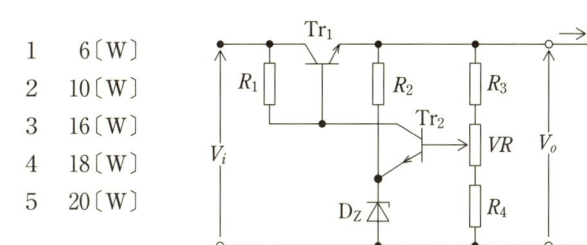

1. 6〔W〕
2. 10〔W〕
3. 16〔W〕
4. 18〔W〕
5. 20〔W〕

D_Z：ツェナーダイオード
$R_1\sim R_4$：抵抗
VR：可変抵抗

解説 → 問166

ダイオードDは,入力交流電圧が正の半周期のときに電流が流れる.無負荷のときにコンデンサは交流電圧の最大値 V_m〔V〕となるまで充電される. (　A　の答)

充電が終了するとダイオードDは電流が流れなくなる.

交流入力電圧が負の最大値 $-V_m$〔V〕のとき,ダイオードDには逆方向電圧が加わる.Dに加わる逆耐電圧の最大値 V_{Dm}〔V〕は交流入力電圧の最大値 V_m のほぼ2倍になる. (　B　の答)

交流入力の実効値 $V_e = 100$〔V〕のとき,逆耐電圧の最大値 V_{Dm}〔V〕は,

$$V_{Dm} = 2V_m = 2\sqrt{2}\, V_e$$
$$= 2\sqrt{2} \times 100 = 200\sqrt{2}\,〔V〕 \quad (　C　の答)$$

解説 → 問167

負荷を短絡すると,ツェナーダイオードの端子電圧は0〔V〕となるので,ツェナーダイオードには電流が流れない.

負荷が開放のときは負荷を流れる電流 $I_L = 0$〔A〕となり,ツェナーダイオードを流れる電流 I_Z〔A〕は最大となる (　A　の答).入力電圧を $V_I = 20$〔V〕,ツェナー電圧を $V_D = 10$〔V〕とすると,

$$I_Z = \frac{V_I - V_D}{R} = \frac{20 - 10}{100} = 0.1\,〔A〕 \quad (　B　の答)$$

このとき,ツェナーダイオードに消費される電力 P〔W〕は,最大となり次式で表される.

$$P = V_D I_Z = 10 \times 0.1 = 1\,〔W〕 \quad (　C　の答)$$

解説 → 問168

Tr_1 のコレクター-エミッタ間に加わる電圧が最大となるのは,入力電圧が最大 $V_{i\max} = 28$〔V〕で,出力電圧が最小 $V_{o\min} = 10$〔V〕のときである.このとき,負荷電流が最大 $I_L = 1$〔A〕になるとコレクタ損失が最大となるので,コレクタ損失の最大値 P_L〔W〕は,

$$P_L = (V_{i\max} - V_{o\min})I_L$$
$$= (28 - 10) \times 1 = 18\,〔W〕$$

> 直列制御形定電圧回路では,制御用のトランジスタ Tr_1 の電圧降下を基準電圧で制御することによって,出力電圧を安定にすることができる

解答 問166→2　問167→3　問168→4

問 169

図に示す直列制御形定電圧回路の出力電圧を12〔V〕にするための抵抗R_1の値として，正しいものを下の番号から選べ．ただし，抵抗R_2の値を1〔kΩ〕，ツェナーダイオードD_Zのツェナー電圧を5.3〔V〕とする．また，トランジスタTr_2の動作時のベース－エミッタ間電圧を0.7〔V〕とし，R_1およびR_2を流れる電流は，Tr_2のベース電流に比べ十分大きいものとする．

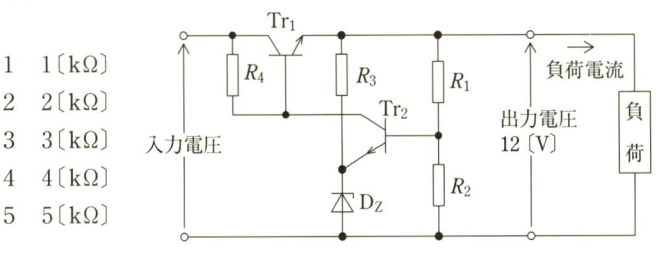

1 1〔kΩ〕
2 2〔kΩ〕
3 3〔kΩ〕
4 4〔kΩ〕
5 5〔kΩ〕

Tr_1, Tr_2：トランジスタ
D_Z：ツェナーダイオード
$R_1 \sim R_4$：抵抗

問 170

電源の負荷電流と出力電圧の関係がグラフのように表されるとき，この電源の電圧変動率の値として，最も近いものを下の番号から選べ．ただし，定格電流を5〔A〕とする．

1 5.0〔%〕
2 10.0〔%〕
3 14.5〔%〕
4 20.0〔%〕
5 25.5〔%〕

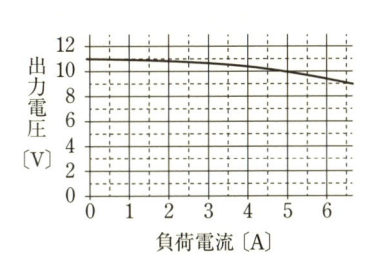

解説 → 問169

解説図において，出力側のツェナーダイオードに加わる電圧 V_D [V] は一定な値となり，トランジスタ Tr_2 のベース−エミッタ間の動作電圧 V_{BE} [V] もほぼ一定な電圧となるので，分圧抵抗 R_2 [Ω] に加わる電圧 V_2 [V] はこれらの電圧の和となるから，

$$V_2 = V_{BE} + V_D = 0.7 + 5.3 = 6 \text{ [V]}$$

R_2 を流れる電流 I_2 [A] は，

$$I_2 = \frac{V_2}{R_2} = \frac{6}{1 \times 10^3} = 6 \times 10^{-3} \text{ [A]}$$

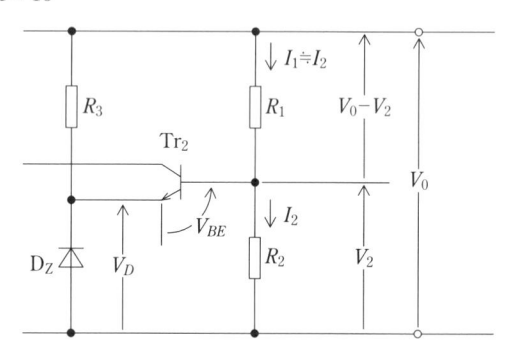

出力電圧を V_0 [V] として，Tr_2 のベース電流を無視すると，R_1 [Ω] を流れる電流は I_2 に等しいので，R_1 は次式で表される．

$$R_1 = \frac{V_0 - V_2}{I_2} = \frac{12 - 6}{6 \times 10^{-3}}$$
$$= 1 \times 10^3 \text{ [Ω]} = 1 \text{ [kΩ]}$$

$V_2 = \dfrac{V_0}{2}$ だから，R_1 と R_2 の電圧降下が等しくなるので，$R_1 = R_2$ となる

解説 → 問170

定格電流 5 [A] を流したときの定格電圧を問題の図より読み取ると $V_S = 10$ [V] である．無負荷のときの電圧を読み取ると $V_0 = 11$ [V] だから，電圧変動率 Δ [%] は，

$$\Delta = \frac{V_0 - V_S}{V_S} \times 100 = \frac{11 - 10}{10} \times 100 = 10 \text{ [%]}$$

解答 問169 → 1　　問170 → 2

問題

問 171　[正解　　] [完璧　　] [直前CHECK　　]

次の記述は，図に示すパルス幅変調型チョッパ制御方式の安定化電源の構成例について述べたものである．このうち誤っているものを下の番号から選べ．

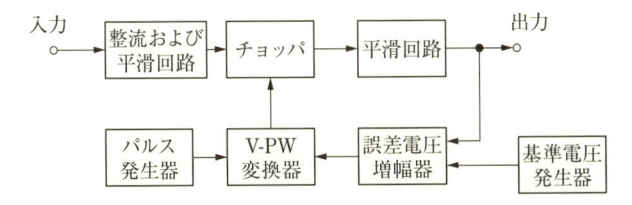

```
入力 → [整流および平滑回路] → [チョッパ] → [平滑回路] → 出力
                                ↑              │
                          [V-PW変換器] ← [誤差電圧増幅器] ← [基準電圧発生器]
                                ↑
                          [パルス発生器]
```

1　入力および出力は，いずれも直流である．
2　誤差電圧増幅器は，基準電圧発生器の出力と平滑回路の出力とを比較し，その差分を増幅する．
3　V-PW（電圧－パルス幅）変換器は，誤差電圧増幅器の出力に応じたパルス幅変調波を出力する．
4　V-PW（電圧－パルス幅）変換器の出力の繰り返し周期は，パルス発生器出力の繰り返し周期によって決まる．
5　チョッパは，V-PW（電圧－パルス幅）変換器の出力に応じて平滑回路を流れる電流の導通時間を制御する．

問 172　[正解　　] [完璧　　] [直前CHECK　　]

電源に用いるコンバータおよびインバータに関する次の記述のうち，誤っているものを下の番号から選べ．

1　インバータは，出力の交流電圧のパルス幅，周波数および位相を制御することができない．
2　コンバータには，入出力間の絶縁ができる絶縁型と，入出力間の絶縁ができない非絶縁型とがある．
3　DC-DCコンバータは，直流24〔V〕で動作する機器を12〔V〕のバッテリで駆動するような場合に使用できる．
4　インバータは，直流電圧を交流電圧に変換する．
5　インバータの電力制御素子として，トランジスタおよびサイリスタなどを用いる．

問題

問 173

次の記述は，雑音について述べたものである．このうち誤っているものを下の番号から選べ．

1 増幅回路の内部で発生する内部雑音には，熱雑音および散弾（ショット）雑音などがある．
2 トランジスタから発生する分配雑音は，フリッカ雑音より低い周波数領域で発生する．
3 トランジスタから発生するフリッカ雑音は，周波数が1オクターブ上がるごとに電力密度が3〔dB〕減少する．
4 外部雑音には，コロナ雑音および空電雑音などがある．
5 抵抗体から発生する雑音には，熱じょう乱により発生する熱雑音および抵抗体に流れる電流により発生する電流雑音がある．

問 174

次の記述は，図に示すデジタルマルチメータの原理的構成例について述べたものである．□内に入れるべき字句を下の番号から選べ．

(1) 入力変換部は，アナログ信号（被測定信号）を増幅するとともに ア に変換し，A-D変換器に出力する．A-D変換器は，被測定信号（入力量）と基準量とを比較して得た測定結果を表示部に表示する．

(2) A-D変換器における被測定信号（入力量）と基準量との比較方式には，直接比較方式と間接比較方式がある．直接比較方式は，入力量と基準量とを イ で直接比較する方式であり，間接比較方式は，入力量を ウ してその波形の エ を利用する方式である．高速な測定に適するのは， オ 比較方式である．

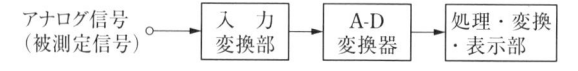

アナログ信号（被測定信号）→ 入力変換部 → A-D変換器 → 処理・変換・表示部

| 1 微分 | 2 交流電圧 | 3 ミクサ | 4 傾き | 5 直接 |
| 6 積分 | 7 直流電圧 | 8 コンパレータ | 9 ひずみ | 10 間接 |

解答 問171→1 問172→1

問171 入力は交流，出力は直流である．
問172 インバータは，出力交流電圧のパルス幅，周波数および位相を制御することができる．

問題

問 175 正解 □ 完璧 □ 直前CHECK □

次の記述は，サンプリングオシロスコープにおけるサンプリングの手法の一例についてその原理を述べたものである．　　内に入れるべき字句の正しい組合せを下の番号から選べ．

(1) 図の(a)に示す入力信号を，その周期より　A　周期を持つ(b)のサンプリングパルスでサンプリングすると，観測信号として，(c)に示す入力信号の周期を長くしたような波形が得られる．

(2) 入力信号の繰り返し周波数が f_i〔Hz〕，サンプリングパルスの繰り返し周波数が f_s〔Hz〕のとき，観測信号の周波数 f が，　B　〔Hz〕で表されるので，直接観測することが難しい高い周波数の信号を，低い周波数の信号に変換して観測することができる．

(3) このサンプリングによる低い周波数への変換は，周期性のない信号　C　．

	A	B	C
1	短い	f_s/f_i	にも適用できる
2	短い	f_i-f_s	には適用できない
3	長い	f_s/f_i	には適用できない
4	長い	f_i-f_s	にも適用できる
5	長い	f_i-f_s	には適用できない

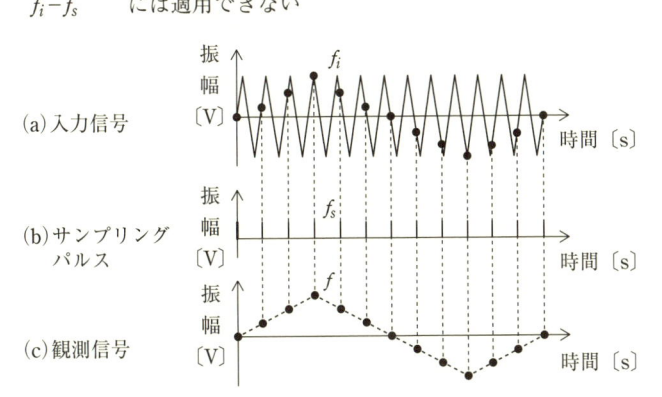

(a)入力信号　振幅〔V〕　f_i　時間〔s〕

(b)サンプリングパルス　振幅〔V〕　f_s　時間〔s〕

(c)観測信号　振幅〔V〕　f　時間〔s〕

問題

問 176

次の記述は，図に示す高速フーリエ変換（FFT）アナライザの原理的な構成例について述べたものである．　　　内に入れるべき字句の正しい組合せを下の番号から選べ．なお，同じ記号の　　　内には，同じ字句が入るものとする．

(1) 被測定信号（アナログ信号）は，低域フィルタ（LPF）を通過した後，　A　でデジタルデータに置き換えられる．このデータは，FFT演算器で演算処理されて　B　のデータに変換され，表示部に表示される．

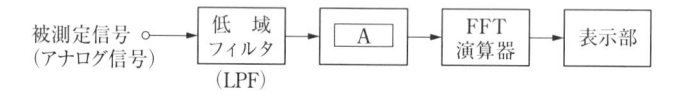

(2) アナログ処理によるスーパヘテロダイン方式のスペクトラムアナライザとの相違点は，　C　の情報が得られることである．

被測定信号（アナログ信号）→ 低域フィルタ（LPF）→ A → FFT演算器 → 表示部

	A	B	C
1	D-A 変換器	時間領域	振幅
2	D-A 変換器	周波数領域	位相
3	A-D 変換器	周波数領域	位相
4	A-D 変換器	周波数領域	振幅
5	A-D 変換器	時間領域	位相

解答 問173➔2　問174➔アー7　イー8　ウー6　エー4　オー5　問175➔5

ミニ解説　問173　分配雑音は，フリッカ雑音より高い周波数領域で発生する．

問題

問 177　正解　完璧　直前CHECK

次の記述は，デジタル方式のオシロスコープについて述べたものである．このうち正しいものを1，誤っているものを2として解答せよ．

ア　入力波形をA/D変換によりデジタル信号にしてメモリに順次記録し，そのデータをD/A変換により再びアナログ値に変換して入力された波形と同じ波形を観測する．

イ　単発現象でも，メモリに記録した波形情報を読み出すことによって静止波形として観測できる．

ウ　アナログ方式による観測に比べ，観測データの解析や処理が容易に行える．

エ　標本化定理によれば，直接観測することが可能な周波数の上限はサンプリング周波数の2倍までである．

オ　単発性のパルスなど周期性のない波形に対しては，等価時間サンプリングを用いて観測できる．

問 178　正解　完璧　直前CHECK

次の記述は，図に示す構成例の周波数偏移計について述べたものである．このうち正しいものを1，誤っているものを2として解答せよ．

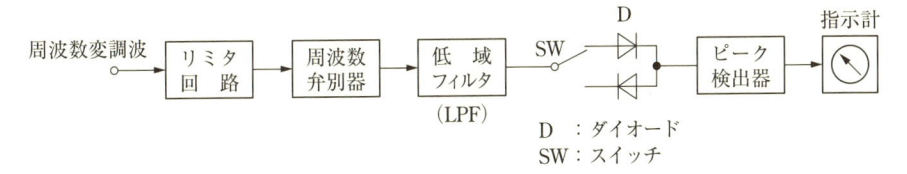

周波数変調波 → リミタ回路 → 周波数弁別器 → 低域フィルタ（LPF） → SW → D → ピーク検出器 → 指示計

D：ダイオード
SW：スイッチ

ア　リミタ回路は，入力の周波数変調波に含まれる不要な周波数成分を除去するために用いる．

イ　周波数弁別器には，入力の周波数変調波の周波数偏移に対する出力信号の振幅特性の直線性が良いものを用いる．

ウ　低域フィルタ（LPF）は，入力の周波数変調波に含まれる高調波などの不要な周波数成分の影響を除去するために用いる．

エ　指示計は，入力の周波数変調波の周波数偏移の尖頭値を指示するものでなければならない．

オ　指示計は，変調信号に波高率の高い雑音が混入している周波数変調波の場合でも，雑音が混入する前の変調信号による値と同じ値を指示する．

問題

問 179 解説あり！ 正解☐ 完璧☐ 直前CHECK☐

オシロスコープで図に示すパルス信号が観測された．パルス信号の立ち上がり時間およびパルス幅の値の組合せとして，最も近いものを下の番号から選べ．ただし，パルス波形の振幅は，オシロスコープの表示面にあらかじめ設定されている垂直の目盛りの0および100〔%〕に合わせてあるものとし，水平軸の一目盛り当たりの掃引時間は5〔μs〕とする．

	立ち上がり時間	パルス幅
1	15〔μs〕	25〔μs〕
2	15〔μs〕	30〔μs〕
3	15〔μs〕	20〔μs〕
4	5〔μs〕	25〔μs〕
5	5〔μs〕	30〔μs〕

5〔μs/div〕

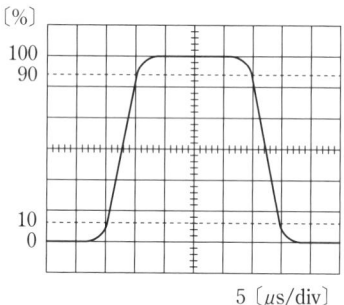

問 180 解説あり！ 正解☐ 完璧☐ 直前CHECK☐

図に示す三角波電圧を，真の実効値を指示する電圧計で測定したときの指示値が1〔V〕であった．三角波電圧の波高値 E_m の値として，正しいものを下の番号から選べ．ただし，電圧計の誤差はないものとする．

1　1〔V〕
2　$\sqrt{2}$〔V〕
3　$1/\sqrt{2}$〔V〕
4　$\sqrt{3}$〔V〕
5　$1/\sqrt{3}$〔V〕

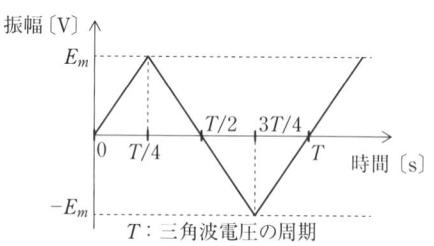

T：三角波電圧の周期

解答
問176→3　問177→ア-1 イ-1 ウ-1 エ-2 オ-2
問178→ア-2 イ-1 ウ-1 エ-1 オ-2

ミニ解説
問177　誤っている選択肢は，次のようになる．
　　エ　周波数の上限はサンプリング周波数の1/2までである．
　　オ　観測波形を低い周波数に変換する等価時間サンプリング方式では，単発性のパルス波を観測することができない．
問178　ア　リミタは不要な振幅成分を除去する．
　　オ　変調信号に雑音が混入すると指示計の指示は変化する．

問題

問 181 解説あり！ 正解 □ 完璧 □ 直前CHECK □

次の記述は，オシロスコープの立ち上がり時間について述べたものである．□内に入れるべき字句の正しい組合せを下の番号から選べ．ただし，$\log_e(1/0.9) \fallingdotseq 0.1$ および $\log_e(1/0.1) \fallingdotseq 2.3$ とする．また，e は自然対数の底とする．

(1) オシロスコープの垂直増幅器の高域の減衰特性が6〔dB/oct〕のとき，この特性の等価回路は図1に示す**一次**の［A］で近似でき，そのステップ応答波形は，図2で表される．ただし，v/V は，ステップ入力の振幅が V〔V〕，出力の振幅が v〔V〕のときの振幅比であり，次式で表される．

$$v/V = \{1 - e^{-t/(CR)}\} \quad \cdots\cdots\cdots\cdots\cdots ①$$

(2) 立ち上がり時間 T_r〔s〕は，v/V がその最終値1.0の10〔%〕から90〔%〕になるまでの時間で定義されるので，まず，0〔%〕から10〔%〕になる時間 t' を求めると，次のようになる．

$$0.1 = 1 - e^{-t'/(CR)}$$

$$t' \fallingdotseq 0.1CR〔s〕 \quad \cdots\cdots\cdots\cdots\cdots ②$$

同様に0〔%〕から90〔%〕になる時間 t'' は次のようになる．

$$t'' \fallingdotseq ［B］〔s〕 \quad \cdots\cdots\cdots\cdots\cdots ③$$

垂直増幅器の高域しゃ断周波数 f は，［C］〔Hz〕に等しく，これと式②および式③より立ち上がり時間 T_r を求めると，T_r は f と近似的に次式の関係がある．

$$T_r = t'' - t' \fallingdotseq 0.35/f〔s〕$$

	A	B	C
1	低域フィルタ（LPF）	$0.23CR$	$2\pi CR$
2	低域フィルタ（LPF）	$2.3CR$	$2\pi CR$
3	低域フィルタ（LPF）	$2.3CR$	$1/(2\pi CR)$
4	高域フィルタ（HPF）	$0.23CR$	$1/(2\pi CR)$
5	高域フィルタ（HPF）	$2.3CR$	$2\pi CR$

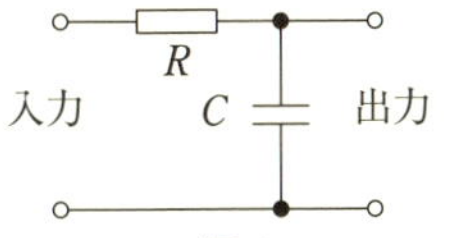

図1

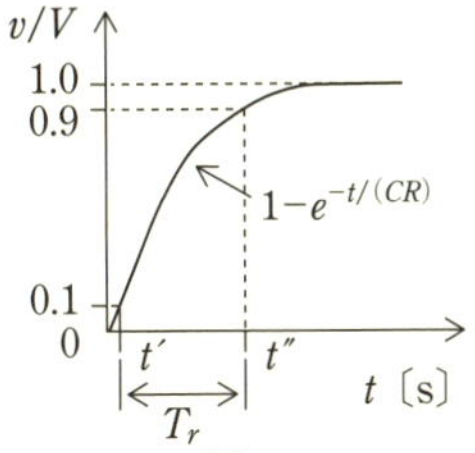

図2

注：**太字**は，ほかの試験問題で穴あきになった用語を示す．

第2部 無線工学A

📖 解説 ➡ 問179

問題の図より，パルス波形の立ち上がり振幅値が10〔%〕から90〔%〕になるまでの画面の目盛りは1目盛りであり，水平軸のレンジは5〔μs/div〕だから，パルス立ち上がり時間 t_r〔μs〕は，

$$t_r = 1 \times 5 = 5 \text{〔μs〕}$$

パルス波形の立ち上がり振幅値の50〔%〕から立ち下がり振幅値の50〔%〕までの画面の目盛りは5目盛りだから，パルス幅 t_w〔μs〕は，

$$t_w = 5 \times 5 = 25 \text{〔μs〕}$$

📖 解説 ➡ 問180

三角波電圧の実効値が $E_e = 1$〔V〕のとき，最大値 E_m〔V〕は，

$$E_m = \sqrt{3}\, E_e = \sqrt{3} \text{〔V〕}$$

のこぎり波も同じ，
$E_m = \sqrt{3}\, E_e$

📖 解説 ➡ 問181

問題の式①より，振幅が0〔%〕から10〔%〕になる時間 t' を求めると，

$$0.1 = 1 - e^{-t'/(CR)}$$

$$e^{-t'/(CR)} = 0.9$$

両辺の $\log_e$ をとると，

$$\log_e e^{-t'/(CR)} = \log_e 0.9$$

$$-\frac{t'}{CR} = \log_e 0.9$$

$$t' = -CR\log_e 0.9 = CR\log_e \frac{1}{0.9} \fallingdotseq 0.1CR \text{〔s〕}$$

振幅が0〔%〕から90〔%〕になる時間 t'' を求めると，

$$0.9 = 1 - e^{-t''/(CR)}$$

$$e^{-t''/(CR)} = 0.1$$

両辺の $\log_e$ をとると，

$$\log_e e^{-t''/(CR)} = \log_e 0.1$$

$$t'' = -CR\log_e 0.1 = CR\log_e \frac{1}{0.1} \fallingdotseq 2.3CR \text{〔s〕} \quad (\boxed{B} \text{の答})$$

解答 問179➡4　問180➡4　問181➡3

問 182

次の記述は，図に示すスーパヘテロダイン方式スペクトルアナライザの原理的な構成例について述べたものである．　　内に入れるべき字句の正しい組合せを下の番号から選べ．

(1) ディスプレイの垂直軸に入力信号の振幅を，水平軸に　A　を表示することにより，入力信号のスペクトル分布が直視できる．
(2) 掃引信号発生器で発生する「のこぎり波信号」によって　B　した電圧同調形局部発振器の出力と入力信号とを周波数混合器で混合する．その出力は，IFフィルタ，IF増幅器を通った後，検波器を通してビデオ信号となる．ビデオ信号は，ビデオフィルタで帯域制限された後，ディスプレイの垂直軸に加えるとともに，のこぎり波信号を水平軸に加える．入力信号の周波数の範囲は，IFフィルタの中心周波数および　C　の周波数範囲によって決まる．
(3) 周波数の分解能は，　D　の帯域幅によってほぼ決まる．

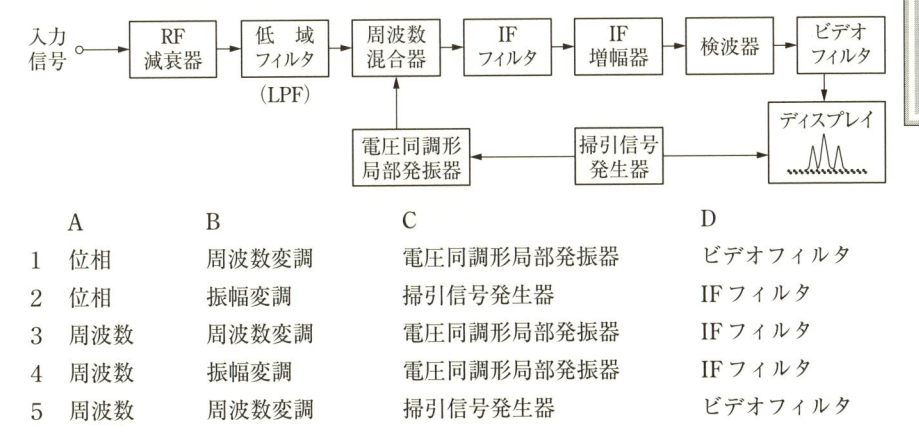

	A	B	C	D
1	位相	周波数変調	電圧同調形局部発振器	ビデオフィルタ
2	位相	振幅変調	掃引信号発生器	IFフィルタ
3	周波数	周波数変調	電圧同調形局部発振器	IFフィルタ
4	周波数	振幅変調	電圧同調形局部発振器	IFフィルタ
5	周波数	周波数変調	掃引信号発生器	ビデオフィルタ

問題

問 183 解説あり！　正解☐　完璧☐　直前CHECK☐

図に示す計数形周波数計（周波数カウンタ）において，ゲート時間 T〔s〕の間にゲートを通過する周波数 f〔Hz〕の入力信号パルスを計数したところ，計数値 N として真値より一つ多い 50,001 個が得られた．このとき f の測定誤差の値として，正しいものを下の番号から選べ．ただし，$T=10$〔ms〕とし，基準信号発生器の周波数誤差はないものとする．

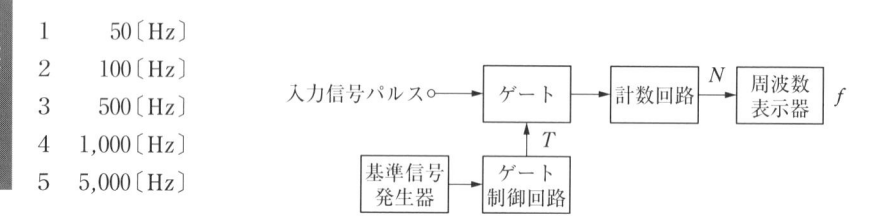

1 　50〔Hz〕
2 　100〔Hz〕
3 　500〔Hz〕
4 　1,000〔Hz〕
5 　5,000〔Hz〕

問 184 解説あり！　正解☐　完璧☐　直前CHECK☐

次に示す測定項目のうち，二つの測定量が共にベクトルネットワーク・アナライザで測定できるものとして，正しいものを下の番号から選べ．

1 　アンテナのインピーダンスおよび方形波の衝撃係数（デューティ比）
2 　ケーブルの電気長および方形波の衝撃係数（デューティ比）
3 　単一正弦波の周波数およびフィルタの位相特性
4 　ケーブルの電気長およびアンテナのインピーダンス
5 　単一正弦波の周波数およびケーブルの電気長

解答　問182 → 3

問題

問 185　解説あり！

次の記述は，図に示す同軸形抵抗減衰器およびその等価回路について述べたものである．☐☐☐内に入れるべき字句の正しい組合せを下の番号から選べ．ただし，抵抗素子 $R_1〔Ω〕$，$R_2〔Ω〕$ および $R_3〔Ω〕$ には，$R_1=R_3$，$R_2=4R_1$ の関係があり，入出力の抵抗 R_0 の大きさは，$R_0=3R_1〔Ω〕$ とする．

(1) 端子 ab から負荷側を見た $R_2〔Ω〕$，$R_3〔Ω〕$ および $R_0〔Ω〕$ の合成インピーダンスは，☐ A ☐ である．

(2) 信号源電圧が $e〔V〕$ のとき，減衰器の入力電圧 e_1 は $e_1=$ ☐ B ☐ であり，e_1 と出力電圧 e_2 との比からこの同軸形抵抗減衰器の減衰量を求めると，☐ C ☐ である．

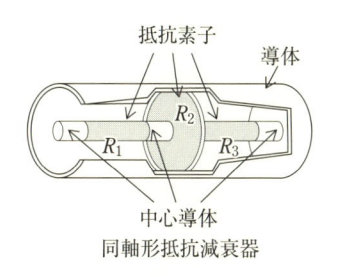

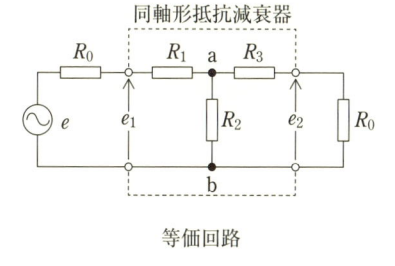

同軸形抵抗減衰器　　　　等価回路

	A	B	C
1	$2R_1〔Ω〕$	$e/2〔V〕$	$9〔dB〕$
2	$2R_1〔Ω〕$	$e/2〔V〕$	$6〔dB〕$
3	$3R_1〔Ω〕$	$e/2〔V〕$	$6〔dB〕$
4	$2R_1〔Ω〕$	$e/3〔V〕$	$3〔dB〕$
5	$3R_1〔Ω〕$	$e/3〔V〕$	$3〔dB〕$

解説 → 問183

計数値 $N=50{,}001$ から1を引いた値の $N_0 = 50{,}000$ が真値となるので，ゲート時間 $T=10$ [ms]$=10 \times 10^{-3}$ のときの真値の周波数 f_0 [Hz]は，

$$f_0 = \frac{N_0}{T} = \frac{50{,}000}{10 \times 10^{-3}} = 5 \times 10^6 \text{[Hz]}$$

計数値の周波数 f [Hz]は，

$$f = \frac{N}{T} = \frac{50{,}001}{10 \times 10^{-3}} = 5.0001 \times 10^6 \text{[Hz]}$$

誤差 ε [Hz]は，

$$\varepsilon = f - f_0 = 5 \times 10^6 - 5.0001 \times 10^6 = 0.0001 \times 10^6 = 100 \text{[Hz]}$$

解説 → 問184

単一正弦波の周波数は周波数カウンタまたはオシロスコープで測定する．方形波の衝撃係数はオシロスコープで測定する．

解説 → 問185

端子 ab 間から負荷側を見た合成インピーダンス R_{ab} [Ω]は，

$$R_{ab} = \frac{R_2(R_3 + R_0)}{R_2 + (R_3 + R_0)} \text{[Ω]} \quad \cdots\cdots (1)$$

式(1)に $R_3 = R_1$, $R_2 = 4R_1$, $R_0 = 3R_1$ を代入すると，

$$R_{ab} = \frac{4R_1(R_1 + 3R_1)}{4R_1 + (R_1 + 3R_1)} = \frac{4R_1 \times 4R_1}{8R_1} = 2R_1 \text{[Ω]} \quad (\boxed{\text{A}} \text{の答})$$

減衰器の入力端子から負荷側を見た合成インピーダンス R_i [Ω]は，

$$R_i = R_1 + R_{ab} = 3R_1 \text{[Ω]} \quad \cdots\cdots (2)$$

式(2)は $R_0 = 3R_1$ の条件より，$R_i = R_0$ となって，信号源のインピーダンスと整合がとれるとともに，減衰器の入力電圧は $e_1 = e/2$ [V]となる．$(\boxed{\text{B}} \text{の答})$
端子 ab 間の電圧 e_{ab} [V]は，抵抗の分圧比より次式で表される．

$$e_{ab} = \frac{R_{ab}}{R_1 + R_{ab}} e_1 = \frac{2R_1}{R_1 + 2R_1} e_1 = \frac{2}{3} e_1 \text{[V]}$$

出力電圧 e_2 [V]は，

$$e_2 = \frac{R_0}{R_3 + R_0} e_{ab} = \frac{3R_1}{R_1 + 3R_1} \times \frac{2}{3} e_1 = \frac{1}{2} e_1 \text{[V]}$$

$1/2$ を dB で表すと $20 \log_{10} 2^{-1} \doteq -6$ [dB]だから，減衰量は 6 [dB]である． $(\boxed{\text{C}} \text{の答})$

解答 問183→2　問184→4　問185→2

問 186

次の記述は，標準信号発生器（SG）の出力電圧と負荷に供給される電力との関係について述べたものである．　　　内に入れるべき字句の正しい組合せを下の番号から選べ．ただし，SG および負荷の等価回路は図で示される．また，電圧は実効値とし，$1[\mu V]$ を $0[dB\mu V]$ および $\log_{10}2 \fallingdotseq 0.3$ とする．

(1) SG から負荷の抵抗 $50[\Omega]$ に高周波信号を供給し，$100[mW]$ の電力を消費させるために必要な電圧 v_2 は，約　A　$[dB\mu V]$ である．

(2) このときの SG の信号源電圧 v_1 は，約　B　$[dB\mu V]$ である．

	A	B
1	117	123
2	127	130
3	127	133
4	130	133
5	130	136

標準信号発生器（SG）
内部抵抗 $50[\Omega]$
v_1　　v_2　　抵抗 $50[\Omega]$

問 187

図に示す受信機の2信号選択度特性の測定に用いる整合回路の抵抗 $R_2[\Omega]$ の値として，正しいものを下の番号から選べ．ただし，整合回路の抵抗 R_1 を $10[\Omega]$ とし，標準信号発生器1および標準信号発生器2の内部抵抗 R_S はともに $50[\Omega]$，供試受信機の入力インピーダンス R_{in} は $75[\Omega]$ とする．また，整合の条件として，標準信号発生器1および標準信号発生器2から整合回路側を見たインピーダンスは，それぞれの内部抵抗 $R_S[\Omega]$ に等しく，供試受信機から整合回路側を見たインピーダンスは，$R_{in}[\Omega]$ に等しいものとする．

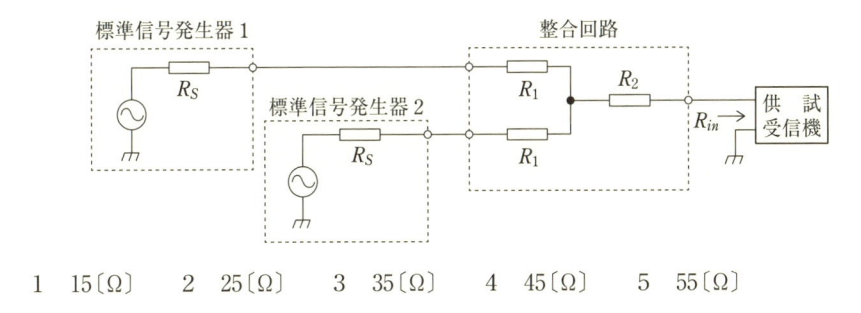

標準信号発生器1　　　　整合回路
　R_S　　　　　　　R_1　　R_2　　供試受信機
　　　標準信号発生器2　　　　　　　　$R_{in}\rightarrow$
　　　　R_S　　　　R_1

1　$15[\Omega]$　　2　$25[\Omega]$　　3　$35[\Omega]$　　4　$45[\Omega]$　　5　$55[\Omega]$

📖 解説 ➡ 問186

抵抗 $R=50$ 〔Ω〕,電力 $P=100$ 〔mW〕$=100\times 10^{-3}$ 〔W〕のとき,電圧 v_2 〔V〕は,

$$P = \frac{v_2{}^2}{R} \text{〔W〕}$$

v_2 を求めると,

$$v_2 = (PR)^{\frac{1}{2}} = (100\times 10^{-3}\times 50)^{\frac{1}{2}} = 5^{\frac{1}{2}} = \left(\frac{10}{2}\right)^{\frac{1}{2}} \text{〔V〕} \quad \cdots\cdots (1)$$

式(1)を1〔V〕を0〔dB〕としたdBVで表すと,

$$v_{2\mathrm{dB}} = 20\log_{10}\left(\frac{10}{2}\right)^{\frac{1}{2}} = 10\log_{10}10 + 10\log_{10}2^{-1}$$

$$= 10\log_{10}10 - 10\log_{10}2 \fallingdotseq 7 \text{〔dBV〕}$$

> √は1/2乗
> 電圧比の2倍は6dB
> √が付いているときは,
> 電力比の2倍と同じ3dB

1〔V〕$=10^6$〔μV〕より,

$20\log_{10}10^6 = 120$ だから,0〔dBV〕$=120$〔dBμV〕となるので,

$$v_{2\mathrm{dB}} = 120 + 7 = 127 \text{〔dB}\mu\text{V〕} \quad (\boxed{\text{A}} \text{ の答})$$

信号源電圧 v_1〔V〕は,同じ値の抵抗で分圧された電圧 v_2〔V〕の2倍の電圧となるので,dBで表すと $20\log_{10}2 \fallingdotseq 6$〔dB〕だから,

$$v_{1\mathrm{dB}} \fallingdotseq v_{2\mathrm{dB}} + 6 = 127 + 6 = 133 \text{〔dB}\mu\text{V〕} \quad (\boxed{\text{B}} \text{ の答})$$

📖 解説 ➡ 問187

整合回路内の接続点から,標準信号発生器1と標準信号発生器2側を見た合成インピーダンス R_{12}〔Ω〕は,

$$R_{12} = \frac{R_1 + R_S}{2} \text{〔Ω〕}$$

受信機から整合回路側を見たインピーダンスと受信機の入力インピーダンス R_{in} が等しいので,次式が成り立つ.

$$R_{in} = R_2 + R_{12}$$

$$= R_2 + \frac{R_1 + R_S}{2}$$

$$75 = R_2 + \frac{10+50}{2} = R_2 + 30$$

よって,$R_2 = 45$〔Ω〕

解答 問186➡3　問187➡4

問 188

次の記述は，図に示すCM形電力計の原理について述べたものである．このうち正しいものを1，誤っているものを2として解答せよ．

ア 副同軸線路には，その内部導体と主同軸線路の内部導体との間の相互インダクタンスによって主同軸線路の電圧に比例する電流が流れる．
イ 副同軸線路には，その内部導体と主同軸線路の内部導体との間の静電容量によって，主同軸線路に流れる電流に比例する電流が流れる．
ウ CM形電力計は，通過形高周波電力計の一種である．
エ CM形電力計を構成する素子などが電気的に一定の条件を満足するようにしてあれば，電流計の指示は，熱電対に流れる電流の2乗に比例する．
オ CM形電力計の電流計の指示値から負荷への入射波電力および負荷からの反射波電力の測定ができる．

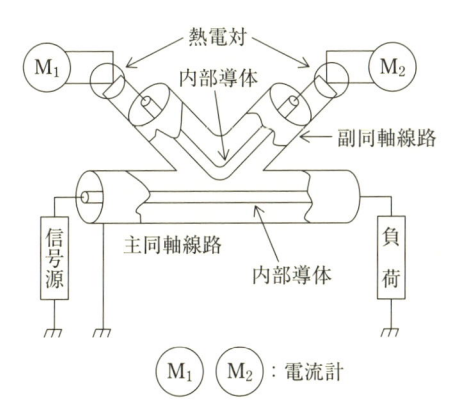

M_1 M_2：電流計

問題

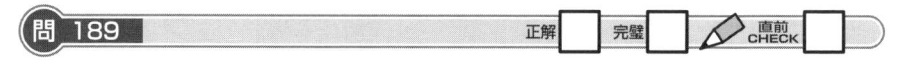

問 189

次の記述は，SSB(J3E)送信機の空中線電力の測定法について述べたものである．□内に入れるべき字句の正しい組合せを下の番号から選べ．なお，同じ記号の□内には，同じ字句が入るものとする．

(1) 図に示す構成例において，低周波発振器の発振周波数を所定の周波数(1,500〔Hz〕の正弦波)とし，□A□を操作して送信機の変調信号の入力レベルを増加しながら，そのつど送信機出力を電力計で測定し，送信機出力が□B□するまで測定を行う．このとき，低周波発振器の出力レベルが一定に保たれていることをレベル計で確認する．

(2) J3E送信機の空中線電力は，□C□で表示することが規定されており，送信機出力が□B□したときの平均電力である．

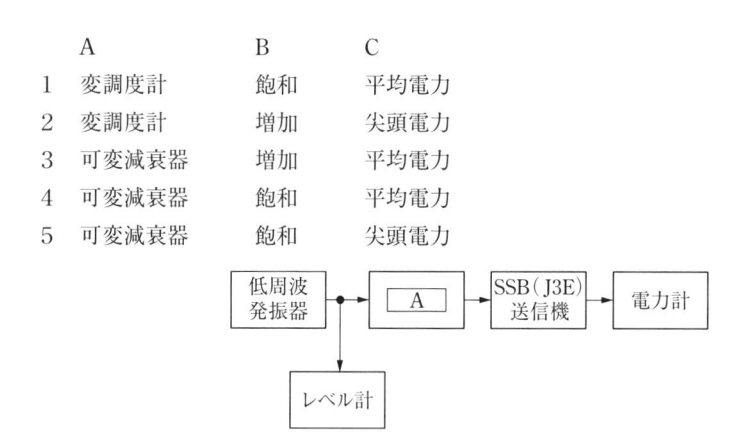

	A	B	C
1	変調度計	飽和	平均電力
2	変調度計	増加	尖頭電力
3	可変減衰器	増加	平均電力
4	可変減衰器	飽和	平均電力
5	可変減衰器	飽和	尖頭電力

低周波発振器 → A → SSB(J3E)送信機 → 電力計
　　　　　　↓
　　　　　レベル計

解答　問188→ア-2 イ-2 ウ-1 エ-1 オ-1

問188 誤っている選択肢は，次のようになる．
ア　相互インダクタンスによって，主同軸線路に流れる電流に比例する電流が流れる．
イ　静電容量によって，主同軸線路の電圧に比例する電流が流れる．

問題

問 190　正解　完璧　直前CHECK

次の記述は，デジタル伝送におけるビット誤り等について述べたものである．このうち正しいものを1，誤っているものを2として解答せよ．

ア　例えば，100ビットの信号を伝送して，1ビットの誤りがあった場合，ビット誤り率は，10^{-4}である．

イ　多相PSKの搬送波の位相と符号の関係が，自然2進（バイナリ）符号による対応の場合は，隣り合う符号間で値が変化する際に変化した符号に誤りが生じたとき，常に複数ビットの誤りとなる．

ウ　自然2進（バイナリ）符号よりグレイ符号を用いた方がビット誤り率を小さくできる．

エ　BPSK等の2値変調では，符号誤り率とビット誤り率は同じ値になる．

オ　多相PSKの搬送波の位相と符号の関係が，グレイ符号による対応の場合は，隣り合う符号間で値が変化する際に変化した符号に誤りが生じたとき，常に1ビットの誤りですむ．

問 191　正解　完璧　直前CHECK

次の記述は，無線伝送路の雑音やひずみ，マルチパス・混信などにより発生するデジタル伝送符号の誤りについて述べたものである．このうち正しいものを1，誤っているものを2として解答せよ．

ア　誤りが発生した場合の誤り制御方式には，受信側からデータの再送を要求するFEC方式がある．

イ　ARQ方式は，送信側で冗長符号を付加することにより受信側で誤り訂正が可能となる誤り制御方式である．

ウ　FEC方式に用いられる誤り訂正符号を大別すると，ブロック符号と畳み込み符号に分けられる．

エ　一般に，ビタビ復号法を用いる畳み込み符号はデータ伝送中のビット列における集中的な誤り（バースト性の誤り）に強い方式であり，バースト誤り訂正符号に分類される．また，リードソロモン符号はランダム誤り訂正符号に分類される．

オ　ブロック符号と畳み込み符号を組み合わせた誤り訂正符号は，雑音やマルチパスの影響を受け易い伝送路で用いられる．

問 192

次の記述は，図に示す構成例を用いた FM（F3E）送信機の占有周波数帯幅の測定法について述べたものである． ☐ 内に入れるべき字句を下の番号から選べ．なお，同じ記号の ☐ 内には，同じ字句が入るものとする．

(1) 擬似音声発生器から規定のスペクトルの擬似音声信号を送信機に加え，所定の変調を行った周波数変調波を ア に出力する．スペクトルアナライザを所定の動作条件とし，規定の占有周波数帯幅 イ の帯域を掃引し，所要の数のサンプル点で測定した各電力値の ウ から全電力を求める．

(2) 測定する最低の周波数から高い周波数の方向に掃引して得たそれぞれの電力値を順次加算したとき，その電力が全電力の エ 〔%〕になる周波数 f_1〔Hz〕を求める．次に，測定する最高の周波数から低い周波数の方向に掃引して得たそれぞれの電力値を順次加算したとき，その電力が全電力の エ 〔%〕になる周波数 f_2〔Hz〕を求めると，占有周波数帯幅は， オ 〔Hz〕となる．測定結果として占有周波数帯幅は，〔kHz〕の単位で記録する．

1 擬似雑音発生器	2 の 2〜3.5 倍程度	3 差	4 0.5	5 f_2-f_1
6 擬似負荷	7 と同程度	8 和	9 2.5	10 f_1+f_2

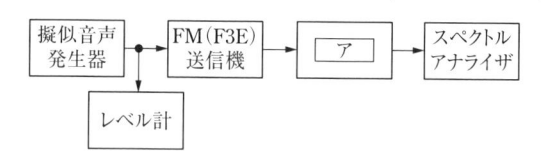

擬似音声発生器 → FM（F3E）送信機 → ア → スペクトルアナライザ
FM（F3E）送信機 → レベル計

解答 問189→5 問190→アー2 イー2 ウー1 エー1 オー1
問191→アー2 イー2 ウー1 エー2 オー1

問190 誤っている選択肢は，次のようになる．
 ア ビット誤り率は，10^{-2} である．
 イ 隣り合う符号間で値が変化する際に変化した符号に誤りが生じたとき，複数ビットの誤りとなることがある．

問191 ア 受信側からデータの再送を要求する ARQ 方式と，FEC 方式がある．
 イ FEC 方式のことである．
 エ 一般に，リードソロモン符号はデータ伝送中の集中的な誤りに強い方式であり，バースト誤り訂正符号に分類される．また，ビタビ復号法を用いる畳み込み符号はランダム誤り訂正符号に分類される．

問 193

次の記述は，図に示すFM(F3E)送信機のプレエンファシス特性の測定法の一例について述べたものである。□内に入れるべき字句を下の番号から選べ。

(1) 変調度計の高域フィルタ(HPF)を断(OFF)，低域フィルタ(LPF)の遮断周波数を □ア□ 〔kHz〕程度に設定する。
(2) 送信機は，指定チャネルに設定して送信し，変調は，□イ□ 波の1,000〔Hz〕で周波数偏移許容値の70〔％〕に設定する。
(3) (2)の変調状態での復調出力レベルを測定し，そのときの低周波発振器の出力レベルを記録する。
(4) 低周波発振器の周波数を300〔Hz〕とし，(3)のときと □ウ□ 復調出力レベルが得られるように低周波発振器の出力レベルを変化させその値を記録する。
(5) 低周波発振器の周波数を500〔Hz〕，2,000〔Hz〕および3,000〔Hz〕と順次変えて(4)と同様な測定を行い低周波発振器の出力レベルの値を記録する。
(6) (3)の □エ□ の出力レベルを基準として，(4)および(5)における出力レベルとの比を基にプレエンファシス特性を求め，その特性が法令等で規定された許容範囲内であることを確認する。
(7) 低周波発振器の出力レベルを一定として，復調出力レベルを測定する方法も可能である。その場合，1,000〔Hz〕を基準として測定するが，□オ□ 〔Hz〕で飽和しないように注意する。

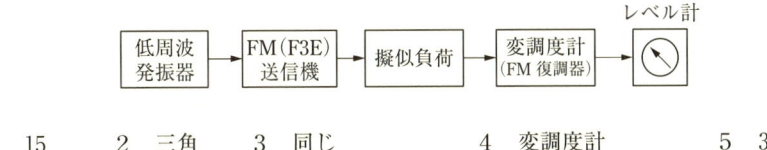

```
低周波      FM(F3E)      擬似負荷      変調度計        レベル計
発振器  →   送信機   →            →  (FM復調器)  →
```

| 1 | 15 | 2 | 三角 | 3 | 同じ | 4 | 変調度計 | 5 | 3,000 |
| 6 | 150 | 7 | 正弦 | 8 | 6〔dB〕低い | 9 | 低周波発振器 | 10 | 500 |

問 194

次の記述は，図に示す構成例を用いた FM（F3E）送信機の信号対雑音比（S/N）の測定法について述べたものである．　　　内に入れるべき字句を下の番号から選べ．ただし，各機器間の整合はとれているものとする．なお，同じ記号の　　　内には，同じ字句が入るものとする．

(1) スイッチ SW を②側に接続して送信機の入力端子を無誘導抵抗に接続し，送信機から　ア　を出力する．　イ　の出力を出力計の指示値が読み取れる値 V〔V〕となるように減衰器2（ATT2）を調整し，このときの ATT2 の読みを D_1〔dB〕とする．

(2) 次に，SW を①側に接続し，低周波発振器から規定の変調信号（例えば1〔kHz〕）を　ウ　および減衰器1（ATT1）を通して送信機に加え，周波数偏移が規定値になるように　エ　を調整する．

(3) また，　イ　の出力が(1)と同じ V〔V〕となるように ATT2 を調整し，このときのATT2 の読みを D_2〔dB〕とすれば，求める信号対雑音比（S/N）は，　オ　〔dB〕である．

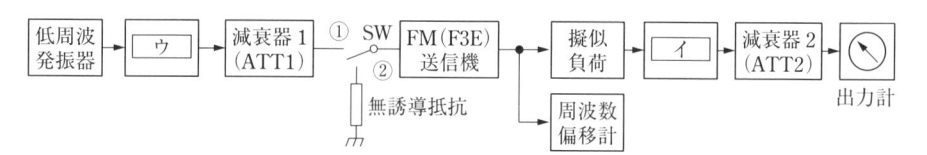

1　無変調波　　　　2　包絡線検波器　　　　3　低域フィルタ（LPF）　　　4　ATT1
5　$D_2 + D_1$　　　6　変調波　　　　　　7　FM直線検波器
8　高域フィルタ（HPF）　　9　ATT2　　　　　　　　　　　　　　　　　10　$D_2 - D_1$

問192 → ア−6　イ−2　ウ−8　エ−4　オ−5
問193 → ア−1　イ−7　ウ−3　エ−9　オ−5

問題

問 195　正解　□　完璧　□　直前CHECK　□

次の記述は，送信機の「スプリアス発射の強度」の測定にスペクトルアナライザを用いた場合，そのスペクトルアナライザ内部で発生する高調波ひずみ等が測定に与える影響について述べたものである．　□　内に入れるべき字句を下の番号から選べ．

(1) 測定対象となるスプリアス発射が送信機の搬送波（基本波）の高調波である場合，スペクトルアナライザの内部で高調波ひずみにより基本波の高調波が発生すると，両方の高調波が同一周波数のため完全に重なり，それらの　ア　関係によって合成振幅は増加するかまたは減少するかわからない．その結果，測定に影響を与えることになる．

(2) 図は，一例として，あるスペクトルアナライザの仕様項目から，入力した二つの信号（送信機の搬送波と高調波）のレベル差をスペクトルアナライザの内部で発生する高調波ひずみや雑音の影響がなく，規定された確度で測定を行うことができる範囲を示したものであり，ミキサ入力レベルに対するダイナミックレンジを読み取ることができる．

(3) この図から，**最大**のダイナミックレンジとなるミキサ入力レベルは，　イ　〔dBm〕付近であり，この値から雑音レベル（RBW：100〔kHz〕）までは，約　ウ　〔dB〕のレベル差がある．それを頂点としてミキサ入力レベルが低い領域では　エ　に，ミキサ入力レベルが高い領域では，　オ　によって測定の範囲が制限を受けることがわかる．

| 1 | −30 | 2 | 70 | 3 | 振幅 | 4 | 側波帯雑音 | 5 | 高調波ひずみ |
| 6 | −10 | 7 | 50 | 8 | 位相 | 9 | 内部雑音 | 10 | 残留応答 |

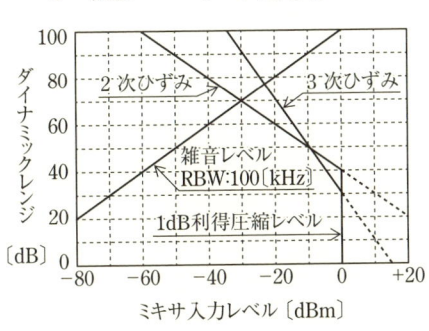

注：**太字**は，ほかの試験問題で穴あきになった用語を示す．

問題

問 196

図に示す受信機の雑音指数の測定の構成例において，高周波電力計で中間周波増幅器の有能雑音出力電力を測定したところ，-25〔dBm〕であった．このときの被測定部の雑音指数の値として，正しいものを下の番号から選べ．ただし，高周波増幅器の有能雑音入力電力を-100〔dBm〕，被測定部の有能利得を70〔dB〕とする．また，1〔mW〕を0〔dBm〕とする．

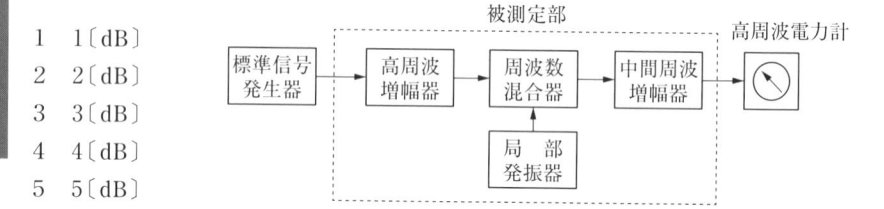

1　1〔dB〕
2　2〔dB〕
3　3〔dB〕
4　4〔dB〕
5　5〔dB〕

被測定部：標準信号発生器 → 高周波増幅器 → 周波数混合器 ← 局部発振器，→ 中間周波増幅器 → 高周波電力計

問 197

図に示す電力密度P_dの値が2.5×10^{-11}〔W/Hz〕の雑音を，周波数帯域幅Bが400〔kHz〕の理想矩形フィルタを持つスペクトルアナライザで測定したときの電力の値として，正しいものを下の番号から選べ．ただし，雑音はスペクトルアナライザの帯域内の周波数のすべてにわたって一様であるとし，フィルタの損失はないものとする．また，1〔mW〕を0〔dBm〕とする．

1　-10〔dBm〕
2　-20〔dBm〕
3　-30〔dBm〕
4　-40〔dBm〕
5　-50〔dBm〕

電力密度〔W/Hz〕，2.5×10^{-11}〔W/Hz〕，$B = 400$〔kHz〕，周波数〔Hz〕

解答
問194→ア-1　イ-7　ウ-3　エ-4　オ-10
問195→ア-8　イ-1　ウ-2　エ-9　オ-5

ミニ解説

問195 問題の図において，ミキサ入力レベルが大きくなるとスペクトルアナライザ内部で発生する2次ひずみが大きくなり，ダイナミックレンジが下がる．また，ミキサ入力レベルが小さいと，雑音によってダイナミックレンジが下がる．これらの交点の-30〔dBm〕が最大のダイナミックレンジとなるレベルである．

問題

問 198　正解 □　完璧 □　直前CHECK □

次の記述は，デジタル伝送方式において，パルスの品質を評価するアイパターンの測定について述べたものである．　□　内に入れるべき字句の正しい組合せを下の番号から選べ．ただし，アイパターンは，図に示すように識別直前のパルス波形をパルス繰返し周波数（クロック周波数）に同期してオシロスコープ上に描かせたものであり，その波形には，雑音や波形ひずみ等により影響を受けた起こり得るすべての波形が重畳されているものである．

アイパターンを観測することにより受信信号の雑音に対する余裕度がわかる．すなわち，アイパターンにおける縦のアイの開き（アイアパーチャ）は識別における　A　に対する余裕を表し，アイパターンの横の開きは　B　信号の統計的なゆらぎ（ジッタ）等による識別タイミングの劣化に対する余裕を表す．したがって，アイ開口率が小さくなると，符号誤り率が　C　なる．

	A	B	C
1	信号	ドット	小さく
2	信号	クロック	小さく
3	雑音	ドット	大きく
4	雑音	ドット	小さく
5	雑音	クロック	大きく

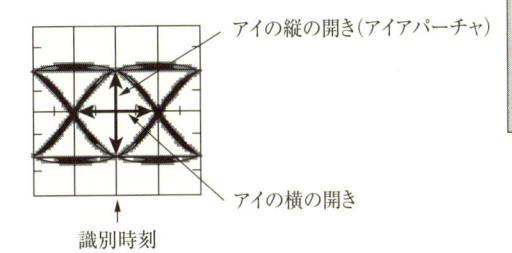

📖 解説 ➡ 問196

有能信号入力電力を S_i〔dBm〕,有能雑音入力電力を $N_i = -100$〔dBm〕,有能信号出力電力を S_o〔dBm〕,有能雑音出力電力を $N_o = -25$〔dBm〕,被測定部の有能利得を $G = S_o - S_i = 70$〔dB〕とすると,雑音指数 F_{dB}〔dB〕は次式で表される.

$$F_{dB} = (S_i - N_i) - (S_o - N_o)$$
$$= -G - N_i + N_o$$
$$= -70 - (-100) + (-25)$$
$$= 5 \text{〔dB〕}$$

> dBの計算は( )を使って,マイナス符号に注意する

📖 解説 ➡ 問197

電力密度 $P_d = 2.5 \times 10^{-11}$〔W/Hz〕の雑音を,周波数帯域幅 $B = 400$〔kHz〕$= 400 \times 10^3$〔Hz〕の理想矩形フィルタを持つスペクトルアナライザで測定したときの全電力 P〔W〕は,

$$P = P_d B$$
$$= 2.5 \times 10^{-11} \times 400 \times 10^3$$
$$= 10 \times 10^{5-11} = 10^{-5} \text{〔W〕} = 10^{-2} \text{〔mW〕} \quad \cdots\cdots (1)$$

式(1)を dBm で表すと,

$$P_{dB} = 10 \log_{10}(10^{-2})$$
$$= -20 \text{〔dBm〕}$$

解答 問196➡5 問197➡2 問198➡5

問 199

次の記述は，図に示すデジタル通信回線のビット誤り率（BER）測定系の構成例において，被測定系の変調器と復調器が離れて設置されている場合の測定法について述べたものである．　　　内に入れるべき字句を下の番号から選べ．

(1) 測定系送信部は，クロックパルス発生器からのパルスにより制御されたパルスパターン発生器の出力を，被測定系の変調器に加える．測定に用いるパルスパターンとしては，実際のデジタル信号が通過する変調器，　ア　および復調器の応答特性が伝送周波数帯全域で測定でき，かつ遠隔地でも再現可能なように　イ　パターンを用いる．

(2) 測定系受信部は，測定系送信部と同じパルスパターン発生器を持ち，被測定系の復調器出力の　ウ　から抽出したクロックパルスおよびフレームパルスと　エ　パルス列を出力する．誤りパルス検出器は，このパルス列と被測定系の再生器出力のパルス列とを比較し，各パルスの極性の　オ　を検出して計数器に送り，ビット誤り率を測定する．

1	パルスパターン発生器	2	擬似ランダム	3	受信パルス列
4	非同期の	5	有無	6	伝送路	7	ランダム
8	副搬送波	9	同期した	10	一致または不一致

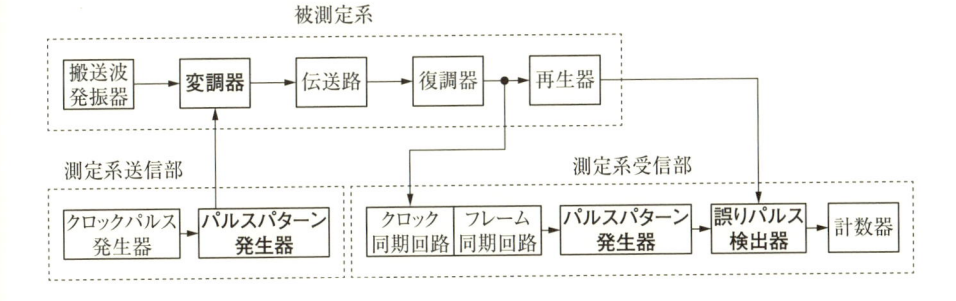

注：**太字**は，ほかの試験問題で穴あきになった用語を示す．

問題

問 200 解説あり！

次の記述は，電界 E〔V/m〕と磁界 H〔A/m〕に関するマクスウェルの方程式について述べたものである．　　内に入れるべき字句の正しい組合せを下の番号から選べ．ただし，媒質の誘電率を ε〔F/m〕，媒質の透磁率を μ〔H/m〕および媒質の導電率を σ〔S/m〕とする．なお，同じ記号の　　内には，同じ字句が入るものとする．

(1) E と H に関するマクスウェルの方程式は，次式で表される．

$$\mathrm{rot}H = \sigma E + \varepsilon \frac{\partial E}{\partial t} \quad \cdots\cdots\cdots ①$$

$$\mathrm{rot}E = -\mu \frac{\partial H}{\partial t} \quad \cdots\cdots\cdots ②$$

(2) 式①の右辺は，第1項の導電流と，　A　と呼ばれている第2項からなる．第2項は，空間に流れる　A　が導電流と同様に磁界を発生することを表しているので，この式は，拡張した　B　の法則と呼ばれることがある．

(3) 式②は，コイルを貫く磁束が変化すると，コイルに電界が発生する物理現象を一般化して表現したものである．マクスウェルはコイルがない空間であっても，そこを貫く磁束が変化すると，その空間に電界が発生することを示したので，この式は，拡張した　C　の法則と呼ばれることがある．

	A	B	C
1	変位電流	ファラデー	アンペア
2	変位電流	アンペア	ファラデー
3	対流電流	アンペア	ファラデー
4	対流電流	ファラデー	アンペア
5	対流電流	エルステッド	ファラデー

解答　問199 → ア-6　イ-2　ウ-3　エ-9　オ-10

問 201

自由空間において，到来電波の電界強度が 3π 〔V/m〕であった．このときの磁界強度の値として，最も近いものを下の番号から選べ．ただし，電波は平面波とする．

1　1.5×10^{-2}〔A/m〕　　2　2.5×10^{-2}〔A/m〕　　3　3.0×10^{-2}〔A/m〕
4　3.5×10^{-2}〔A/m〕　　5　5.0×10^{-2}〔A/m〕

問 202

次の記述は，ポインチングベクトルについて述べたものである．このうち誤っているものを下の番号から選べ．

1　電磁エネルギーの流れを表すベクトルである．
2　大きさは，電界ベクトルと磁界ベクトルを2辺とする平行四辺形の面積に等しい．
3　電界ベクトルと磁界ベクトルの内積である．
4　電界ベクトルと磁界ベクトルのなす面に垂直で，電界ベクトルの方向から磁界ベクトルの方向に右ねじを回したときに，ねじの進む方向に向いている．
5　大きさは，自由空間における平面波の電力束密度を表す．

問 203

自由空間内に置かれた微小ダイポールによる静電界と放射電界の大きさが等しくなる距離の値として，最も近いものを下の番号から選べ．ただし，微小ダイポールによる任意の点Pの電界強度 E_θ は次式で与えられるものとする．この式で I〔A〕は放射電流，l〔m〕は微小ダイポールの長さ，λ〔m〕は波長，r〔m〕は微小ダイポールからの距離，θ〔rad〕は微小ダイポールの電流が流れる方向と微小ダイポールの中心から点Pを見た方向とがなす角度，ω〔rad/s〕は角周波数とする．また，周波数を10〔MHz〕とする．

$$E_\theta = \frac{j60\pi Il\sin\theta}{\lambda}\left(\frac{1}{r} - \frac{j\lambda}{2\pi r^2} - \frac{\lambda^2}{4\pi^2 r^3}\right)e^{j(\omega t - 2\pi r/\lambda)} \text{〔V/m〕}$$

1　1.2〔m〕　　2　4.8〔m〕　　3　9.6〔m〕　　4　19.2〔m〕　　5　28.8〔m〕

解説 → 問200

ベクトル演算で用いられる rot は，ベクトルの回転を表す．

解説 → 問201

電界強度 $E = 3\pi$ 〔V/m〕，空間の特性インピーダンス $Z_0 \fallingdotseq 120\pi$ 〔Ω〕より，磁界強度 H〔A/m〕は，

$$H = \frac{E}{Z_0}$$
$$\fallingdotseq \frac{3\pi}{120\pi} = \frac{1}{40}$$
$$= 2.5 \times 10^{-2} 〔\text{A/m}〕$$

電圧 V，電流 I と同じ関係
$$I = \frac{V}{Z}$$

解説 → 問202

電界ベクトル E と磁界ベクトル H の外積 ($E \times H$) がポインチングベクトルである．内積 ($E \cdot H$) はスカラだからベクトルにはならない．

解説 → 問203

周波数 $f = 10$〔MHz〕の電波の波長 λ〔m〕は，

$$\lambda = \frac{300}{f} = \frac{300}{10} = 30 〔\text{m}〕$$

問題の式において，r^3 に反比例する静電界と r に反比例する放射電界の大きさが等しくなる距離は，これらの項が等しいとおけば求めることができる．

$$\frac{1}{r} = \frac{\lambda^2}{4\pi^2 r^3}$$

$$r^2 = \frac{\lambda^2}{4\pi^2}$$

よって，

$$r = \frac{\lambda}{2\pi} \fallingdotseq 0.16 \times 30 = 4.8 〔\text{m}〕$$

$\lambda = \dfrac{3 \times 10^8}{f〔\text{Hz}〕}$
$= \dfrac{300}{f〔\text{MHz}〕}$

3×10^8〔m/s〕は真空中の電波の速度

$e^{j\omega t}$ は高周波電流の瞬時値を表す
$\dfrac{1}{2\pi} \fallingdotseq 0.159 \fallingdotseq 0.16$
を覚えておくと計算が楽

解答 問200→2　問201→2　問202→3　問203→2

問 204

次の記述は，電波の平面波と球面波について述べたものである．このうち誤っているものを下の番号から選べ．

1 電波の進行方向に直交する平面内で，一様な電界と磁界を持つ電波を平面波という．
2 等方性アンテナからは球面波が放射される．
3 ホーンアンテナから放射された電波は，その開口面の近傍ではほぼ球面波で近似することができる．
4 アンテナから放射された電波は，アンテナから十分離れた距離においては平面波とみなすことができる．
5 平面波と球面波は，いずれも縦波であり，光波と同じ速さで進む．

問 205

次の記述は，アンテナ素子の太さが無視できる半波長ダイポールアンテナの入力インピーダンスについて述べたものである．　　　内に入れるべき字句の正しい組合せを下の番号から選べ．

(1) 入力インピーダンスの抵抗分は約73〔Ω〕，リアクタンス分は約　A　である．
(2) アンテナ素子の長さを変化させたときの抵抗分の変化量は，リアクタンス分の変化量より　B　．
(3) アンテナ素子の長さを半波長より少し　C　すると，リアクタンス分を零にすることができる．

	A	B	C
1	43〔Ω〕	多い	長く
2	43〔Ω〕	少ない	短く
3	23〔Ω〕	少ない	短く
4	23〔Ω〕	多い	長く
5	23〔Ω〕	多い	短く

問 206

次の記述は，自由空間内におけるアンテナの放射電界強度の計算式の誘導について述べたものである．____内に入れるべき字句を下の番号から選べ．ただし，アンテナ等の損失はないものとする．

(1) 等方性アンテナの放射電力を P_0〔W〕，アンテナから距離 d〔m〕離れた点における電界強度を E_0〔V/m〕とすると，この点の ア 〔W/m²〕は，次式で表される．

$$W = \frac{P_0}{4\pi d^2} = \boxed{\text{イ}} \text{〔W/m}^2\text{〕}$$

上式から，E_0 は，次式で表される．

$E_0 = \boxed{\text{ウ}}$〔V/m〕

(2) 等方性アンテナおよび任意のアンテナに，それぞれ電力 P_0〔W〕および P〔W〕を入力したとき，両アンテナから十分離れた同一地点における両電波の電界強度が等しければ，任意のアンテナの絶対利得 G (真数) は，次式で与えられる．

$G = \boxed{\text{エ}}$

(3) したがって，絶対利得 G の任意のアンテナに電力 P〔W〕を入力したとき，このアンテナから距離 d〔m〕離れた点における電界強度 E〔V/m〕は，次式で表される．

$$E = \frac{\boxed{\text{オ}}}{d} \text{〔V/m〕}$$

| 1 | ポインチング電力 | 2 | $\dfrac{E_0{}^2}{120\pi}$ | 3 | $\dfrac{2\sqrt{30P_0}}{d}$ | 4 | $\dfrac{P_0}{P}$ | 5 | $2\sqrt{30GP}$ |
| 6 | 有効電力 | 7 | $\dfrac{E_0{}^2}{60\pi}$ | 8 | $\dfrac{\sqrt{30P_0}}{d}$ | 9 | $\dfrac{P}{P_0}$ | 10 | $\sqrt{30GP}$ |

解答 問204 → 5　問205 → 2

ミニ解説
問204　平面波と球面波は，いずれも進行方向に対して電界と磁界が直交するので横波である．
問205　半波長ダイポールアンテナの入力インピーダンスは，73.13+j42.55〔Ω〕

問 207

次の記述は，自由空間における半波長ダイポールアンテナの絶対利得を求める過程について述べたものである．☐内に入れるべき字句を下の番号から選べ．なお，同じ記号の☐内には，同じ字句が入るものとする．

(1) 等方性アンテナから電力 P_s〔W〕を送信したとき，遠方の距離 d〔m〕離れた点 P における電界強度 E_s は，次式で表される．

$$E_s = \boxed{\text{ア}} \text{〔V/m〕} \quad \cdots\cdots\cdots\cdots ①$$

(2) 半波長ダイポールアンテナに振幅が I_0〔A〕の正弦波状の給電電流を加えたとき，最大放射方向の遠方の距離 d〔m〕離れた点 P における電界強度 E_h は，次式で表される．

$$E_h = \frac{60 I_0}{d} \text{〔V/m〕} \quad \cdots\cdots\cdots\cdots ②$$

半波長ダイポールアンテナの放射抵抗は，約 $\boxed{\text{イ}}$〔Ω〕であるので，このアンテナに I_0 を加えたときに放射される電力 P_h は，次式で表される．

$$P_h = \boxed{\text{イ}} \times I_0^{\,2} \text{〔W〕} \quad \cdots\cdots\cdots\cdots ③$$

式③より求めた I_0 を式②へ代入すると，E_h は，次式となる．

$$E_h = \boxed{\text{ウ}} \text{〔V/m〕} \quad \cdots\cdots\cdots\cdots ④$$

(3) 半波長ダイポールアンテナが無損失であれば，このアンテナの絶対利得 G_0（真数）は，点 P において $E_s = \boxed{\text{エ}}$ となるときの P_s と P_h の比であり，式①と④から，次式で表される．

$$G_0 = \frac{P_s}{P_h} \fallingdotseq \boxed{\text{オ}}$$

| 1 | $\dfrac{\sqrt{30 P_s}}{d}$ | 2 | 73 | 3 | $\dfrac{60\sqrt{P_h}}{d\sqrt{73}}$ | 4 | $\sqrt{E_h}$ | 5 | 2.15 |
| 6 | $\dfrac{7\sqrt{P_s}}{d}$ | 7 | 60 | 8 | $\dfrac{\sqrt{60 P_h}}{d}$ | 9 | E_h | 10 | 1.64 |

問題

問 208

次の記述は，アンテナの指向性について述べたものである．□内に入れるべき字句の正しい組合せを下の番号から選べ．

(1) アンテナからの電波が放射されるとき，またはアンテナに電圧が誘起されるときの電波の方向に関する特性であり，アンテナからの距離に A 指向性係数によって表される．

(2) 送信アンテナと受信アンテナとの間に B が成り立つ場合は，同一のアンテナを送信に用いたときの指向性と受信に用いたときの指向性は等しい．

(3) 一般に，放射 C 強度のパターンか，または放射電力束密度のパターンで表される．

	A	B	C
1	関係しない	可逆性	電界
2	関係しない	補対の関係	磁界
3	反比例する	可逆性	磁界
4	反比例する	補対の関係	磁界
5	反比例する	可逆性	電界

解答
問206 → ア-1 イ-2 ウ-8 エ-4 オ-10
問207 → ア-1 イ-2 ウ-3 エ-9 オ-10

ミニ解説
問206 自由空間の固有インピーダンス $Z_0 \fallingdotseq 120\pi$ 〔Ω〕
問207 $\dfrac{60^2}{73} \fallingdotseq 7^2$, $\dfrac{7^2}{30} \fallingdotseq 1.64$

問題

問 209

次の記述は，円形の開口面アンテナの利得とビームの電力半値幅について述べたものである．　　　内に入れるべき字句の正しい組合せを下の番号から選べ．ただし，開口面の直径は波長に比べて大きく，波長および開口効率は一定であり，アンテナの損失はなく，開口面上の電磁界分布は一様であるものとする．

(1) 利得は，開口面の直径が　A　ほど大きくなる．
(2) ビームの電力半値幅は，電界強度が最大放射方向の値の　B　になる二つの方向にさはまれる角度の幅であり，開口前の直径が大きいほど小さくなる．
(3) 利得は，ビームの電力半値幅が小さいほど　C　なる．

	A	B	C
1	大きい	$1/\sqrt{2}$	大きく
2	大きい	$1/2$	小さく
3	大きい	$1/2$	大きく
4	小さい	$1/\sqrt{2}$	大きく
5	小さい	$1/2$	小さく

問 210

図に示す電界強度の放射パターンを持つアンテナの前後（FB）比の値として，正しいものを下の番号から選べ．ただし，メインローブAの大きさを0〔dB〕としたとき，B，C，D，EおよびFの各サイドローブの大きさをそれぞれ-34〔dB〕，-28〔dB〕，-40〔dB〕，-30〔dB〕および-32〔dB〕とし，また，角度θ_1，θ_2，θ_3およびθ_4をそれぞれ$60°$，$62°$，$43°$および$56°$とする．

1　30〔dB〕
2　28〔dB〕
3　22〔dB〕
4　20〔dB〕
5　18〔dB〕

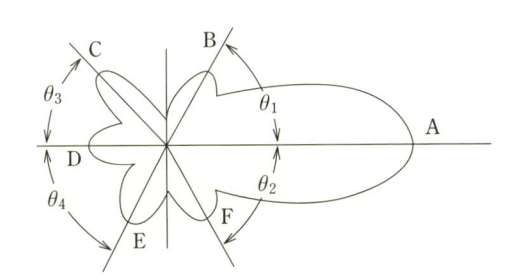

問題

問 211

絶対利得が13〔dB〕のアンテナの指向性利得の値として，最も近いものを下の番号から選べ．ただし，アンテナの放射効率を0.8とする．

1 14〔dB〕   2 19〔dB〕   3 25〔dB〕   4 30〔dB〕   5 35〔dB〕

問 212

開口面積が3〔m^2〕のパラボラアンテナを周波数6〔GHz〕で使用したとき，絶対利得40〔dB〕が得られた．このときのこのアンテナの開口効率の値として，最も近いものを下の番号から選べ．

1 0.60   2 0.66   3 0.72   4 0.76   5 0.80

問 213

周波数10〔GHz〕で絶対利得2,160（真数）を得るために必要とするパラボラアンテナの直径の値として，最も近いものを下の番号から選べ．ただし，アンテナの開口効率を0.6とする．

1 0.6〔m〕   2 1.0〔m〕   3 1.5〔m〕   4 2.0〔m〕   5 2.5〔m〕

解答 問208→1   問209→1   問210→2

ミニ解説

問209 アンテナの利得は，特定の方向に強く電波を放射する指向性があることによって生じる．ビーム電力半値幅が小さいほど利得は大きい．

問210 主ローブの値と，最大放射方向から180°±60°の範囲にある最も大きい副ローブの値との比を前後比（FB比）という．図のCだから，$A_{dB} - C_{dB} = 0 - (-28) = 28$〔dB〕

問 214

次の記述は，アンテナの利得について述べたものである．このうち誤っているものを下の番号から選べ．

1　相対利得は，一般に，基準アンテナとして半波長ダイポールアンテナを用いて表される．
2　指向性利得は，全方向への平均の電力束密度 p_m 〔W/m^2〕と特定方向への電力束密度 p_s 〔W/m^2〕との比 p_m/p_s で表される．
3　等方性アンテナの指向性利得（真数）は，1である．
4　アンテナの利得 G（真数）は，そのアンテナの指向性利得を G_d（真数），基準アンテナの指向性利得を G_0（真数）および放射効率を η とすれば，$G = \eta G_d/G_0$ で表される．
5　アンテナの動作利得は，アンテナが給電回路と整合しているときの利得と不整合のときの反射損を用いて表される．

問 215

次の記述は，アンテナの利得について述べたものである．　　　内に入れるべき字句の正しい組合せを下の番号から選べ．

(1) 基準アンテナの実効面積を A_{es} 〔m^2〕とすると，実効面積が A_e 〔m^2〕のアンテナの利得は，　A　で表される．
(2) 等方性アンテナに対する利得を　B　利得という．
(3) 半波長ダイポールアンテナの絶対利得は，約　C　〔dB〕である．

	A	B	C
1	A_e/A_{es}	絶対	2.15
2	A_e/A_{es}	相対	1.64
3	A_e/A_{es}	絶対	1.64
4	A_{es}/A_e	絶対	2.15
5	A_{es}/A_e	相対	1.64

解説 ➡ 問211

放射効率 $\eta = 0.8$ をデシベル η_{dB} で表すと,

$$\eta_{dB} = 10 \log_{10} 0.8 = 10 \log_{10} \frac{8}{10}$$

$$= 10 \log_{10} 2^3 - 10 \log_{10} 10 \fallingdotseq 9 - 10 = -1 \,[\text{dB}]$$

$\log_{10} 2 \fallingdotseq 0.3$

絶対利得 $G_{IdB} = 13 \,[\text{dB}]$ の指向性利得 $G_{DdB} \,[\text{dB}]$ は,

$$G_{DdB} = G_{IdB} - \eta_{dB}$$
$$= 13 - (-1) = 14 \,[\text{dB}]$$

絶対利得 $G_I <$ 指向性利得 G_D

解説 ➡ 問212

周波数 $f = 6 \,[\text{GHz}] = 6,000 \,[\text{MHz}]$ の電波の波長 $\lambda \,[\text{m}]$ は,

$$\lambda = \frac{300}{f} = \frac{300}{6,000} = 5 \times 10^{-2} \,[\text{m}]$$

開口面積 $A = 3 \,[\text{m}^2]$, 開口効率が η のとき, 絶対利得 G_I は,

$$G_I = \frac{4\pi}{\lambda^2} \eta A$$

絶対利得 $G_{IdB} = 40 \,[\text{dB}]$ の真数は, $G_I = 10^4$ だから, 開口効率 η を求めると,

$$\eta = \frac{\lambda^2 G_I}{4\pi A} = \frac{(5 \times 10^{-2})^2 \times 10^4}{4\pi \times 3} = \frac{25}{12\pi} \fallingdotseq 0.66$$

解説 ➡ 問213

周波数 $f = 10 \,[\text{GHz}] = 10,000 \,[\text{MHz}]$ の電波の波長 $\lambda \,[\text{m}]$ は,

$$\lambda = \frac{300}{f} = \frac{300}{10,000} = 3 \times 10^{-2} \,[\text{m}]$$

開口面積 $A \,[\text{m}^2]$, 開口効率 η, 開口面の直径が $D \,[\text{m}]$ のアンテナの絶対利得 G_I は,

$$G_I = \frac{4\pi}{\lambda^2} \eta A = \eta \frac{4\pi}{\lambda^2} \pi \left(\frac{D}{2}\right)^2 = \eta \frac{\pi^2 D^2}{\lambda^2}$$

開口面の直径 D を求めると,

$$D = \frac{\lambda}{\pi} \sqrt{\frac{G_I}{\eta}} = \frac{3 \times 10^{-2}}{3.14} \sqrt{\frac{2,160}{0.6}} = \frac{3 \times 10^{-2} \times \sqrt{3,600}}{3.14} \fallingdotseq \frac{3 \times 0.6}{3.14} \fallingdotseq 0.6 \,[\text{m}]$$

解説 ➡ 問214

P_s/P_m で表される.

解答 問211➡1 問212➡2 問213➡1 問214➡2 問215➡1

問 216

次の記述は，微小ダイポールの実効面積について述べたものである．　　　内に入れるべき字句を下の番号から選べ．ただし，波長をλ〔m〕とし，長さl〔m〕の微小ダイポールの放射抵抗R_rは，次式で表されるものとする．

$$R_r = 80\left(\frac{\pi l}{\lambda}\right)^2 \ \text{〔Ω〕}$$

(1) 微小ダイポールの実効面積A_eは，受信有能電力をP_a〔W〕，到来電波の電力束密度をp〔W/m²〕とすれば，次式で与えられる．

$$A_e = \boxed{\text{ア}} \ \text{〔m²〕} \quad \cdots\cdots\cdots ①$$

(2) P_aは，アンテナの誘起電圧V_a〔V〕およびR_rを用いて，次式で与えられる．

$$P_a = \boxed{\text{イ}} \ \text{〔W〕} \quad \cdots\cdots\cdots ②$$

(3) V_aは，到来電波の電界強度E〔V/m〕とl〔m〕から，次式で表される．

$$V_a = \boxed{\text{ウ}} \ \text{〔V〕} \quad \cdots\cdots\cdots ③$$

(4) pは，Eと自由空間の固有インピーダンスから，次式で与えられる．

$$p = \boxed{\text{エ}} \ \text{〔W/m²〕} \quad \cdots\cdots\cdots ④$$

(5) 式①，②，③，④より，A_eは次式で表される．

$$A_e = \boxed{\text{オ}} \times \frac{\lambda^2}{\pi} \ \text{〔m²〕}$$

1　$\dfrac{p}{P_a}$　　2　$\dfrac{V_a^2}{4R_r}$　　3　$2El$　　4　$\dfrac{E^2}{120\pi}$　　5　$\dfrac{3}{8}$

6　$\dfrac{P_a}{p}$　　7　$\dfrac{V_a^2}{2R_r}$　　8　El　　9　$120\pi E^2$　　10　$\dfrac{8}{3}$

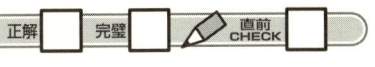

問 217

放射効率が0.8のアンテナで生ずる損失電力が1〔W〕であるとき，このアンテナから放射される電力の値として，正しいものを下の番号から選べ．

1　2〔W〕
2　4〔W〕
3　6〔W〕
4　8〔W〕
5　10〔W〕

解説 → 問216

有能電力は，受信機の入力インピーダンスが放射抵抗 R_r と等しいときである．そのとき，受信機入力電圧は，$\dfrac{V_a}{2}$〔V〕となるので，$P_a = \dfrac{V_a{}^2}{4R_r}$〔W〕で表される．（ イ の答）

自由空間の固有インピーダンス $Z_0 \doteq 120\pi$〔Ω〕だから，電力密度 p〔W/m²〕は，

$$p = \frac{E^2}{Z_0} = \frac{E^2}{120\pi} \text{〔W/m}^2\text{〕} \quad (\boxed{\text{エ}} \text{の答})$$

実効面積 A_e〔m²〕は，

> 電圧 V, 抵抗 R, 電力 P は，
> $$P = \frac{V^2}{R}$$

$$A_e = \frac{P_a}{p} = \frac{\dfrac{E^2 l^2}{4R_r}}{\dfrac{E^2}{120\pi}} = 30\pi l^2 \times \frac{\lambda^2}{80\pi^2 l^2} = \frac{3}{8} \times \frac{\lambda^2}{\pi} \text{〔m}^2\text{〕} \quad (\boxed{\text{オ}} \text{の答})$$

解説 → 問217

アンテナに損失があるときに，放射電力と供給電力の比を放射効率という．アンテナに供給する電力を P_I〔W〕，放射電力を P〔W〕，放射効率を η とすると，次式の関係がある．

$$P = \eta P_I \text{〔W〕} \quad \cdots\cdots (1)$$

供給する電力と放射電力の差が損失電力 P_L〔W〕となるので，

$$P_L = P_I - P \text{〔W〕} \quad \cdots\cdots (2)$$

式(2)に式(1)を代入すると，

$$P_L = \frac{P}{\eta} - P$$

$$P_L = \left(\frac{1}{\eta} - 1\right) P \text{〔W〕}$$

よって，

$$P = \frac{P_L}{\dfrac{1}{\eta} - 1} = \frac{1}{\dfrac{1}{0.8} - 1}$$

$$= \frac{0.8}{1 - 0.8} = 4 \text{〔W〕}$$

> 損失となる比率が $1 - 0.8 = 0.2$ だから，供給電力は，
> $$\frac{1}{0.2} = 5 \text{〔W〕}$$
> となるので，供給電力から損失電力を引けば，放射電力は，
> $5 - 1 = 4$〔W〕
> であると求めることもできる

解答 問216→ア-6 イ-2 ウ-8 エ-4 オ-5　問217→2

問 218

自由空間において、相対利得10〔dB〕のアンテナで電波を放射したとき、最大放射方向の80〔km〕離れた点における電界強度が7〔mV/m〕であった。このときの供給電力の値として、最も近いものを下の番号から選べ。

1　160〔W〕　　2　360〔W〕　　3　480〔W〕　　4　640〔W〕　　5　800〔W〕

問 219

周波数が600〔kHz〕、電界強度が5〔mV/m〕のとき、直径20〔cm〕、巻数10の円形ループアンテナに誘起する電圧の値として、最も近いものを下の番号から選べ。ただし、円形ループアンテナの面と電波の到来方向とのなす角度は60度とする。

1　10〔μV〕　　2　20〔μV〕　　3　30〔μV〕　　4　40〔μV〕　　5　50〔μV〕

問 220

周波数10〔MHz〕用の半波長ダイポールアンテナの実効面積の値として、最も近いものを下の番号から選べ。

1　45〔m^2〕　　2　58〔m^2〕　　3　77〔m^2〕　　4　95〔m^2〕　　5　117〔m^2〕

解説 → 問218

相対利得 $G_{dB} = 10$ [dB] の真数を G とすると，

$G_{dB} = 10 \log_{10} G$

$10 = 10 \log_{10} G$　　より，$G = 10$

放射電力が P [W] のとき，距離 $d = 80$ [km] $= 80 \times 10^3$ [m] 離れた点の電界強度 $E = 7$ [mV/m] $= 7 \times 10^{-3}$ [V/m] は，

$$E = \frac{7\sqrt{GP}}{d}$$

より，P を求めると，

$7\sqrt{10P} = 7 \times 10^{-3} \times 80 \times 10^3$

$\sqrt{10P} = 80$

よって，　　$P = 640$ [W]

> 選択肢の答は $\sqrt{\ }$ が開くようになっている場合が多いので，$\sqrt{\ }$ のまま計算する

解説 → 問219

周波数 $f = 600$ [kHz] $= 0.6$ [MHz] の電波の波長 λ [m] は，

$$\lambda = \frac{300}{f} = \frac{300}{0.6} = 500 \text{ [m]}$$

直径が $D = 20$ [cm] $= 0.2$ [m] の円形ループの面積 A [m^2] は，

$$A = \pi \times \left(\frac{D}{2}\right)^2 = \pi \times \left(\frac{0.2}{2}\right)^2 = \pi \times 10^{-2} \text{ [m}^2\text{]}$$

電界強度 $E = 5$ [mV/m] $= 5 \times 10^{-3}$ [V/m]，ループ面と電波の到来方向とのなす角度 $\theta = 60°$，巻数 $N = 10$ 回のループアンテナに誘起される起電力 e [V] は，

$$e = \frac{2\pi NA}{\lambda} E \cos\theta = \frac{2\pi \times 10 \times \pi \times 10^{-2}}{500} \times 5 \times 10^{-3} \times \frac{1}{2}$$

$= \pi^2 \times 10^{-6}$ [V] $\fallingdotseq 10$ [μV]

> 面積の π を残して計算する
> $\pi^2 \fallingdotseq 10$ を使うと計算が楽

解説 → 問220

周波数 $f = 10$ [MHz] の電波の波長 λ [m] は，

$$\lambda \fallingdotseq \frac{300}{f} = \frac{300}{10} = 30 \text{ [m]}$$

半波長ダイポールアンテナの実効面積 A_e [m^2] は，

$A_e \fallingdotseq 0.13\lambda^2 = 0.13 \times 30^2 = 117$ [m^2]

> 等方性アンテナの実効面積 × 半波長ダイポールの絶対利得
> $A_e = \frac{\lambda^2}{4\pi} \times 1.64 \fallingdotseq 0.13\lambda^2$

解答　問218→4　　問219→1　　問220→5

問題

問 221

自由空間において，周波数150〔MHz〕，電界強度5〔mV/m〕の到来電波の中に置かれた半波長ダイポールアンテナに誘起する電圧の値として，最も近いものを下の番号から選べ．ただし，半波長ダイポールアンテナの最大指向方向は，到来電波の方向に向けられているものとする．また，波長をλ〔m〕とすれば，半波長ダイポールアンテナの実効長は，λ/π〔m〕である．

1　3.2〔mV〕　　2　6.4〔mV〕　　3　9.6〔mV〕　　4　12.0〔mV〕　　5　14.4〔mV〕

問 222

自由空間において，到来電波の方向に最大感度方向が向けられた半波長ダイポールアンテナの受信有能電力が10^{-3}〔mW〕であるとき，到来電波の電界強度の値として，最も近いものを下の番号から選べ．ただし，到来電波の周波数を150〔MHz〕とし，$\sqrt{73} \fallingdotseq 8.54$とする．

1　3〔mV/m〕　　2　6〔mV/m〕　　3　11〔mV/m〕
4　21〔mV/m〕　　5　27〔mV/m〕

問 223

次の記述は，各種アンテナについて述べたものである．このうち正しいものを1，誤っているものを2として解答せよ．

ア　逆L形アンテナやT形アンテナの頂部負荷は，大地との間の静電容量を高め，実効高をあまり減少させないで，アンテナの実際の高さを低くする効果がある．

イ　ホイップアンテナの指向性は，水平面，垂直面とも全方向性である．

ウ　ブラウンアンテナは，同軸ケーブルの中心導線の先端にまっすぐに1/2波長の導線を接続するとともに，同軸ケーブルの外部導体に2〜4本の1/2波長の導線からなる地線を接続したアンテナである．

エ　スリーブアンテナは，同軸ケーブルの中心導線の先端にまっすぐに1/4波長の導線を接続したアンテナであり，1/4波長接地アンテナと等価な働きをする．

オ　カセグレンアンテナは，副反射鏡の二つの焦点の一方と主反射鏡の焦点を一致させ，他方の焦点と1次放射器の励振点とを一致させてある．

解説 → 問221

周波数 $f=150$ [MHz] の電波の波長 λ [m] は，

$$\lambda = \frac{300}{f} = \frac{300}{150} = 2 \text{ [m]}$$

電波の電界強度が $E=5$ [mV/m] $=5 \times 10^{-3}$ [V/m] のとき，実効長が $l_e = \lambda/\pi$ [m] の半波長ダイポールアンテナに誘起する電圧 V [V] は，

$$V = El_e = \frac{E\lambda}{\pi} \fallingdotseq 0.32 \times 5 \times 10^{-3} \times 2$$

$$\fallingdotseq 3.2 \times 10^{-3} \text{ [V/m]} = 3.2 \text{ [mV/m]}$$

$\frac{1}{\pi} \fallingdotseq 0.318 \fallingdotseq 0.32$

解説 → 問222

周波数 $f=150$ [MHz] の電波の波長 λ [m] は，

$$\lambda = \frac{300}{f} = \frac{300}{150} = 2 \text{ [m]}$$

電波の電界強度が E [V/m] のとき，実効長が $l_e = \lambda/\pi$ [m]，放射抵抗 $R_R = 73$ [Ω] の半波長ダイポールアンテナの受信有能電力 $P_m = 10^{-3}$ [mW] $= 10^{-6}$ [W] は，

$$P_m = \frac{(El_e)^2}{4R_R} = \frac{E^2 \lambda^2}{4R_R \pi^2}$$

電界強度 E を求めると，

$$E = \frac{2 \times \pi \times \sqrt{R_R P_m}}{\lambda} = \frac{2 \times 3.14 \times \sqrt{73 \times 10^{-6}}}{2}$$

$$\fallingdotseq 3.14 \times 8.54 \times 10^{-3} \fallingdotseq 27 \times 10^{-3} \text{ [V/m]} = 27 \text{ [mV/m]}$$

解説 → 問223

誤っている選択肢は，次のようになる．
イ　垂直面指向性は，8の字形に近い指向性である．
ウ　中心導線と外部導体に接続する導線の長さは1/4波長である．
エ　中心導線の先端にまっすぐに1/4波長の導線を接続するとともに，外部導体に1/4波長の円筒導体をかぶせて接続したアンテナであり，垂直半波長ダイポールアンテナと等価な働きをする．

解答　問221→1　　問222→5　　問223→ア-1　イ-2　ウ-2　エ-2　オ-1

問題

問 224

送受信点間の距離が100〔km〕のとき，周波数75〔MHz〕の電波の自由空間基本伝送損（真数）の値として，最も近いものを下の番号から選べ．

1　9.9×10^7　　2　2.5×10^8　　3　3.1×10^9
4　9.9×10^{10}　　5　2.5×10^{11}

問 225

距離25〔km〕のマイクロ波固定通信回路において，周波数が12〔GHz〕で送信機出力が36〔dBm〕のときの受信機入力の値として，最も近いものを下の番号から選べ．ただし，送信および受信アンテナの絶対利得をそれぞれ40〔dB〕および50〔dB〕，送信側および受信側の給電回路の損失をそれぞれ5〔dB〕および6〔dB〕とし，大地および伝搬路周辺の反射物体からの影響はないものとする．また，1〔mW〕を0〔dBm〕，$\log_{10}2 = 0.3$，$\log_{10}\pi = 0.5$とする．

1　-35〔dBm〕
2　-30〔dBm〕
3　-27〔dBm〕
4　-16〔dBm〕
5　　2〔dBm〕

問 226

次の記述は，各種アンテナの特徴について述べたものである．このうち正しいものを下の番号から選べ．

1　八木アンテナは，利得を上げるために，導波素子と反射素子が放射素子の前後に1/2波長間隔でそれぞれ複数個使われる．
2　対数周期ダイポールアレーアンテナは，ダイポールアンテナに比べて狭帯域なアンテナである．
3　高さが同じ垂直接地アンテナと逆L形接地アンテナの実効高は同じである．
4　カセグレンアンテナの指向性利得は，同じ開口面積を持つパラボラアンテナの指向性利得より大きい．
5　ホーンアンテナから放射される電波は，開口面近傍ではほぼ球面波とみなすことができる．

解説 → 問224

周波数 $f=75$〔MHz〕の電波の波長 λ〔m〕は,

$$\lambda \fallingdotseq \frac{300}{f} = \frac{300}{75} = 4 \text{〔m〕}$$

送受信点間の距離 $d=100$〔km〕$=10^5$〔m〕の自由空間基本伝送損失 Γ は,

$$\Gamma = \left(\frac{4\pi d}{\lambda}\right)^2 = \left(\frac{4\pi \times 10^5}{4}\right)^2$$
$$= \pi^2 \times 10^{10} \fallingdotseq 9.9 \times 10^{10}$$

$\pi^2 \fallingdotseq 9.9 \fallingdotseq 10$

解説 → 問225

周波数 $f=12$〔GHz〕$=12,000$〔MHz〕の電波の波長 λ〔m〕は,

$$\lambda \fallingdotseq \frac{300}{f} = \frac{300}{12,000} = \frac{1}{4} \times 10^{-1} \text{〔m〕}$$

送受信点間の距離 $d=25$〔km〕$=25 \times 10^3$〔m〕の自由空間基本伝送損失 Γ_{dB}〔dB〕は,

$$\Gamma_{\mathrm{dB}} = 10 \log_{10}\left(\frac{4\pi d}{\lambda}\right)^2 = 20 \log_{10}\left(\frac{4\pi d}{\lambda}\right)$$

$$= 20 \log_{10}\left(\frac{4\pi \times 25 \times 10^3}{\frac{1}{4} \times 10^{-1}}\right)$$

$$= 20 \log_{10} 2^2 + 20 \log_{10} \pi + 20 \log_{10} 10^{5-(-1)}$$
$$\fallingdotseq 20 \times 2 \times 0.3 + 20 \times 0.5 + 20 \times 6 = 12 + 10 + 120 = 142 \text{〔dB〕}$$

送信機出力 $P_T=36$〔dBm〕,送信および受信アンテナ利得 $G_T=40$〔dB〕,$G_R=50$〔dB〕,送信および受信給回路の損失 $L_T=5$〔dB〕,$L_R=6$〔dB〕より,受信電力 P_R〔dBm〕は,

$$P_R = P_T + G_T - L_T - \Gamma_{\mathrm{dB}} + G_R - L_R$$
$$= 36 + 40 - 5 - 142 + 50 - 6 = -27 \text{〔dBm〕}$$

解説 → 問226

誤っている選択肢は,次のようになる.
1 導波素子は複数個,反射素子は1個,間隔は1/8〜1/4波長である.
2 対数周期ダイポールアレーアンテナは広帯域なアンテナである.
3 逆L形接地アンテナの実効高の方が大きい.
4 カセグレンアンテナとパラボラアンテナの指向性利得はほぼ等しい.

解答 問224→4　問225→3　問226→5

問 227

次の記述は，図に示す素子の太さが同じ折返し半波長ダイポールアンテナについて述べたものである．□内に入れるべき字句の正しい組合せを下の番号から選べ．

(1) 2本の素子に流れる電流の方向は，□A□である．
(2) 1本の素子の入力インピーダンスが約75〔Ω〕のとき，このアンテナの入力インピーダンスは，約□B□〔Ω〕である．
(3) 同一電波を受信したときの受信有能電力は，半波長ダイポールアンテナで受信したときの受信有能電力と□C□．

	A	B	C
1	同じ向き	300	ほぼ同一である
2	同じ向き	150	大きく異なる
3	同じ向き	150	ほぼ同一である
4	反対の向き	150	大きく異なる
5	反対の向き	300	ほぼ同一である

約λ/2
λ：波長

問 228

次の記述は，基本的な八木アンテナについて述べたものである．□内に入れるべき字句を下の番号から選べ．ただし，波長をλ〔m〕とする．

(1) 放射器として半波長ダイポールアンテナまたは□ア□が用いられ，反射器は1本，導波器は利得を上げるために複数本用いられることが多い．
(2) 3素子のときには，素子の長さは，□イ□が最も長く，**導波器**が最も短い．
(3) 放射器と反射器の間隔を□ウ□〔m〕程度にして用いる．
(4) 素子の太さを太くすると，帯域幅がやや□エ□なる．
(5) 放射される電波が水平偏波のとき，水平面内の指向性は□オ□である．

1 水平ビームアンテナ	2 反射器	3 λ/4	4 狭く	5 全方向性
6 折返し半波長ダイポールアンテナ		7 放射器	8 λ/2	9 広く
10 単一指向性				

注：**太字**は，ほかの試験問題で穴あきになった用語を示す．

問題

問 229

次の記述は，図に示す対数周期ダイポールアレーアンテナについて述べたものである．□内に入れるべき字句の正しい組合せを下の番号から選べ．

(1) 電気的特性が使用周波数の対数に対応して周期的に変化する　A　アンテナである．
(2) 隣り合う素子の長さの比　B　と隣り合う素子の頂点Oからの距離の比 x_n/x_{n+1} は等しい．
(3) 主放射の方向は矢印　C　の方向である．

	A	B	C
1	自己相似	l_n/l_{n+1}	イ
2	自己相似	l_{n+1}/l_n	イ
3	自己相似	l_n/l_{n+1}	ア
4	進行波	l_n/l_{n+1}	ア
5	進行波	l_{n+1}/l_n	イ

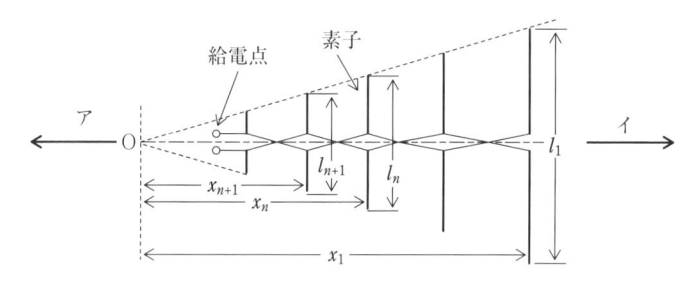

注：**太字**は，ほかの試験問題で穴あきになった用語を示す．

解答 問227→1　問228→ア-6　イ-2　ウ-3　エ-9　オ-10

ミニ解説
問227　太さが同じ素子を n 本用いた折返し半波長ダイポールアンテナの入力インピーダンス Z は，1本の素子のインピーダンスが Z_D のときは，$Z = n^2 Z_D ≒ 2^2 × 75 = 300$ 〔Ω〕

問題

問 230

次の記述は，波長に比べて直径が十分小さな受信用ループアンテナについて述べたものである．□内に入れるべき字句の正しい組合せを下の番号から選べ．ただし，ループの面は，大地に対して垂直とする．

(1) 最大感度の方向は，到来電波の方向がループ面に A ときである．
(2) 実効高は，ループの面積と巻数の積に B する．
(3) 水平面内の指向性は， C である．

	A	B	C
1	直角な	反比例	8字特性
2	直角な	比例	全方向性
3	一致した	比例	全方向性
4	一致した	比例	8字特性
5	一致した	反比例	全方向性

問 231

次の記述は，図に示すブラウンアンテナについて述べたものである．このうち誤っているものを下の番号から選べ．

1 放射素子と地線の長さは，共に約1/4波長である．
2 地線は，同軸ケーブルの外部導体に漏れ電流が流れ出すのを防ぐ働きをする．
3 地線は，同軸ケーブルの内部導体に接続されている．
4 入力インピーダンスは，地線の取付け角度によって変わる．
5 放射素子を大地に対して垂直に置いたとき，水平面内の指向性は，ほぼ全方向性である．

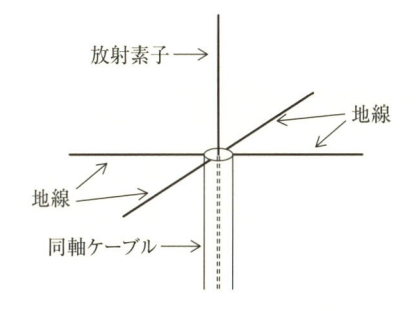

問題

問 232

次の記述は，移動体通信に用いられる板状逆F形アンテナについて述べたものである．□内に入れるべき字句の正しい組合せを下の番号から選べ．

(1) 小形のアンテナの一つとして，1/4波長モノポールアンテナがあるが，さらなる小形化や低姿勢化を図るために，1/4波長モノポールアンテナを□A□にして低くし，かつ，□B□したものが，逆F形アンテナである．

(2) この逆F形アンテナの素子を板状にして□C□を図ったものが，図に示す板状逆F形アンテナである．

	A	B	C
1	逆L形アンテナ	高利得化	狭帯域化
2	逆L形アンテナ	インピーダンス整合をしやすく	広帯域化
3	T形アンテナ	高利得化	狭帯域化
4	T形アンテナ	インピーダンス整合をしやすく	狭帯域化
5	T形アンテナ	高利得化	広帯域化

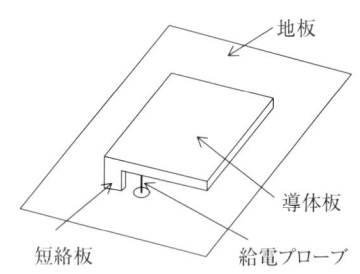

（図：地板，導体板，短絡板，給電プローブ）

解答 問229→3　問230→4　問231→3

ミニ解説

問230　到来電波の方向と磁界の方向は直角．ループ面を交差する磁界が最大のときに最大感度になるから，そのとき到来電波の方向とループ面は一致する．電界強度 E，ループ面と電波方向の角度 θ，面積 A，巻数 N，起電力 e は，$e = \dfrac{2\pi NA}{\lambda} E \cos\theta$

問231　地線は，同軸ケーブルの外部導体に接続されている．

問 233

次の記述は，図に示すコーナレフレクタアンテナについて述べたものである．☐☐内に入れるべき字句の正しい組合せを下の番号から選べ．ただし，波長を λ [m] とし，平面反射板または金属すだれは，電波を理想的に反射する大きさとする．

(1) 半波長ダイポールアンテナに平面反射板または金属すだれを組み合わせた構造であり，金属すだれは半波長ダイポールアンテナの放射素子に平行に導体棒を並べたもので，導体棒の間隔は平面反射板と等価な反射特性を得るために約 ☐A☐ 以下にする必要がある．

(2) 開き角は，60°または90°の場合が多く，半波長ダイポールアンテナとその影像の合計数は，60°では ☐B☐，90°では4個であり，これらの複数のアンテナの効果により，半波長ダイポールアンテナ単体の場合よりも鋭い指向性と大きな利得が得られる．

(3) アンテナパターンは，図に示す距離 d [m] によって大きく変わる．開き角が90°のとき，$d=\lambda$ では指向性が二つに割れて正面方向では零になり，$d=1.5\lambda$ では主ビームは鋭くなるがサイドローブを生ずる．一般に，☐C☐ となるように d を $\lambda/4 \sim 3\lambda/4$ の範囲で調整する．

	A	B	C
1	$\lambda/10$	6個	単一指向性
2	$\lambda/10$	8個	単一指向性
3	$\lambda/10$	8個	全方向性
4	$\lambda/4$	8個	全方向性
5	$\lambda/4$	6個	単一指向性

問 234

次の記述は，図に示す反射板付きの双ループアンテナについて述べたものである．□内に入れるべき字句を下の番号から選べ．

(1) 2ループを平行給電線で接続したものに反射板を組み合わせたアンテナで，ループの円周の長さは，それぞれ約 ア 波長である．
(2) 給電点は，一般に平行給電線の イ である．
(3) 2ループが大地に対して上下になるように置いたときの水平面内の指向性は， ウ の指向性とほぼ等しい．
(4) 利得を上げるために反射板内のループの数を上下方向に直列に増やすと，使用周波数範囲が エ なる．
(5) このアンテナを四角鉄塔の各面に取付けた場合，鉄塔の幅が波長に比べて狭いときは，水平面内の指向性はほぼ オ となる．

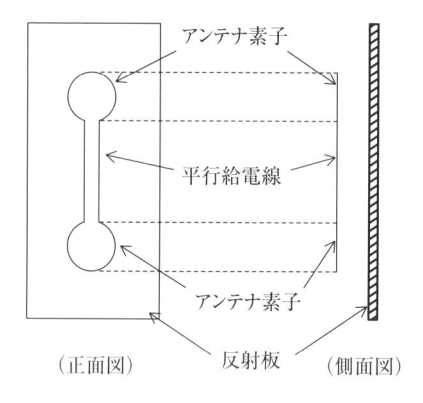

アンテナ素子
平行給電線
アンテナ素子
反射板
（正面図）（側面図）

1	中央	2	全方向性	3	1/2	4	微小ダイポール	5	広く
6	上端	7	双方向性	8	1	9	反射板付き4ダイポールアンテナ
10	狭く

解答 問232→2 問233→1

問題

問 235

次の記述は，図に示すホーンレフレクタアンテナについて述べたものである。　　　内に入れるべき字句の正しい組合せを下の番号から選べ。

(1) 電磁ホーンの　A　と回転放物面反射鏡の焦点が一致するように構成されたオフセットアンテナの一種である。
(2) 開口面から放射される電波は，ほぼ　B　である。
(3) 直線偏波と円偏波の共用　C　。

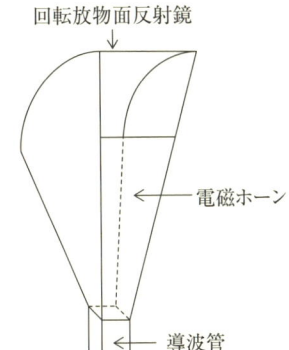

	A	B	C
1	焦点	平面波	ができる
2	焦点	球面波	はできない
3	焦点	球面波	ができる
4	頂点(励振点)	平面波	ができる
5	頂点(励振点)	球面波	はできない

図：回転放物面反射鏡 ← 電磁ホーン ← 導波管

問 236

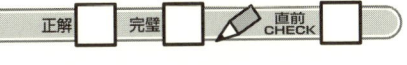

次の記述は，オフセットパラボラアンテナについて述べたものである。　　　内に入れるべき字句の正しい組合せを下の番号から選べ。なお，同じ記号の　　　内には，同じ字句が入るものとする。

(1) 曲面が　A　の反射鏡の一部と，　A　の焦点に置かれた1次放射器から構成されている。
(2) 開口面の正面に1次放射器や給電線路など電波の通路をさえぎるものがないため　B　が良く，放射特性が良好である。
(3) 衛星用の受信アンテナとして用いる場合，同じ仰角で用いる開口径の等しい円形パラボラアンテナに比べて，地上通信回線の電波による干渉や大地からの熱雑音の影響を　C　。

	A	B	C
1	回転双曲面	開口効率	受けやすい
2	回転双曲面	面精度	受けにくい
3	回転放物面	開口効率	受けやすい
4	回転放物面	開口効率	受けにくい
5	回転放物面	面精度	受けやすい

問 237

次の記述は，図に示すカセグレンアンテナについて述べたものである．□内に入れるべき字句の正しい組合せを下の番号から選べ．

(1) 回転放物面の主反射鏡，回転双曲面の副反射鏡および1次放射器で構成されている．副反射鏡の二つの焦点のうち，一方は主反射鏡の ［A］ と，他方は1次放射器の励振点と一致している．

(2) 送信における主反射鏡は，［B］ への変換器として動作する．

(3) 1次放射器を主反射鏡の頂点（中心）付近に置くことにより給電線路が ［C］ ので，その伝送損を少なくできる．

(4) 主放射方向と反対側のサイドローブが少なく，かつ小さいので，衛星通信用地球局のアンテナのように上空に向けて用いる場合，［D］ からの熱雑音の影響を受けにくい．

	A	B	C	D
1	開口面	球面波から平面波	短くできる	大地
2	開口面	球面波から平面波	長くなる	自由空間
3	焦点	球面波から平面波	短くできる	大地
4	焦点	平面波から球面波	短くできる	自由空間
5	焦点	平面波から球面波	長くなる	大地

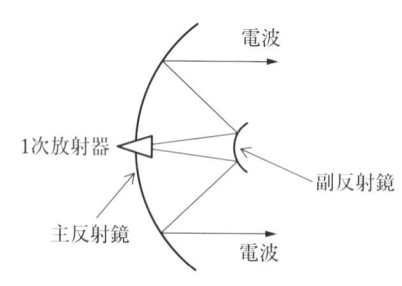

解答 問234→ア-8 イ-1 ウ-9 エ-10 オ-2　問235→4　問236→4

ミニ解説　問235　ホーンの各辺からの延長線が，導波管内で交わる点を頂点（励振点）という．

問題

問 238　　正解□　完璧□　直前CHECK□

次の記述は，コリニヤアレーアンテナについて述べたものである．このうち誤っているものを下の番号から選べ．

1　垂直半波長ダイポールアンテナ等を構成単位としたアレーアンテナである．
2　構成単位のアンテナの数を増やすと，垂直面内の指向性が鋭くなる．
3　使用可能な周波数範囲を広くするためには，素子の直径 D と長さ L の比（D/L）を大きくする．
4　水平面内の指向性は，全方向性である．
5　構成単位のアンテナを垂直方向に一直線上に等間隔に並べて，隣り合う各素子を互いに同振幅，逆位相の電流で励振する．

問 239　　正解□　完璧□　直前CHECK□

次の記述は，図に示すように大地に垂直に設置された反射板に取り付けた水平偏波用の「2ダイポールアンテナ」について述べたものである．このうち誤っているものを下の番号から選べ．

1　アンテナ素子の長さが半波長より少し長い2個のダイポールアンテナを約半波長離して組み合わせ，それらを反射板から約1/4波長離して設置した構造である．
2　アンテナの水平面内の指向性は，単一指向性である．
3　反射板付き半波長ダイポールアンテナに比べて広帯域で，かつ，半値幅がやや広い．
4　このアンテナを回転して垂直偏波用としても使用できる．
5　VHF帯およびUHF帯のテレビジョン放送やFM放送の送信アンテナに用いることができる．

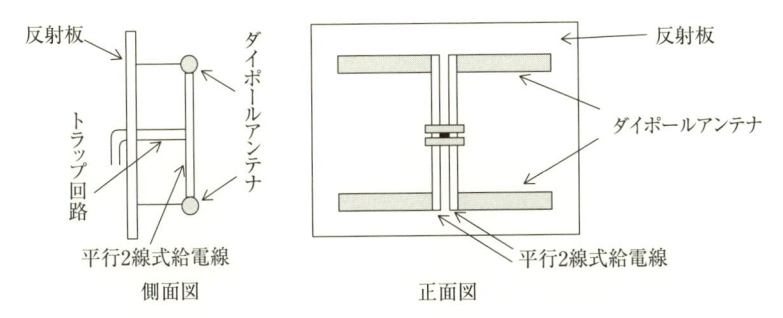

側面図　　正面図

反射板　ダイポールアンテナ　トラップ回路　平行2線式給電線

第3部　無線工学B

203

問題

問 240

次の記述は，図に示すグレゴリアンアンテナについて述べたものである．☐内に入れるべき字句の正しい組合せを下の番号から選べ．

(1) 1次放射器および主反射鏡と副反射鏡の二つの反射鏡から構成されるアンテナで，副反射鏡として ☐ A ☐ 面を用いるアンテナである．
(2) パラボラアンテナに比べて1次放射器と送受信機との間の給電路が ☐ B ☐ ．
(3) 衛星追跡用アンテナとして用いるとき，アンテナの ☐ C ☐ からの不要な電波の影響を受けにくい．

	A	B	C
1	だ円	長くなる	後方
2	だ円	短くできる	後方
3	だ円	短くできる	前方
4	双曲	長くなる	後方
5	双曲	短くできる	前方

解答 問237 → 3   問238 → 5   問239 → 3

ミニ解説
問238 隣り合う各素子を互いに同振幅，同位相の電流で励振する．
問239 半値幅がやや狭い．

問 241

次の記述は，スロットアンテナについて述べたものである．□内に入れるべき字句を下の番号から選べ．ただし，導体平板は波長に比べて十分大きいものとする．

(1) 図1に示すように，スロットの長さを l 〔m〕，横幅を w 〔m〕，波長を λ 〔m〕とすれば，通常 ア の関係を満足するように作られている．

(2) 図1に示すように置かれたスロットアンテナからの放射電波は，紙面を大地面に垂直な面とすると， イ となり，その指向性は，図2に示す補対の関係にある ウ アンテナの電界と磁界を入れ替えたときの指向性にほぼ等しい．

(3) 同軸給電線を用いて給電するときには，スロットアンテナの中央における入力インピーダンスが同軸給電線のインピーダンスに比べて非常に エ ので，給電 オ を変化させて，同軸給電線と整合をとる．

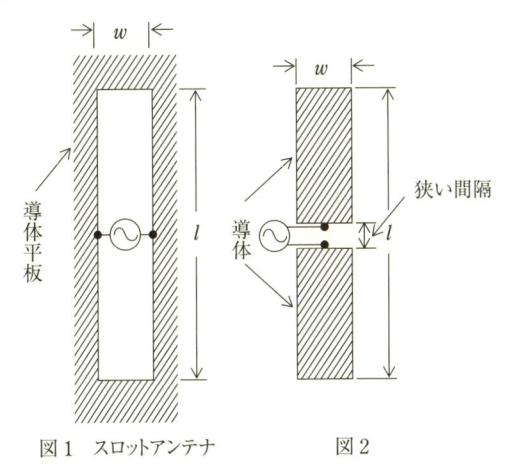

図1 スロットアンテナ　　図2

1　$w \ll l < \lambda$　　2　垂直偏波　　3　四角形ループ　　4　小さい　　5　位置
6　$w \leq \lambda < l$　　7　水平偏波　　8　ダイポール　　9　大きい　　10　電圧

問題

問 242　正解 □　完璧 □　直前CHECK □

次の記述は，図に示す誘電体棒アンテナについて述べたものである．☐内に入れるべき字句の正しい組合せを下の番号から選べ．

(1) 比誘電率が ε_r の誘電体中の電波の速度が自由空間中の電波の速度の ☐ A ☐ 倍になることを利用したマイクロ波のアンテナである．

(2) 方形導波管の先端に適切な長さの誘電体棒を取り付けると，その中を進んだ電波の位相と，誘電体の外を進んだ電波の位相を伝搬方向に ☐ B ☐ な面上で等しくすることができる．

(3) 指向性は ☐ C ☐ で，導波管だけの場合よりビームが鋭くなり，利得も大きくなる．

	A	B	C
1	$\dfrac{1}{\varepsilon_r}$	平行	双方向性
2	$\dfrac{1}{\varepsilon_r}$	直角	単一指向性
3	$\dfrac{1}{\sqrt{\varepsilon_r}}$	直角	単一指向性
4	$\dfrac{1}{\sqrt{\varepsilon_r}}$	平行	双方向性
5	$\dfrac{1}{\sqrt{\varepsilon_r}}$	直角	双方向性

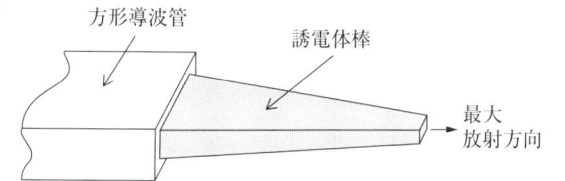

方形導波管　誘電体棒　最大放射方向

解答　問240 → 2　問241 → アー1 イー7 ウー8 エー9 オー5

ミニ解説　問240　グレゴリアンアンテナの副反射鏡は回転だ円面，同じように副反射鏡を持つカセグレンアンテナの副反射鏡は回転双曲面．

問題

問 243

次の記述は，給電線の諸定数について述べたものである．このうち正しいものを1，誤っているものを2として解答せよ．

ア 一般に用いられている平衡形給電線の特性インピーダンスは，不平衡形給電線の特性インピーダンスより小さい．
イ 平衡形給電線の特性インピーダンスは，導線の間隔を一定とすると，導線の太さが細くなるほど大きくなる．
ウ 一般に，特性インピーダンスは周波数に関係しないものとして扱うことができる．
エ 給電線上の波長は，一般に，同じ周波数の電波の空間波長より長い．
オ 伝搬定数の実数部を減衰定数，虚数部を位相定数という．

問 244

次の記述は，平行2線式給電線と小電力用同軸ケーブルについて述べたものである．このうち誤っているものを下の番号から選べ．

1 平行2線式給電線は，平衡形の給電線であり，零電位は2本の導線の間隔の垂直2等分面上にある．
2 平行2線式給電線の特性インピーダンスは，導線の太さが同じ場合には，導線の間隔が狭いほど小さくなる．
3 小電力用同軸ケーブルは，不平衡形の給電線であり，通常，外部導体を接地して使用する．
4 小電力用同軸ケーブルは，平行2線式給電線よりも，外部からの誘導妨害の影響を受けにくい．
5 小電力用同軸ケーブルの特性インピーダンスは，内部導体の外径 d に対する外部導体の内径 D の比 (D/d) が大きいほど小さくなる．

問題

問 245

次の記述は，進行波について述べたものである．このうち正しいものを1，誤っているものを2として解答せよ．

ア　入出力が整合している線路上の電流および電圧は一方向にのみ進行していく．

イ　線路が無損失のとき，電流および電圧の振幅は，線路上1/2波長ごとに最大点または最小点がある．

ウ　電流の位相は，線路上の各点において異なる．

エ　進行波アンテナには半波長ダイポールアンテナや逆L形アンテナがある．

オ　大地に水平に張った無限に長い無損失の導線上を電波が進行するとき，導線に分布している単位長当たりのインダクタンスをL〔H/m〕，大地との間の単位長当たりの静電容量をC〔F/m〕とすれば，$1/\sqrt{LC}$〔m/s〕の速度で進行する．

問 246

次の記述は，分布定数回路で表される伝送線路の減衰定数について述べたものである．このうち誤っているものを下の番号から選べ．

1　分布定数回路の伝搬定数の実数部をいう．
2　高周波では，減衰定数の誘電損を表す項は，周波数に反比例する．
3　高周波では，減衰定数の抵抗損を表す項は，周波数の平方根に比例する．
4　高周波では，減衰定数は線路の特性インピーダンスによって変化する．
5　減衰定数が無視できるとき，その線路は無損失線路として取り扱うことができる．

解答　問242→3　　問243→ア-2　イ-1　ウ-1　エ-2　オ-1　　問244→5

ミニ解説

問243　誤っている選択肢は，次のようになる．
　　ア　不平衡形給電線の特性インピーダンスより大きい．
　　エ　同軸ケーブル等の誘電体が用いられた給電線上の波長は，空間波長より短い．

問244　特性インピーダンスは，D/d が大きいほど大きくなる．

問 247

同軸線路の長さが 25〔m〕のときの信号の伝搬時間の値として,最も近いものを下の番号から選べ.ただし,同軸線路は,無損失で,内部導体と外部導体との間に充てんされている絶縁体の比誘電率の値を 2.25 とする.

1 0.05〔μs〕   2 0.08〔μs〕   3 0.13〔μs〕   4 0.20〔μs〕   5 0.25〔μs〕

問 248

特性インピーダンス Z_0〔Ω〕の平行2線式給電線の線の直径および間隔をそれぞれ3倍にした.このときの給電線の特性インピーダンスの値として,正しいものを下の番号から選べ.

1 $Z_0/4$〔Ω〕
2 $Z_0/3$〔Ω〕
3 $Z_0/2$〔Ω〕
4 Z_0〔Ω〕
5 $3Z_0$〔Ω〕

問 249

次の記述は,無損失給電線上の定在波について述べたものである.□内に入れるべき字句の正しい組合せを下の番号から選べ.

(1) 定在波は進行波と反射波とが合成されて給電線上に生ずる電圧または電流の分布であり,それぞれ給電線に沿って□ A □波長の間隔で繰り返す.
(2) 定在波電圧が最大の点では,定在波電流は□ B □である.
(3) 給電線と負荷が整合しているときの電圧定在波比は□ C □である.

	A	B	C
1	1/4	最大	0
2	1/4	最大	1
3	1/2	最小	1
4	1/2	最大	0
5	1/2	最小	0

解説 → 問245

誤っている選択肢は，次のようになる．
イ　1/4波長ごとに最大点または最小点がある．
エ　定在波アンテナには半波長ダイポールアンテナや逆L形アンテナがある．

解説 → 問246

減衰定数の誘電損を表す項は，周波数に比例する．

解説 → 問247

比誘電率 $\varepsilon_r = 2.25$ の誘電体で構成された同軸線路内を伝搬する電磁波の伝搬速度 v [m/s] は，真空中の伝搬速度を $c = 3 \times 10^8$ [m/s] とすると，

$$v = \frac{c}{\sqrt{\varepsilon_r}} = \frac{3 \times 10^8}{\sqrt{2.25}} = \frac{3 \times 10^8}{\sqrt{1.5^2}} = 2 \times 10^8 \text{[m/s]}$$

長さ $l = 25$ [m] を伝搬する時間 t [s] は，

$$t = \frac{l}{v} = \frac{25}{2 \times 10^8} = 12.5 \times 10^{-8} \text{[s]} \fallingdotseq 0.13 \times 10^{-6} \text{[s]} = 0.13 \text{[}\mu\text{s]}$$

解説 → 問248

直径が d [m]，間隔が D [m] の平行2線式給電線の特性インピーダンス Z_0 [Ω] は，

$$Z_0 = 138 \log_{10} \frac{2D}{d} \text{[}\Omega\text{]}$$

d および D をそれぞれ3倍にしても $2D/d$ の値は変わらないので，Z_0 は同じ値となる．

解答　問245→ア-1　イ-2　ウ-1　エ-2　オ-1　　問246→2　　問247→3
　　　　問248→4　　問249→3

問題

問 250

給電線上において，負荷への入射波の実効値が180〔V〕，反射波の実効値が80〔V〕であるときの電圧定在波比の値として，正しいものを下の番号から選べ．

1　2.0　　2　2.6　　3　3.0　　4　3.6　　5　4.0

問 251

給電線上において，電圧定在波比（VSWR）が3で，負荷への入射波の実効値が80〔V〕のとき，反射波の実効値として，正しいものを下の番号から選べ．

1　10〔V〕　　2　20〔V〕　　3　30〔V〕　　4　40〔V〕　　5　50〔V〕

問 252

特性インピーダンスが300〔Ω〕の無損失給電線に純抵抗負荷50〔Ω〕を接続したときの電圧定在波比（VSWR）の値として，最も近いものを下の番号から選べ．

1　2　　2　4　　3　6　　4　8　　5　9

問 253

無損失の平行2線式給電線の終端が開放されているとき，終端に最も近い定在波電圧の最小点から終端までの距離l_vおよび終端に最も近い定在波電流の最小点から終端までの距離l_iの値の組合せとして，正しいものを下の番号から選べ．ただし，周波数を30〔MHz〕とし，$l_v>0$，$l_i>0$とする．

	l_v	l_i
1	2.5〔m〕	7.5〔m〕
2	2.5〔m〕	5.0〔m〕
3	5.0〔m〕	10.0〔m〕
4	5.0〔m〕	2.5〔m〕
5	10.0〔m〕	5.0〔m〕

解説 → 問250

進行波電圧 $V_f=180\,[\text{V}]$、反射波電圧 $V_r=80\,[\text{V}]$ のとき、線路上の電圧の最大値は V_f+V_r、最小値は V_f-V_r だから、それらの比から電圧定在波比 S は、

$$S=\frac{V_f+V_r}{V_f-V_r}=\frac{180+80}{180-80}=\frac{260}{100}=2.6$$

解説 → 問251

入射波電圧 $V_f=80\,[\text{V}]$、反射波電圧 $V_r\,[\text{V}]$ のときの電圧定在波比 $S=3$ だから、

$$S=\frac{V_f+V_r}{V_f-V_r} \qquad 3=\frac{80+V_r}{80-V_r}$$

$$240-3V_r=80+V_r \qquad \text{よって、}\ V_r=40\,[\text{V}]$$

解説 → 問252

特性インピーダンス $Z_0=300\,[\Omega]$ の無損失給電線に $R=50\,[\Omega]$ の抵抗負荷を接続したときの電圧定在波比 S は、$Z_0>R$ だから、

$$S=\frac{Z_0}{R}=\frac{300}{50}=6$$

$R>Z_0$ のときは、$\dfrac{R}{Z_0}$ より求める

解説 → 問253

周波数 $f=30\,[\text{MHz}]$ の電波の波長 $\lambda\,[\text{m}]$ は、

$$\lambda=\frac{300}{f}=\frac{300}{30}=10\,[\text{m}]$$

定在波電圧および電流は、解説図のように1/2波長の周期で変化を繰り返す。終端が開放されているので、終端の電圧は最大で電流は最小になる。終端から最も近い定在波電圧の最小点までの距離 $l_v\,[\text{m}]$ は、終端から $\lambda/4$ の点だから、

$$l_v=\frac{\lambda}{4}=\frac{10}{4}=2.5\,[\text{m}]$$

終端から最も近い定在波電流の最小点までの距離 $l_i\,[\text{m}]$ は、終端から $\lambda/2$ の点だから、

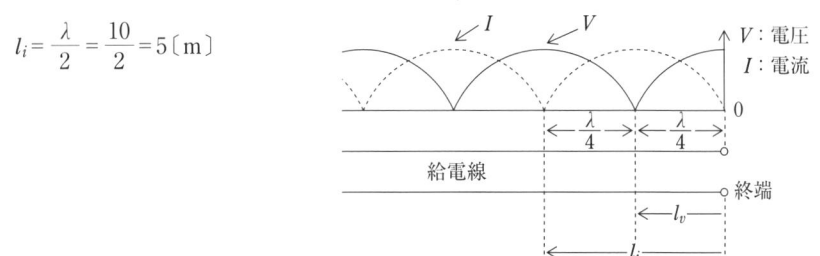

$$l_i=\frac{\lambda}{2}=\frac{10}{2}=5\,[\text{m}]$$

解答　問250→2　問251→4　問252→3　問253→2

問題

問 254

無損失で特性インピーダンスが 600〔Ω〕，長さ 0.5〔m〕の平行 2 線式給電線を終端で短絡したとき，入力インピーダンスの絶対値として，最も近いものを下の番号から選べ．ただし，周波数は 100〔MHz〕とし，$\sqrt{3}=1.73$ とする．

1 519〔Ω〕   2 692〔Ω〕   3 1,038〔Ω〕   4 1,557〔Ω〕   5 2,079〔Ω〕

問 255

次の記述は，アンテナと給電線を整合させるための対称形集中定数回路について述べたものである．　　内に入れるべき字句の正しい組合せを下の番号から選べ．なお，同じ記号の　　内には，同じ字句が入るものとする．また，給電線は無損失とし，その特性インピーダンス Z_0 を 600〔Ω〕，アンテナの入力抵抗 R を 73〔Ω〕とする．

(1) 特性インピーダンス Z_0 の給電線と入力抵抗 R のアンテナを図に示すリアクタンス X を用いた対称形集中定数回路により整合させるためには，次式が成立しなければならない．

$$Z_0 = jX + \frac{-jX(\boxed{A})}{(\boxed{A}) - jX}$$

(2) これより，整合条件は次式で与えられる．

$$X = \boxed{B}$$

(3) 題意の数値を代入すれば，X は次の値となる．

$$X = \boxed{C} \text{〔Ω〕}$$

	A	B	C
1	$R+jX$	$\sqrt{2RZ_0}$	148
2	$R+jX$	$\sqrt{RZ_0}$	210
3	$R+jX$	$\sqrt{RZ_0/2}$	105
4	$R-jX$	$\sqrt{2RZ_0}$	210
5	$R-jX$	$\sqrt{RZ_0}$	148

対称形集中定数回路

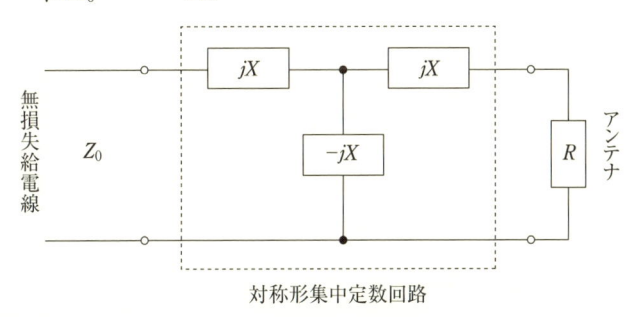

解説 → 問254

周波数 $f=100$〔MHz〕の電波の波長 λ〔m〕は，

$$\lambda = \frac{300}{f} = \frac{300}{100} = 3 \text{〔m〕}$$

特性インピーダンス $Z_0 = 600$〔Ω〕の給電線の終端を短絡したとき，終端から $l=0.5$〔m〕の点から負荷側を見たインピーダンス $\dot{Z}$〔Ω〕は，位相定数を $\beta = 2\pi/\lambda$ とすれば，

$$\dot{Z} = jZ_0 \tan\beta l = jZ_0 \tan\frac{2\pi l}{\lambda}$$

$$= j600 \tan\frac{2\pi \times 0.5}{3} = j600 \tan\frac{\pi}{3}$$

$$= j600\sqrt{3} = j600 \times 1.73 = j1,038 \text{〔Ω〕}$$

よって，大きさは $1,038$〔Ω〕

解説 → 問255

給電線側から整合回路とアンテナを見たときのインピーダンスは，$-jX$ と $(R+jX)$ の並列回路に jX を直列接続した回路で表されるから，これが Z_0 に等しいとすると，

$$Z_0 = jX + \frac{-jX(R+jX)}{(R+jX)-jX} = jX + \frac{-jXR+X^2}{R} = \frac{X^2}{R}$$

$$Z_0 R = X^2$$

よって，$X = \sqrt{RZ_0}$〔Ω〕（ B の答）
題意の値を代入すると，

$$X = \sqrt{73 \times 600}$$
$$= \sqrt{43,800} \fallingdotseq \sqrt{210 \times 210}$$
$$= 210 \text{〔Ω〕} \quad (\boxed{C} \text{の答})$$

> 選択肢の数値を2乗して，$\sqrt{}$ の解を見つける．この問題では，AとBの答が分かれば，Cは計算しなくてもよい

解答 問254→3　問255→2

問 256

次の記述は，給電回路について述べたものである．　　内に入れるべき字句の正しい組合せを下の番号から選べ．

(1) インピーダンスが異なる二つの給電回路を直列接続するときには，反射損を少なくし，効率良く伝送するために　A　回路を用いる．また，インピーダンスが同じであっても平衡回路と不平衡回路を接続するときには，漏れ電流を防ぐために　B　を用いる．

(2) 給電線に入力される電力を P_1〔W〕，給電線に接続されている負荷で消費される電力を P_2〔W〕としたとき，　C　を伝送効率といい，反射損や給電線での損失が少ないほど伝送効率は良い．

	A	B	C
1	インピーダンス整合	バラン	P_2/P_1
2	インピーダンス整合	トラップ	P_2/P_1
3	インピーダンス整合	バラン	P_1-P_2
4	アンテナ共用	バラン	P_1-P_2
5	アンテナ共用	トラップ	P_1/P_2

問 257

次の記述は，整合について述べたものである．　　内に入れるべき字句を下の番号から選べ．

(1) 給電線の特性インピーダンスと給電線に接続されているアンテナや送受信機の入力または出力インピーダンスが　ア　と，これらの接続点から反射波が生じ，電力の　イ　が低下する．これを防ぐため，これらの接続点にインピーダンス整合回路を挿入して整合をとる．

(2) 同軸給電線のような　ウ　とダイポールアンテナのような平衡回路を直接接続すると，平衡回路に　エ　が流れ，送信や受信に悪影響を生ずる．これを防ぐため，二つの回路の間に　オ　を挿入して，整合をとる．

1	等しい	2	反射効率	3	不平衡回路	4	不平衡電流
5	アイソレータ	6	異なる	7	伝送効率	8	平衡回路
9	平衡電流	10	バラン				

問 258

次の記述は，図に示す2結合孔方向性結合器について述べたものである．□内に入れるべき字句を下の番号から選べ．

(1) 2本の導波管を平行にして密着させ，その密着面に管内波長の ア の間隔で2個の結合孔aおよびbを開けたものである．導波管の一方が主伝送路で，他方が副伝送路として働き，主伝送路に沿って一方向に進行する電磁波の一部を取り出し，それを副伝送路に移して特定の方向に進行させるものである．

(2) 各伝送路が無反射終端されている場合，端子①から入力された電磁波は，その一部がaおよびbを通ってそれぞれ端子③および④へ等分される．このとき④へ向かう電磁波は，aを通る伝送距離とbを通る伝送距離が等しいので，同位相で加わり合う．また，③へ向かう電磁波は，aを通る伝送距離とbを通る伝送距離との間に1/2波長の経路差があるので，イ〔rad〕の位相差があり，互いに ウ ．

(3) この方向性結合器は，原理的に周波数特性が エ であるので，通常，多数の結合孔を設けて周波数特性を改善する．このときの各結合孔の面積は，結合孔の オ によって決まる．

1 広帯域 2 加わり合う
3 数   4 1/4
5 1/8   6 打ち消し合う
7 π   8 π/4
9 狭帯域 10 間隔

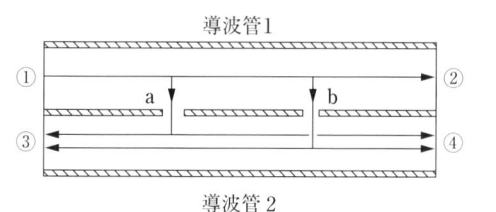

解答 問256→1　問257→アー6　イー7　ウー3　エー4　オー10

問 259

次の記述は，図のように特性インピーダンスが Z_0〔Ω〕の平行2線式給電線と放射抵抗 R_L〔Ω〕のアンテナを接続した回路の短絡トラップ（スタブ）による整合について述べたものである．このうち誤っているものを下の番号から選べ．ただし，アンテナ接続点から距離 l_1〔m〕の点 P，P′ に，特性インピーダンスが Z_0〔Ω〕，長さ l_2〔m〕の短絡トラップが接続され整合しているものとする．なお，短絡トラップを接続していないとき，点 P，P′ からアンテナ側を見たアドミタンスは，$(1/Z_0)+jB$〔S〕とする．

1　短絡トラップを接続していないとき，定在波電圧が最大または最小となる点からアンテナ側を見たインピーダンスは純抵抗である．
2　短絡トラップの長さを変えたとき，点 P，P′ から短絡トラップ側を見たインピーダンスは，誘導性から容量性まで変化する．
3　短絡トラップのアドミタンスは，$+jB$〔S〕である．
4　短絡トラップを接続したとき，点 P，P′ からアンテナ側を見たアドミタンスは，$1/Z_0$〔S〕である．
5　スミスチャートを用いて，l_1 と l_2 の大きさを求めることができる．

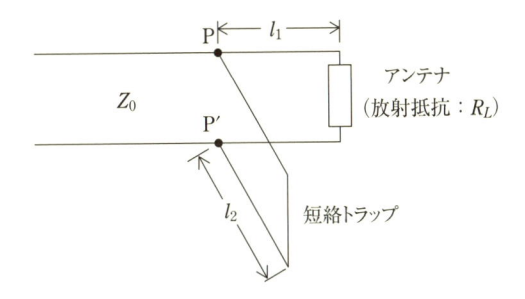

問 260

次の記述は，U形バランについて述べたものである．□内に入れるべき字句の正しい組合せを下の番号から選べ．なお，同じ記号の□内には，同じ字句が入るものとする．

(1) U形バランは，図1に示すように長さが1/2波長の同軸ケーブルをU字形に曲げたうかい回路で構成され，図2に示すように，点aに加わる電圧をV〔V〕，平衡負荷の中点oを接地点とすると，点bの位相が A 〔rad〕遅れるので，ab間の電圧は， B 〔V〕になる．

(2) 同軸ケーブルからの電流I〔A〕は，点aで二分され，平衡線路に平衡電流が流れることになる．したがって，ab間のインピーダンスZ_{ab}と同軸ケーブルの特性インピーダンスZ_0〔Ω〕との間には，次式が成り立つ．

$Z_{ab} =$ C $\times Z_0$〔Ω〕

(3) U形バランを用いると，特性インピーダンスが同軸ケーブルの C 倍の平衡線路を同軸ケーブルに接続することができる．

	A	B	C
1	$\pi/2$	$2V$	4
2	$\pi/2$	$4V$	2
3	π	$2V$	4
4	π	$4V$	4
5	π	$2V$	2

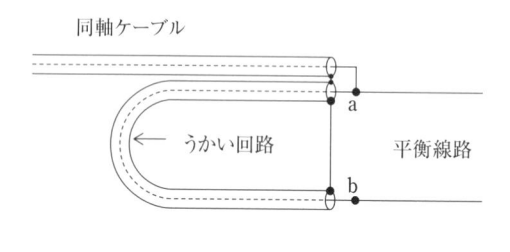

図1 U形バラン

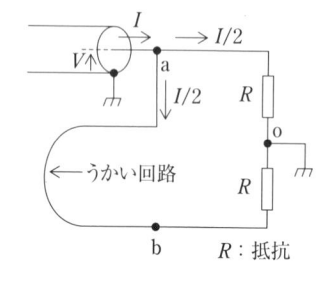

図2 動作説明図

解答 問258→ア-4 イ-7 ウ-6 エ-9 オ-3　問259→3

ミニ解説 問259 並列回路はアドミタンスの和で表すことができる．整合を取るための短絡トラップのアドミタンスは，$-jB$〔S〕である．

問 261

次の記述は，バランの一種であるシュペルトップについて述べたものである．□内に入れるべき字句の正しい組合せを下の番号から選べ．なお，同じ記号の□内には，同じ字句が入るものとする．

(1) 図に示すように，同軸ケーブルの終端に長さが A の円筒導体をかぶせ，その **a 側端**を同軸ケーブルの外部導体に短絡したものである．

(2) 円筒導体の b 側端では，分布電圧が最大で分布電流が最小であるため，インピーダンスは非常に B ．このため，不平衡回路と平衡回路を直接接続したときに生ずる C 電流が，同軸ケーブルの外部導体に沿って流れ出すのを防止することができる．

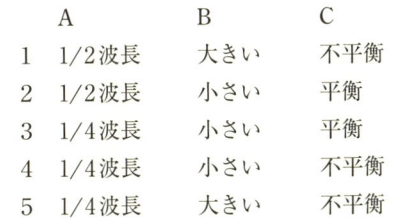

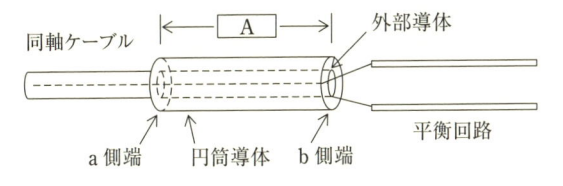

	A	B	C
1	1/2 波長	大きい	不平衡
2	1/2 波長	小さい	平衡
3	1/4 波長	小さい	平衡
4	1/4 波長	小さい	不平衡
5	1/4 波長	大きい	不平衡

注：**太字**は，ほかの試験問題で穴あきになった用語を示す．

問題

問 262

次の記述は，方形導波管とマイクロストリップ線路について述べたものである．□□内に入れるべき字句の正しい組合せを下の番号から選べ．なお，同じ記号の□□内には，同じ字句が入るものとする．

(1) 方形導波管は，その遮断周波数より A 周波数の電磁波を伝送できない．また，方形導波管の基本モードの遮断周波数は，他の高次モードの遮断周波数より A ．
(2) マイクロストリップ線路は， B された構造であり，外部から雑音等が混入することがあるが，回路やアンテナを同一面に構成できる利点がある．
(3) 方形導波管内を伝搬する電磁波は，TE波またはTM波であるのに対して，マイクロストリップ線路を伝搬する電磁波は，近似的に C である．

	A	B	C
1	低い	密閉	TM波
2	低い	開放	TEM波
3	低い	開放	TM波
4	高い	密閉	TM波
5	高い	開放	TEM波

問 263 解説あり！

方形導波管内の電磁波の位相速度が3.6×10^8〔m/s〕であるとき，電磁波の群速度の値として，最も近いものを下の番号から選べ．ただし，導波管の内部は空気とする．

1　8.2×10^6〔m/s〕　　2　1.2×10^7〔m/s〕　　3　2.5×10^7〔m/s〕
4　1.2×10^8〔m/s〕　　5　2.5×10^8〔m/s〕

解答　問260 → 3　　問261 → 5

問260　$Z_{ab} = \dfrac{2V}{\dfrac{I}{2}} = 4 \times \dfrac{V}{I} = 4Z_0$〔Ω〕

ミニ解説　問261　b側端から見た同軸ケーブルと円筒導体間のインピーダンスは，受端短絡線路として表されるので，$l = \lambda/4$ のときのインピーダンスは，
$Z = jZ_0 \tan \beta l = jZ_0 \tan\left(\dfrac{2\pi}{\lambda} \times \dfrac{\lambda}{4}\right) = jZ_0 \tan \dfrac{\pi}{2} = j\infty$〔Ω〕

問 264

方形導波管で周波数が6〔GHz〕，管内波長が10〔cm〕であるとき，位相速度 v_p と群速度 v_g の値の正しい組合せを下の番号から選べ．ただし，TE$_{10}$モードとする．

	v_p	v_g
1	2.2×10^8 〔m/s〕	2.5×10^8 〔m/s〕
2	3.3×10^8 〔m/s〕	3.0×10^8 〔m/s〕
3	4.4×10^8 〔m/s〕	4.0×10^8 〔m/s〕
4	5.1×10^8 〔m/s〕	7.5×10^8 〔m/s〕
5	6.0×10^8 〔m/s〕	1.5×10^8 〔m/s〕

問 265

次の記述は，給電回路で用いられる機器について述べたものである．□内に入れるべき字句の正しい組合せを下の番号から選べ．

(1) 一つのアンテナ系を2台以上の送信機で給電する場合に A が使用される．
(2) 1次線路上の入射波および反射波に比例した電力を，それに結合した2次線路側のそれぞれの端子に分離して取り出す場合に B が使用される．
(3) ハイブリッド回路は，方向性を C 電力の2等分回路であり，電力分配器，可変減衰器，可変移相器などに広く用いられている．

	A	B	C
1	ダイプレクサ	アイソレータ	持った
2	ダイプレクサ	アイソレータ	持たない
3	ダイプレクサ	方向性結合器	持った
4	サーキュレータ	アイソレータ	持たない
5	サーキュレータ	方向性結合器	持った

解説 → 問263

電磁波の導波管内の位相速度 $v_p = 3.6 \times 10^8$ [m/s] と群速度 v_g [m/s] は，自由空間の速度が $c = 3 \times 10^8$ [m/s] のとき，次式の関係がある．

$$c = \sqrt{v_p v_g} \text{ [m/s]}$$

速度群 v_g を求めると，

$$v_g = \frac{c^2}{v_p} = \frac{(3 \times 10^8)^2}{3.6 \times 10^8}$$

$$= \frac{9}{3.6} \times 10^8 = 2.5 \times 10^8 \text{ [m/s]}$$

$v_p > c > v_g$ の関係がある

解説 → 問264

周波数 $f = 6$ [GHz] $= 6 \times 10^9$ [Hz]，管内波長 $\lambda = 10$ [cm] $= 10 \times 10^{-2}$ [m] のとき，位相速度 v_p [m/s] は，

$$v_p = \lambda f = 10 \times 10^{-2} \times 6 \times 10^9 = 6 \times 10^8 \text{ [m/s]}$$

電磁波の自由空間の速度が $c = 3 \times 10^8$ [m/s] のとき，群速度 v_g [m/s] を求めると，

$$v_g = \frac{c^2}{v_p} = \frac{(3 \times 10^8)^2}{6 \times 10^8}$$

$$= \frac{9}{6} \times 10^8 = 1.5 \times 10^8 \text{ [m/s]}$$

この問題では，v_p が分かれば，答が見つかる

解説 → 問265

一つのアンテナ系に複数の送信機で給電するときに用いられるアンテナ共用回路をダイプレクサという．サーキュレータは3端子以上の結合端子を持ち，片方向回りに結合する特性を持つ結合回路である．

解答 問262→2　問263→5　問264→5　問265→3

問 266

次の記述は，電波の伝搬形式について述べたものである．□内に入れるべき字句の正しい組合せを下の番号から選べ．

(1) 対流圏波には，対流圏散乱波，□A□などがある．
(2) □B□は，主に**短波**（HF）帯で用いられる．
(3) スポラジックE層反射波は，□C□帯のうち低い周波数帯の通信に混信妨害を与えることがある．

	A	B	C
1	回折波	F層反射波	超短波（VHF）
2	回折波	対流圏散乱波	極超短波（UHF）
3	回折波	F層反射波	極超短波（UHF）
4	ラジオダクト波	対流圏散乱波	極超短波（UHF）
5	ラジオダクト波	F層反射波	超短波（VHF）

問 267

次の記述は，電波の地上波伝搬について述べたものである．□内に入れるべき字句の正しい組合せを下の番号から選べ．

(1) 地表波は，周波数が□A□ほど，また，大地の導電率が□B□ほど遠くまで伝搬する．
(2) 超短波（VHF）帯の地上波伝搬において，送信点と受信点の途中に山岳があると一般に受信電界強度は非常に弱くなると考えられるが，□C□によって通信に使用できる程度の電界強度となる場合がある．この場合の山岳が存在するために得られる伝搬損失の軽減量は，山岳利得と呼ばれている．

	A	B	C
1	高い	小さい	散乱波
2	高い	大きい	回折波
3	低い	小さい	回折波
4	低い	小さい	散乱波
5	低い	大きい	回折波

注：**太字**は，ほかの試験問題で穴あきになった用語を示す．

問 268

次の記述は，各周波数帯における電波の伝搬について述べたものである．このうち正しいものを1，誤っているものを2として解答せよ．

ア 長波（LF）帯では，南北方向の伝搬路で日の出および日没のときに受信電界強度が急に弱くなる日出日没現象がある．

イ 中波（MF）帯では，夜間は空間波が電離層（D層）で吸収されるので地表波のみが伝搬するが，昼間はD層が消滅するため電離層（E層）反射波も伝搬する．

ウ 短波（HF）帯は，主に電離層伝搬であり，電離層による吸収および反射の影響が大きく，昼夜，季節，太陽活動などの変化により最適の伝搬周波数が異なる．

エ 超短波（VHF）帯では，一年を通じて電離層を突き抜けるので，電離層からの反射波はない．

オ マイクロ波（SHF）帯およびミリ波（EHF）帯では，酸素および水蒸気による共鳴吸収および降雨による減衰が大きくなる．

問 269

周波数150〔MHz〕の電波を高さ h_1 が30〔m〕の送信アンテナから放射したとき，送信点からの距離 d が10〔km〕，高さ h_2 が10〔m〕の地点における電界強度 E の値として，最も近いものを下の番号から選べ．ただし，送信アンテナの放射電力を15〔W〕，送信アンテナの絶対利得を3〔dB〕とし，アンテナ等の損失はないものとする．また，このときの E は，波長を λ 〔m〕，自由空間電界強度を E_0 〔V/m〕とすると，次式で表されるものとし，$\log_{10} 2 \fallingdotseq 0.3$ とする．

$$E = E_0 \frac{4\pi h_1 h_2}{\lambda d} \text{〔V/m〕}$$

1　141〔μV/m〕　　2　377〔μV/m〕　　3　565〔μV/m〕
4　705〔μV/m〕　　5　1,130〔μV/m〕

解答　問266 → 5　　問267 → 5

ミニ解説　問266　スポラジックE層は，主に100〔MHz〕以下の周波数帯に影響する．VHFは，30～300〔MHz〕，UHFは，300～3,000〔MHz〕．

問 270

超短波(VHF)帯の電波伝搬において,送信アンテナの高さ,送信周波数,送信電力および通信距離の条件を一定にして,受信アンテナの高さを変化させて,電界強度を測定すると,図に示すハイトパターンが得られる.この現象に関する記述として,誤っているものを下の番号から選べ.ただし,大地は完全導体平面で,反射係数を-1とする.

1 見通し距離内の電波伝搬における受信電界強度は,直接波と大地反射波の合成によって生ずる.
2 大地反射波の位相は,直接波の位相より,通路差による位相差と反射の際に生ずる位相差との和の分だけ遅れる.
3 大地反射波と直接波の電界強度の大きさを同じとすれば,両者の位相が同位相のときは受信電界強度が極大になり,逆位相のときは零となる.
4 受信電界強度が周期的に変化するピッチは,周波数が低くなるほど,広くなる.
5 受信電界強度の極大値は,受信地点の自由空間電界強度のほぼ4倍となる.

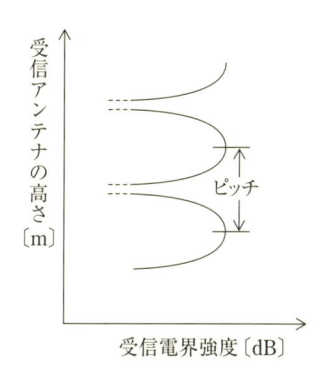

問 271

次の記述は,対流圏伝搬における電波の通路と地球の等価半径について述べたものである.このうち誤っているものを下の番号から選べ.ただし,大気は標準大気とする.

1 水平に発射された電波は,湾曲した大地に沿うようにわずかに弧を描きながら進む.
2 地球の等価半径係数は,ほぼ4/3である.
3 地球の等価半径を用いると,電波の通路は直線で描かれる.
4 電波の見通し距離は光の見通し距離よりもいくぶん短い.

解説 → 問268

誤っている選択肢は，次のようになる．

イ 中波(MF)帯では，昼間は空間波が電離層(D層)で吸収されるので地表波のみが伝搬するが，夜間はD層が消滅するため電離層(E層)反射波も伝搬する．

エ 超短波(VHF)帯では，通常は電離層を突き抜けるが，スポラジックE層が発生すると電離層で反射することがある．

解説 → 問269

絶対利得 $G_{dB}=3$〔dB〕の真数 G は，
　　$G_{dB} = 10 \log_{10} G = 3$〔dB〕

$\log_{10} 2 ≒ 0.3$
問題で与えられるとは限らないので覚えておいた方がよい

より，$G ≒ 2$

放射電力 $P=15$〔W〕のアンテナから，

距離 $d=10$〔km〕$=10 \times 10^3$〔m〕離れた点の自由空間電界強度 E_0〔V/m〕は，

$$E_0 = \frac{\sqrt{30GP}}{d} = \frac{\sqrt{30 \times 2 \times 15}}{10 \times 10^3} = 3 \times 10^{-3}〔V/m〕$$

周波数 $f=150$〔MHz〕の電波の波長 λ〔m〕は，

$$\lambda = \frac{300}{f} = \frac{300}{150} = 2〔m〕$$

送信および受信地点の地上高 $h_1=30$〔m〕，$h_2=10$〔m〕のとき，受信電界強度 E〔V/m〕は，

$$E = E_0 \frac{4\pi h_1 h_2}{\lambda d} = 3 \times 10^{-3} \times \frac{4 \times 3.14 \times 30 \times 10}{2 \times 10 \times 10^3}$$

$$= 2 \times 3.14 \times 90 \times 10^{-6}〔V/m〕≒ 565〔\mu V/m〕$$

解説 → 問270

受信電界強度の極大値は，受信地点の自由空間電界強度のほぼ2倍となる．

解説 → 問271

電波の見通し距離は光の見通し距離よりもいくぶん長い．

問268→ア-1 イ-2 ウ-1 エ-2 オ-1　　問269→3　　問270→5
問271→4

問 272

次の記述は，電波に対する大気の屈折率について述べたものである．　　内に入れるべき字句の正しい組合せを下の番号から選べ．

(1) 大気の屈折率は，1に非常に近い値であり，気圧，気温および　A　の変動によりわずかに変化する．このわずかな変化がマイクロ波（SHF）の伝搬に大きな影響を与える．
(2) 標準大気の屈折率は，高さ約1〔km〕以下では高さとともに直線的に**減少**するので，地表面に平行に放射された電波は，徐々に　B　に曲げられて進む．
(3) 修正した大気の屈折率の**高度分布**を表す　C　が，電波の伝搬状況を把握するために用いられる．

	A	B	C
1	湿度	下方	M曲線
2	湿度	上方	等圧線図
3	湿度	下方	等圧線図
4	風向	上方	等圧線図
5	風向	下方	M曲線

注：**太字**は，ほかの試験問題で穴あきになった用語を示す．

問題

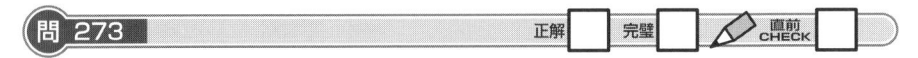

問 273

次の記述は，対流圏伝搬について述べたものである．　　内に入れるべき字句の正しい組合せを下の番号から選べ．

(1) 大気の屈折率は， A 前後の値であり，気象状態によるこの値のわずかな変動が電波の伝搬に大きな影響を与える．標準大気中では，大気の屈折率は高さとともにほぼ直線的に減少するため，地表面にほぼ平行に放射された電波は上方に凸に曲がり，見通し距離が増大する．

(2) 標準大気中では，わん曲する電波の通路を直線的に扱うために，等価的に地球の半径を B するような等価地球半径係数を用いる．

(3) 大気の屈折率の高度分布を示すM曲線が負の傾きを生じているときには， C が生成され，超短波（VHF）帯からマイクロ波（SHF）帯の電波が異常に遠距離まで伝搬することがある．

	A	B	C
1	1.3333	大きく	ラジオダクト
2	1.3333	小さく	フレネルゾーン
3	1.0003	小さく	フレネルゾーン
4	1.0003	大きく	ラジオダクト
5	1.0003	小さく	ラジオダクト

解答　問272 → 1

問題

問 274

次の記述は，電離層と電子密度について述べたものである。☐内に入れるべき字句の正しい組合せを下の番号から選べ。

(1) E層は夜間も消滅せず，その電子密度は，一般に ☐A☐ の方が大きい。
(2) スポラジックE層(Es)は， ☐B☐ とほぼ同じ高さに生じ，その電子密度はF層の電子密度より大きくなることがある。
(3) F層は，昼間は ☐C☐ を除きF$_1$層とF$_2$層に分かれるが夜間は一つにまとまり，そのときの電子密度は，一般に冬より夏の方が大きい。

	A	B	C
1	夏より冬	E層	冬
2	夏より冬	F層	夏
3	冬より夏	E層	夏
4	冬より夏	E層	冬
5	冬より夏	F層	冬

問 275

次の記述は，電離層伝搬について述べたものである。☐内に入れるべき字句の正しい組合せを下の番号から選べ。

(1) 長波(LF)帯の電波は，D層またはE層で反射するが，中波(MF)帯の電波は，ほとんど ☐A☐ で吸収されてしまう。
(2) 短波(HF)帯の通信に妨害を与えたり，超短波(VHF)帯の一部の周波数で電波の異常伝搬を引き起こすのは ☐B☐ である。
(3) 電離層の電子密度は，一般に昼間は高いので，短波(HF)帯の通信回線では，昼間は，比較的 ☐C☐ 周波数を使用する。

	A	B	C
1	E層	F層	低い
2	E層	スポラジックE層(Es)	高い
3	D層	スポラジックE層(Es)	高い
4	D層	F層	高い
5	D層	F層	低い

問題

問 276

図に示す電離層伝搬で，電離層（F層）の臨界周波数が6〔MHz〕のとき，8〔MHz〕の電波で通信するときの跳躍距離 d の値として，最も近いものを下の番号から選べ．ただし，大地は水平な平面であり，電離層は大地に平行であるものとする．また，F層の見掛けの高さ h は300〔km〕で，F層の電子密度を一定とし，$\sqrt{7}=2.65$ とする．

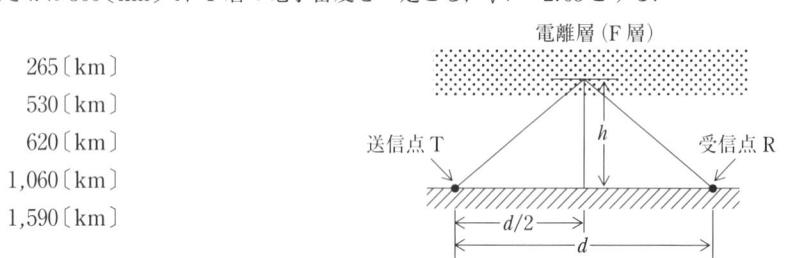

1 265〔km〕
2 530〔km〕
3 620〔km〕
4 1,060〔km〕
5 1,590〔km〕

電離層（F層）

送信点T 受信点R

h

$d/2$
d

問 277

短波（HF）帯の電離層伝搬において，送受信点間の距離が800〔km〕，F_2 層の反射点における臨界周波数が10〔MHz〕であるとき，最適使用周波数（FOT）の値として，最も近いものを下の番号から選べ．ただし，反射点の高さを300〔km〕とし，電離層は平面大地に平行であるものとする．

1 7.2〔MHz〕
2 8.7〔MHz〕
3 11.3〔MHz〕
4 13.1〔MHz〕
5 14.2〔MHz〕

解答 問273→4 問274→4 問275→3

ミニ解説 問275 電子密度が高いほど高い周波数の電波を反射する．

問題

問 278 解説あり！ 正解 □ 完璧 □ 直前CHECK □

次の記述は，フェージングについて述べたものである．□内に入れるべき字句を下の番号から選べ．

(1) 同一送信点から放射された電波がいくつかの異なる通路を通って受信点に到来し，各電波の位相関係が変化するために，それらが合成されて受信されるため起こるフェージングは，□ア□フェージングと呼ばれ，互いに□イ□のとき受信電界強度が最大となる．

(2) 近距離フェージングは，地表波と電離層反射波との干渉により生じ，主として□ウ□帯で起こることが多い．

(3) 伝搬通路がオーロラ帯域に近い場合，電離層の散乱反射が著しいために，伝搬通路がわずかに異なる多数の電波を生じ，これが干渉して周期が非常に□エ□フェージングが生ずる．このようなフェージングを□オ□という．

1　干渉性　　　　2　逆位相　　　　3　短波（HF）　　　　4　速い
5　フラッタフェージング　　　　6　吸収性　　　　7　同位相
8　中波（MF）　　　　9　遅い　　　　10　跳躍性フェージング

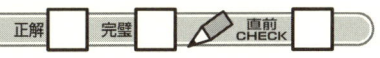

問 279 解説あり！ 正解 □ 完璧 □ 直前CHECK □

次の記述は，短波（HF）帯の電波伝搬におけるフェージングについて述べたものである．このうち誤っているものを下の番号から選べ．

1　干渉フェージングは，二つ以上の電波通路を通った電波の振幅および位相が異なり，受信点で互いに干渉することにより生ずる．
2　偏波フェージングは，電離層反射の際，電離層の変動によって反射波の偏波面が時間的に変動することにより生ずる．
3　吸収フェージングは，電離層の吸収作用による伝搬損失が時間的に変動することにより生ずる．
4　跳躍フェージングは，電子密度の変化の少ない夜間に多く生ずる．
5　跳躍フェージングは，跳躍距離の近傍で起きるフェージングで，電波が電離層を反射したり突き抜けたりするために生ずる．

解説 ➡ 問276

臨界周波数 $f_C=6$〔MHz〕,使用周波数 $f=8$〔MHz〕,電波の電離層への入射角を θ とすると,

$f=f_C \sec\theta$

$$\sec\theta = \frac{1}{\cos\theta} = \frac{f}{f_C} = \frac{8}{6} = \frac{4}{3}$$

この関係を図に示すと解説図のようになる.
F層の高さが $h=300$〔km〕だから,
解説図の関係より跳躍距離 d〔km〕は,

$$d = 2h\tan\theta = 2 \times 300 \times \frac{\sqrt{4^2-3^2}}{3}$$
$$= 200 \times \sqrt{7} = 200 \times 2.65 = 530 \text{〔km〕}$$

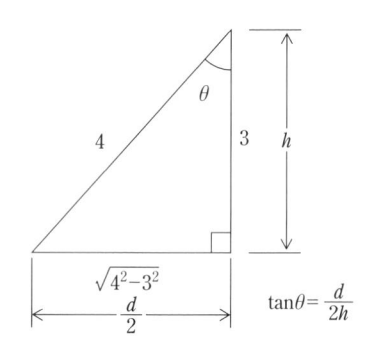

$\tan\theta = \dfrac{d}{2h}$

解説 ➡ 問277

送受信点間の距離 $d=800$〔km〕,電離層の高さ $h=300$〔km〕,電波の電離層への入射角が θ のとき,$\sec\theta$ を求めると,

$$\sec\theta = \frac{\sqrt{h^2+\left(\dfrac{d}{2}\right)^2}}{h} = \frac{\sqrt{300^2+400^2}}{300} = \frac{5}{3}$$

臨界周波数 $f_C=10$〔MHz〕,最高使用可能周波数(MUF)f_M〔MHz〕より,FOTの周波数 f_F〔MHz〕を求めると,

$$f_F = 0.85 \times f_M = 0.85 \times f_C\sec\theta = 0.85 \times 10 \times \frac{5}{3} ≒ 14.2 \text{〔MHz〕}$$

解説 ➡ 問278

フェージングは受信電界強度が時間の経過とともに絶えず変動する現象である.

解説 ➡ 問279

跳躍フェージングは,電子密度の変化の大きい日の出や日没のときに多く生ずる.

解答 問276➡2   問277➡5   問278➡ア-1 イ-7 ウ-8 エ-4 オ-5
問279➡4

問題

問 280

次の記述は，スポラジックE層（Es）について述べたものである．このうち誤っているものを下の番号から選べ．

1　E層とほぼ同じ高度に現われ，層の厚さはE層より薄い．
2　中緯度地域では夏季よりも冬季に，また，夜間よりも昼間に多く発生する．
3　その活動について，太陽面現象の影響は見い出されなく，発生時刻は不規則で予測が難しい．
4　電子密度は，時間とともに大きく変動し，F層の電子密度より大きくなることもある．
5　この層が発生すると，超短波（VHF）帯の電波が反射され，$1,000 \sim 2,000$〔km〕の遠方まで伝搬することがある．

問 281

次の記述は，対流圏伝搬で生ずるk形フェージングについて述べたものである．このうち誤っているものを下の番号から選べ．

1　大気の屈折率分布が時間的に変化し，等価地球半径係数kが変化して生ずるフェージングである．
2　干渉性k形フェージングは，大地反射係数が小さいほど深い．
3　干渉性k形フェージングの影響を軽減するには，反射波が途中の山などの地形によって遮へいされるように伝搬路を選定するなどの方法がある．
4　回折性k形フェージングの影響を軽減するには，電波通路と大地との間隔を十分大きくとればよい．
5　回折性k形フェージングは，等価地球半径係数kが小さくなり，電波が下向きに（大地の方へ）屈折して，電波通路と大地との間隔が十分でない場合に，電波が大地による回折損を受け減衰することにより生ずる．

問 282

次の記述は，地上系固定マイクロ波通信におけるフェージングの一般的事象について述べたものである．このうち誤っているものを下の番号から選べ．

1 フェージングは，伝搬路が長いほど発生しやすい．
2 フェージングは，伝搬路の平均地上高が低いほど発生しやすい．
3 フェージングは，山岳地帯を通る伝搬路に比べて，平地の上を通る伝搬路の方が発生しやすい．
4 フェージングは，陸上伝搬路に比べて，海上伝搬路の方が発生しにくい．
5 周波数選択性フェージングが発生すると，受信信号に波形ひずみが生じやすい．

問 283

次の記述は，マイクロ波からミリ波までの周波数帯における降雨による減衰について述べたものである．□内に入れるべき字句の正しい組合せを下の番号から選べ．

(1) 降雨による減衰は，約 A 〔GHz〕で顕著になり，周波数が高くなると共に増大するが，約 B 〔GHz〕以上でほぼ一定になる．
(2) 降雨による減衰の主な要因は，電波の吸収または C である．

	A	B	C
1	10	50	回折
2	10	200	散乱
3	10	50	散乱
4	3	200	回折
5	3	80	散乱

解答 問280→2　問281→2

ミニ解説
問280 中緯度地方では冬季よりも夏季に，また，夜間よりも昼間に多く発生する．
問281 大地反射係数が大きいほど深い．

問題

問 284

次の記述は，電波雑音の一般的事象について述べたものである．このうち正しいものを1，誤っているものを2として解答せよ．

ア　電波雑音は，自然雑音と人工雑音の二つに大別され，自然雑音の主なものには大気雑音，太陽雑音，宇宙雑音などがある．

イ　大気雑音の一種である空電雑音は，主に，マイクロ波(SHF)帯以上の周波数で顕著である．

ウ　人工雑音は，自動車のイグニッション系機器，電気機器および高圧送電線などから発生するものである．

エ　自動車のイグニッション系機器から発生する雑音は，衝撃性雑音(インパルス雑音)であり，短波帯以下の狭い周波数帯域に発生する．

オ　静止衛星通信では，春分および秋分の前後数日間，地球局のアンテナの主ビームが太陽に向くとき，太陽雑音の影響を受けることがある．

問 285

次の記述は，太陽雑音とその通信への影響について述べたものである．　　内に入れるべき字句を下の番号から選べ．

(1) 太陽雑音には，太陽のコロナ領域などの　ア　が静穏時に主に放射する　イ　および太陽爆発などにより突発的に生ずる　ウ　などがある．

(2) 静止衛星からの電波を受信する際，　エ　の頃に　オ　のアンテナの主ビームが太陽に向くときがあり，そのとき極端に太陽雑音が大きくなり，受信機の信号対雑音比(S/N)が低下することがある．

1　プラズマ　　　2　大気雑音　　　3　電波バースト　　　4　春分および秋分
5　航空局　　　　6　X線　　　　　7　熱雑音　　　　　　8　極冠じょう乱
9　夏至および冬至　10　地球局

問題

問 286　正解 ☐　完璧 ☐　直前CHECK ☐

次の記述は，マイクロ波の伝搬について述べたものである．☐内に入れるべき字句を下の番号から選べ．

(1) マイクロ波の伝搬では，地理的な条件による例外を除いて一般に ア の日の深夜または早朝に顕著なフェージングが多く生ずる．
(2) 見通し距離の海上伝搬路と山岳伝搬路を比較した場合，大地反射波によるフェージングの影響が小さい イ の方が安定している．
(3) 伝搬路が長いほど，フェージングの発生頻度と ウ が共に大きくなる．また，伝搬路の平均地上高が エ ほどフェージングは大きくなる．
(4) 大気の状態の変化により，電波があたかも導波管内に閉じ込められて**反射**を繰り返しながら伝搬するように遠距離まで伝搬するのは，オ による伝搬である．

| 1 | 曇天 | 2 | 散乱 | 3 | ラジオダクト | 4 | 低い | 5 | 海上伝搬路 |
| 6 | 晴天 | 7 | 周波数変動 | 8 | 変動幅 | 9 | 高い | 10 | 山岳伝搬路 |

注：**太字**は，ほかの試験問題で穴あきになった用語を示す．

解答　問282→4　問283→2　問284→ア-1 イ-2 ウ-1 エ-2 オ-1
問285→ア-1 イ-7 ウ-3 エ-4 オ-10

ミニ解説
問282　陸上伝搬路に比べて，海上伝搬路の方が発生しやすい．
問284　誤っている選択肢は，次のようになる．
　　イ　短波（HF）帯以下の周波数で顕著である．
　　エ　長波（LF）帯から極超短波（UHF）帯の広い周波数帯域に発生する．

問 287

次の記述は，フェージングの軽減法について述べたものである．　　内に入れるべき字句を下の番号から選べ．

(1) スペースダイバーシティは，　ア　設置した複数のアンテナの受信信号を合成するか，あるいは最も受信出力が大きくなるアンテナに切り替えて受信する方式である．

(2) 周波数ダイバーシティは，異なった周波数ではフェージングの状態が　イ　ことを利用して，同一内容の信号を周波数の異なる複数の搬送周波数で送信し，受信側ではこれらを別々に受信して復調後に合成するか，あるいは最も受信出力が大きくなる周波数に切り替えて受信する方式である．

(3) 偏波ダイバーシティは，偏波面が互いに　ウ　度異なる二つの受信アンテナの受信信号を合成するか，あるいは受信出力が大きくなる方の偏波のアンテナに切り替えて受信する方式である．

(4) 　エ　ダイバーシティは，鋭い主ビームが別々の方向を向くように設置された複数のアンテナの受信信号を合成するか，あるいは最も受信出力が大きくなるアンテナに切り替えて受信する方式である．

(5) 受信機のAGC回路あるいはAVC回路は，　オ　を軽減するために有効である．

1	間隔を適当に離して	2	異なる	3	45	4	角度
5	選択フェージング	6	できるだけ接近させて	7	同じ
8	90	9	位相	10	同期フェージング

問題

問288 解説あり!

次の記述は，図に示す構成例により，電圧定在波比を測定して反射損を求める原理について述べたものである．□内に入れるべき字句の正しい組合せを下の番号から選べ．ただし，電源は，起電力が V_0〔V〕で給電線の特性インピーダンスと等しい内部抵抗 Z_0〔Ω〕を持ち，また，無損失の平行2線式給電線の終端には純抵抗負荷が接続されているものとする．

(1) 給電線上の任意の点から電源側を見たインピーダンスは，常に Z_0〔Ω〕であるので，負荷側を見たインピーダンスが最大の値 Z_m〔Ω〕となる点に流れる電流を I〔A〕とすれば，この点において負荷側に伝送される電力 P_t は，次式となる．

$$P_t = I^2 Z_m = \boxed{\text{A}} \times Z_m \text{〔W〕} \quad \cdots\cdots\cdots ①$$

(2) 電圧定在波比を S とすれば，$Z_m = SZ_0$ の関係があるから，式①は，次式となる．

$$P_t = \frac{V_0^2}{Z_0} \times \boxed{\text{B}} \text{〔W〕} \quad \cdots\cdots\cdots ②$$

(3) 負荷と給電線が整合しているとき $S = 1$ であるから，このときの P_t を P_0 とすれば，式②から P_0 は，次式となる．

$$P_0 = \boxed{\text{C}} \text{〔W〕} \quad \cdots\cdots\cdots ③$$

(4) 負荷と給電線が整合していないときに生ずる反射損 M は，P_0 と P_t の比であり，式②と③から次式となる．

$$M = \frac{P_0}{P_t} = \boxed{\text{D}}$$

すなわち，電圧定在波比を測定すれば，反射損を求めることができる．

	A	B	C	D
1	$\left(\dfrac{V_0}{Z_0+Z_m}\right)^2$	$\dfrac{S}{(1+S)^2}$	$\dfrac{V_0^2}{4Z_0}$	$\dfrac{(1+S)^2}{4S}$
2	$\left(\dfrac{V_0}{Z_0+Z_m}\right)^2$	$\left(\dfrac{2}{1+S}\right)^2$	$\dfrac{V_0^2}{Z_0}$	$\dfrac{(1+S)^2}{4}$
3	$\left(\dfrac{V_0}{2Z_0+Z_m}\right)^2$	$\dfrac{S}{(1+S)^2}$	$\dfrac{V_0^2}{4Z_0}$	$\dfrac{(1+S)^2}{4}$
4	$\left(\dfrac{V_0}{2Z_0+Z_m}\right)^2$	$\left(\dfrac{2}{1+S}\right)^2$	$\dfrac{V_0^2}{Z_0}$	$\dfrac{(1+S)^2}{4}$

解答 問286→ア-6 イ-10 ウ-8 エ-4 オ-3
問287→ア-1 イ-2 ウ-8 エ-4 オ-10

5 $\left(\dfrac{V_0}{2Z_0+Z_m}\right)^2$ $\dfrac{S}{(1+S)^2}$ $\dfrac{V_0^2}{4Z_0}$ $\dfrac{(1+S)^2}{4S}$

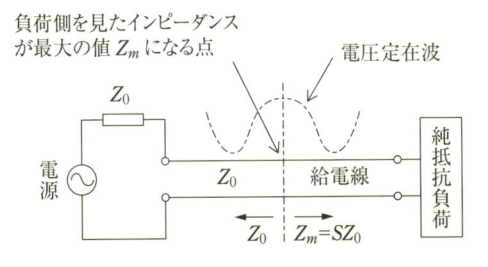

図：負荷側を見たインピーダンスが最大の値 Z_m になる点／電圧定在波／電源—Z_0—給電線—純抵抗負荷（Z_0, $Z_m = SZ_0$）

問 289 解説あり！   正解 □ 完璧 □ 直前CHECK □

次の記述は，無損失の平行2線式給電線に接続されたアンテナの入力抵抗を測定する原理について述べたものである．□□内に入れるべき字句の正しい組合せを下の番号から選べ．

(1) 給電線の特性インピーダンスを Z_0〔Ω〕，アンテナの入力抵抗を R〔Ω〕とすれば，Z_0 と R が等しくないと給電線上に定在波が生ずる．このときのアンテナの給電点における定在波電圧は，□A□ であれば電圧最小（波節），Z_0 と R の大小関係が逆であれば電圧最大（波腹）となる．

(2) 電圧定在波比 S は，給電点における反射係数を Γ，波腹の電圧を $V_{\max}$〔V〕，波節の電圧 $V_{\min}$〔V〕とすれば，次式で与えられる．

$$S = \dfrac{V_{\max}}{V_{\min}} = \boxed{B}$$

ただし，$|\Gamma| = \dfrac{R-Z_0}{R+Z_0}$ （$Z_0<R$）   または $|\Gamma| = \dfrac{Z_0-R}{R+Z_0}$ （$Z_0>R$）とする．

(3) 給電点の定在波電圧が波腹か波節かを確かめた後，$V_{\max}$ と $V_{\min}$ を測定して，R を次式により求める．

$R = Z_0 \times \boxed{C}$ 〔Ω〕（$Z_0<R$）
$R = Z_0 \times \boxed{D}$ 〔Ω〕（$Z_0>R$）

	A	B	C	D
1	$Z_0>R$	$(1-|\Gamma|)/(1+|\Gamma|)$	$V_{\min}/V_{\max}$	$V_{\max}/V_{\min}$
2	$Z_0>R$	$(1+|\Gamma|)/(1-|\Gamma|)$	$V_{\max}/V_{\min}$	$V_{\min}/V_{\max}$
3	$Z_0<R$	$(1-|\Gamma|)/(1+|\Gamma|)$	$V_{\min}/V_{\max}$	$V_{\max}/V_{\min}$
4	$Z_0<R$	$(1+|\Gamma|)/(1-|\Gamma|)$	$V_{\max}/V_{\min}$	$V_{\min}/V_{\max}$
5	$Z_0<R$	$(1+|\Gamma|)/(1-|\Gamma|)$	$V_{\min}/V_{\max}$	$V_{\max}/V_{\min}$

解説 → 問288

線路上の負荷側を見たインピーダンスが最大値Z_m〔Ω〕となる点において，負荷側に伝送される電力P_t〔W〕は，

$$P_t = \left(\frac{V_0}{Z_0 + Z_m}\right)^2 \times Z_m = \frac{V_0^2}{(Z_0 + SZ_0)^2} \times SZ_0$$

$$= \frac{V_0^2}{Z_0} \times \frac{S}{(1+S)^2} \text{〔W〕} \qquad (\boxed{B}\text{の答})$$

$S=1$としたときの電力P_0〔W〕は，

$$P_0 = \frac{V_0^2}{Z_0} \times \frac{1}{(1+1)^2} = \frac{V_0^2}{4Z_0} \text{〔W〕} \qquad (\boxed{C}\text{の答})$$

反射損Mは，

$$M = \frac{P_0}{P_t} = \frac{\dfrac{V_0^2}{4Z_0}}{\dfrac{V_0^2}{Z_0} \times \dfrac{S}{(1+S)^2}} = \frac{(1+S)^2}{4S} \qquad (\boxed{D}\text{の答})$$

解説 → 問289

進行波電圧がV_f〔V〕，反射波電圧がV_r〔V〕のとき，反射係数は$\Gamma = V_r/V_f$で表されるので，電圧定在波比Sは，

$$S = \frac{V_{\max}}{V_{\min}} = \frac{|V_f| + |V_r|}{|V_f| - |V_r|} = \frac{1 + \dfrac{|V_r|}{|V_f|}}{1 - \dfrac{|V_r|}{|V_f|}} = \frac{1 + |\Gamma|}{1 - |\Gamma|} \qquad (\boxed{B}\text{の答})$$

$Z_0 < R$の条件では，

$$S = \frac{1 + \dfrac{|R - Z_0|}{|R + Z_0|}}{1 - \dfrac{|R - Z_0|}{|R + Z_0|}} = \frac{|R + Z_0| + |R - Z_0|}{|R + Z_0| - |R - Z_0|} = \frac{R}{Z_0}$$

よって，

$$R = Z_0 S = Z_0 \frac{V_{\max}}{V_{\min}} \text{〔Ω〕} \qquad (\boxed{C}\text{の答})$$

$Z_0 > R$の条件では，

$$S = \frac{1 + \dfrac{|Z_0 - R|}{|R + Z_0|}}{1 - \dfrac{|Z_0 - R|}{|R + Z_0|}} = \frac{|R + Z_0| + |Z_0 - R|}{|R + Z_0| - |Z_0 - R|} = \frac{Z_0}{R}$$

よって，

$$R = \frac{Z_0}{S} = Z_0 \frac{V_{\min}}{V_{\max}} \text{〔Ω〕} \qquad (\boxed{D}\text{の答})$$

解答 問288 → 1　問289 → 2

問 290

次の記述は，アンテナのインピーダンス測定について述べたものである．　　内に入れるべき字句の正しい組合せを下の番号から選べ．

(1) 周囲からの反射波の影響を受けない場所で測定することが必要であり，電波暗室を用いる方法が良いとされている．屋外で測定するときは，特にアンテナの　A　方向に反射物体がないようにする．

(2) 被測定アンテナの使用周波数に応じてネットワークアナライザ，インピーダンスブリッジ，　B　などが用いられる．

(3) 直接測定できない場合は，反射係数の絶対値 $|\Gamma|$ または電圧定在波比（VSWR）を測定し，計算によって求める．このとき給電線の特性インピーダンスを Z_0〔Ω〕とすれば，$|\Gamma|$ とアンテナのインピーダンス Z〔Ω〕は，次式の関係にある．

$|\Gamma|$ = 　C　

	A	B	C
1	主放射	ダイプレクサ	$|Z-Z_0|\,/\,|Z+Z_0|$
2	主放射	スロット線路	$|Z-Z_0|\,/\,|Z+Z_0|$
3	主放射	スロット線路	$|Z+Z_0|\,/\,|Z-Z_0|$
4	最小放射	ダイプレクサ	$|Z-Z_0|\,/\,|Z+Z_0|$
5	最小放射	スロット線路	$|Z+Z_0|\,/\,|Z-Z_0|$

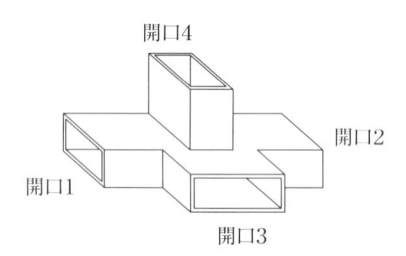

問題

問 291

次の記述は，マジックTによるインピーダンスの測定について述べたものである．□内に入れるべき字句を下の番号から選べ．ただし，測定器相互間の整合はとれているものとし，接続部からの反射は無視できるものとする．なお，同じ記号の□内には，同じ字句が入るものとする．

(1) 図において，開口1および2に任意のインピーダンスを接続して，開口3からマイクロ波を入力すると，等分されて開口1および2へ進むが，両開口からの反射波があると，開口4へ出力される．その大きさは，開口1および2からの反射波の大きさの ア である．

(2) 未知のインピーダンスを測定するには，開口1に標準可変インピーダンス，開口2に被測定インピーダンス，開口3に高周波発振器および開口4に イ を接続し，標準可変インピーダンスを加減して イ への出力が ウ になるようにする．このときの標準可変インピーダンスの値が被測定インピーダンスの値である．

(3) 標準可変インピーダンスに換えて エ を接続し，被測定インピーダンスからの反射電力を測定して，その値から計算により被測定インピーダンスの オ を求めることもできる．

| 1 | 差 | 2 | 可変移相器 | 3 | 最大 | 4 | 無反射終端 | 5 | 位相 |
| 6 | 和 | 7 | 検出器 | 8 | 最小 | 9 | 短絡板 | 10 | 大きさ |

解答 問290→2

問題

問 292

次の記述は，アンテナの諸特性の測定について述べたものである．　　内に入れるべき字句の正しい組合せを下の番号から選べ．

(1) 一般に　A　がマイクロ波アンテナの利得を測定する場合の基準アンテナとして用いられる．

(2) 測定するアンテナの前後比（F/B）は，最大放射方向の電界強度 E_f〔V/m〕と最大放射方向から　B　方向の範囲内の最大の電界強度 E_r〔V/m〕を測定し，E_f/E_r として求める．

(3) 開口面アンテナの測定では，測定周波数が一定の場合，開口面の面積が　C　ほど送信アンテナと受信アンテナとの距離を大きくする必要がある．

	A	B	C
1	ホーンアンテナ	90度 ±60度	小さい
2	ホーンアンテナ	180度 ±60度	大きい
3	微小ループアンテナ	180度 ±60度	小さい
4	微小ループアンテナ	90度 ±60度	小さい
5	微小ループアンテナ	180度 ±60度	大きい

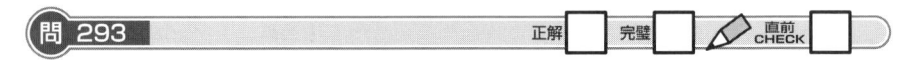

問題

問 293

次の記述は，アンテナの特性の測定法について述べたものである．□内に入れるべき字句の正しい組合せを下の番号から選べ．

(1) アンテナの近傍界測定法は，アンテナの近傍の電磁界の分布を測定し，その測定値から計算により，遠方における　A　電磁界の分布を測定したものと等価であるとして，アンテナの特性を求めるものである．

(2) 一般の測定設備を用いた測定ができない大型の可動アンテナの特性を測定するために，放射する電波の　B　が既知の電波星を用いることがある．

(3) 航空機などに用いられるアンテナの特性は，その物体とアンテナを縮小した模型を用いて測定することがあり，そのときの測定周波数は，アンテナの実際の使用周波数より　C　．

	A	B	C
1	放射	強度	高い
2	放射	偏波	低い
3	放射	強度	低い
4	誘導	偏波	高い
5	誘導	偏波	低い

解答 問291→ア-1 イ-7 ウ-8 エ-4 オ-10　問292→2

ミニ解説　問291　開口3からの入射波は開口1および開口2へは均等に分岐するが，開口4へは伝わらない．開口4からの入射波は開口1および開口2へは均等に分岐するが，開口3へは伝わらない．

問 294

次の記述は，図に示すアンテナの近傍界を測定するプローブの平面走査法について述べたものである．このうち誤っているものを下の番号から選べ．

1　プローブには，半波長ダイポールアンテナやホーンアンテナなどが用いられる．
2　試験アンテナを回転させないでプローブを上下左右方向に走査して測定を行うので，鋭いビームを持つアンテナや回転不可能なアンテナの測定に適している．
3　数値計算による近傍界から遠方界への変換が，円筒面走査法や球面走査法に比べて難しい．
4　高精度の測定には，受信機の直線性を校正しておかなければならない．
5　多重反射による誤差は，プローブを極端に大きくしたり，試験アンテナに接近させ過ぎたりすることで生ずる．

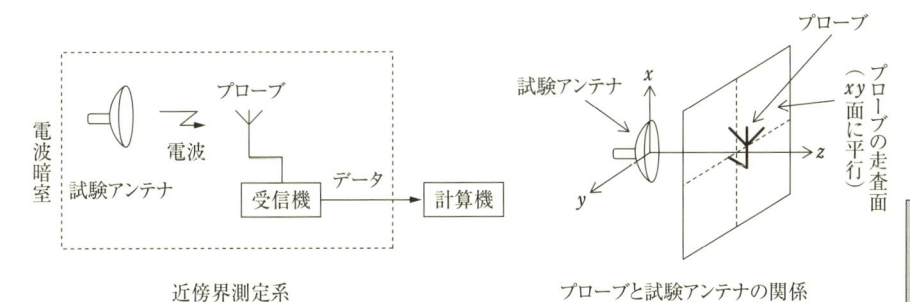

近傍界測定系

プローブと試験アンテナの関係

問題

問 295

次の記述は，図に示す構成によりマイクロ波のアンテナの利得を測定する方法について述べたものである．　　内に入れるべき字句の正しい組合せを下の番号から選べ．ただし，各アンテナの損失は無視し，基準アンテナと被測定アンテナは同じ位置に置くものとする．なお，同じ記号の　　内には，同じ字句が入るものとする．

(1) 絶対利得 G_t（真数）の送信アンテナから送信電力 P_t〔W〕を送信したとき，距離 d〔m〕離れた受信点での電波の電力束密度 p は，次式で表される．

$$p = \boxed{\text{A}} \ \ \text{〔W/m}^2\text{〕} \quad\quad\quad\quad\quad\quad \cdots\cdots\cdots \text{①}$$

(2) スイッチ SW を基準アンテナ側にして受信電力 P_s〔W〕を測定する．基準アンテナの絶対利得および実効面積をそれぞれ G_s（真数）および S〔m²〕，波長を λ〔m〕とすれば，式①から，P_s は，次式で表される．

$$P_s = Sp = \frac{\lambda^2}{4\pi} G_s p = \boxed{\text{B}} \times G_s G_t P_t \ \text{〔W〕} \quad \cdots\cdots\cdots \text{②}$$

(3) SW を被測定アンテナ側にして受信電力 P_x〔W〕を測定する．被測定アンテナの利得を G_x（真数）とすれば，式②と同様に，P_x は次式で表される．

$$P_x = \boxed{\text{B}} \times G_x G_t P_t \ \text{〔W〕} \quad\quad\quad \cdots\cdots\cdots \text{③}$$

(4) 式②と③から，G_x は次式となり，被測定アンテナの利得が測定できる．

$$G_x = \boxed{\text{C}}$$

	A	B	C
1	$\dfrac{G_t P_t}{d^2}$	$\dfrac{1}{4\pi}\left(\dfrac{\lambda}{d}\right)^2$	$\dfrac{G_s P_x}{P_s}$
2	$\dfrac{G_t P_t}{\pi d^2}$	$\left(\dfrac{\lambda}{2\pi d}\right)^2$	$\dfrac{G_s}{P_x}$
3	$\dfrac{G_t P_t}{\pi d^2}$	$\left(\dfrac{\lambda}{2\pi d}\right)^2$	$\dfrac{G_s P_x}{P_s}$
4	$\dfrac{G_t P_t}{4\pi d^2}$	$\left(\dfrac{\lambda}{4\pi d}\right)^2$	$\dfrac{G_s P_x}{P_s}$
5	$\dfrac{G_t P_t}{4\pi d^2}$	$\left(\dfrac{\lambda}{4\pi d}\right)^2$	$\dfrac{G_s}{P_x}$

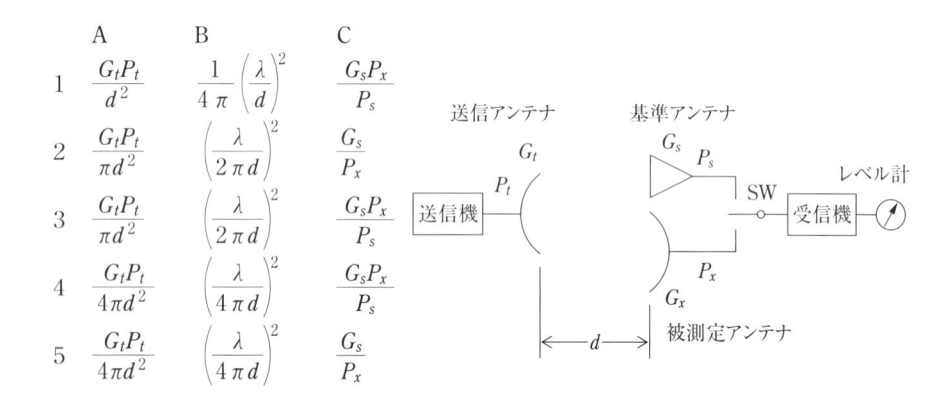

解答 問293→1　問294→3

ミニ解説　問294　円筒面走査法や球面走査法に比べて比較的容易である．

問 296

次の記述は，自由空間において十分離れた距離に置いた二つのアンテナを用いてアンテナの利得を求める方法について述べたものである．□内に入れるべき字句の正しい組合せを下の番号から選べ．ただし，波長を λ [m] とし，アンテナおよび給電回路の損失はないものとする．

(1) 利得がそれぞれ G_1（真数），G_2（真数）の二つのアンテナを，距離 d [m] だけ離して偏波面をそろえて対向させ，その一方のアンテナへ電力 P_t [W] を加えて電波を送信し，他方のアンテナで受信したときのアンテナの受信電力が P_r [W] であると，次式が成り立つ．

$$P_r = G_1 G_2 P_t \times \boxed{A}$$

(2) 一方のアンテナの利得が既知のとき，例えば，G_1 が既知であれば，G_2 は，次式によって求められる．

$$G_2 = \frac{P_r}{P_t G_1} \times \boxed{B}$$

(3) 両方のアンテナの利得が等しいときには，それらを P_t と P_r の測定値から，次式によって求めることができる．

$$G_1 = G_2 = \frac{4\pi d}{\lambda} \times \boxed{C}$$

	A	B	C
1	$\left(\dfrac{4\pi d}{\lambda}\right)^2$	$\left(\dfrac{4\pi d}{\lambda}\right)^2$	$\sqrt{\dfrac{P_r}{P_t}}$
2	$\left(\dfrac{4\pi d}{\lambda}\right)^2$	$\left(\dfrac{\lambda}{4\pi d}\right)^2$	$\sqrt{\dfrac{P_t}{P_r}}$
3	$\left(\dfrac{\lambda}{4\pi d}\right)^2$	$\left(\dfrac{4\pi d}{\lambda}\right)^2$	$\sqrt{\dfrac{P_t}{P_r}}$
4	$\left(\dfrac{\lambda}{4\pi d}\right)^2$	$\left(\dfrac{4\pi d}{\lambda}\right)^2$	$\sqrt{\dfrac{P_r}{P_t}}$
5	$\left(\dfrac{\lambda}{4\pi d}\right)^2$	$\left(\dfrac{\lambda}{4\pi d}\right)^2$	$\sqrt{\dfrac{P_t}{P_r}}$

問 297

次の記述は，小型アンテナの放射効率を測定する Wheeler cap（ウィラー・キャップ）法について述べたものである．　　　　内に入れるべき字句の正しい組合せを下の番号から選べ．なお，同じ記号の　　　　内には，同じ字句が入るものとする．

(1) 図に示すように，地板の上に置いた試験アンテナに，アンテナ電流の分布を乱さないよう適当な形および大きさの金属の箱をかぶせて隙間がないように密閉し，試験アンテナの入力インピーダンスの　A　を測定する．この値は，アンテナからの放射がないので，アンテナの　B　とみなせる．

(2) 次に金属の箱を取り除いて，同様に，試験アンテナの入力インピーダンスの　A　を測定する．この値はアンテナの　B　と　C　の和である．

(3) 放射効率は，(1)と(2)の測定値の差から求められる　C　を(2)で測定した　A　で割った値で表される．

	A	B	C
1	実数部	導体抵抗	損失抵抗
2	実数部	損失抵抗	放射抵抗
3	虚数部	損失抵抗	導体抵抗
4	虚数部	導体抵抗	損失抵抗
5	虚数部	損失抵抗	放射抵抗

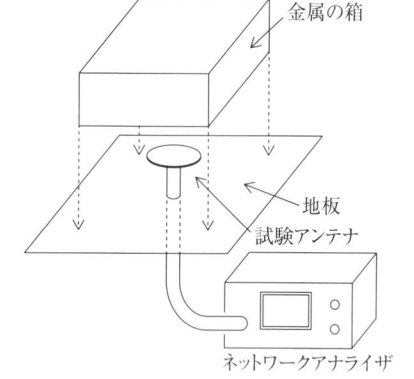

解答　問295 → 4　問296 → 4

問295 送信点を中心として距離 d 離れた点の球の表面積が $A=4\pi d^2$ だから，電力束密度 p [W/m²] は，$P_t \times G_t$ [W] を A [m²] で割った値である．

問 298

次の記述は，自由空間においてパラボラアンテナの利得を測定するときの送受信アンテナ間の距離について述べたものである．　　内に入れるべき字句の正しい組合せを下の番号から選べ．ただし，波長を λ〔m〕とする．

(1) 一般に，パラボラアンテナは波長に比べて開口面の直径が　A　ので，測定するときは開口面の各部からの通路差による利得の誤差が許容値以内で，かつ，受信点における測定波の電界強度が適切な値になるように距離を選ぶ．

(2) 開口面の各部からの通路差による利得の誤差を 2〔％〕以下に抑えるために必要な最小距離は，送信アンテナおよび受信アンテナの開口面の直径を，それぞれ D_1〔m〕および D_2〔m〕とすれば，　B　〔m〕と求められる．

	A	B
1	小さい	$\dfrac{2(D_1^2 + D_2^2)}{\lambda}$
2	小さい	$\dfrac{2(D_1 + D_2)^2}{\lambda}$
3	大きい	$\dfrac{2(D_1^2 + D_2^2)}{\lambda}$
4	大きい	$\dfrac{4(D_1 + D_2)^2}{\lambda}$
5	大きい	$\dfrac{2(D_1 + D_2)^2}{\lambda}$

問 299

次の記述は，電波暗室について述べたものである．このうち正しいものを 1，誤っているものを 2 として解答せよ．

ア　電波暗室内の壁面や天井および床に電波吸収体を張り付けて自由空間とほぼ同等の空間を実現したもので，アンテナの指向性の測定などを能率的に行うことができる．

イ　電波暗室には，電磁的なシールドは施されていない．

ウ　電波吸収体は，使用周波数に適した材質，形状のものを用いる．

エ　電波暗室内で，測定するアンテナを設置する場所をフレネルゾーンといい，そこへ到来する不要反射電力が決められた値以下になるように設計されている．

オ　電波暗室の性能は壁面や天井および床などからの反射電力の大小で評価され，評価法にはアンテナパターン比較法や空間定在波法などがある．

問題

問 300

図は，使用する電波の波長 λ [m]に比べて大きなアンテナ直径 D_1 [m]または D_2 [m]を持つ二つの開口面アンテナの利得や指向性を測定する場合の最小測定距離 R [m]を求めるための幾何学的な関係を示したものである．$D_1=0.7$ [m]，$D_2=0.3$ [m]および測定周波数が30 [GHz]のときの R の値として，最も近いものを下の番号から選べ．ただし，通路差 ΔR は，$\Delta R = R' - R \fallingdotseq (D_1+D_2)^2/(8R)$ [m]とし，ΔR が $\lambda/16$ [m]以下であれば適切な測定ができるものとする．

1　50 [m]
2　100 [m]
3　150 [m]
4　200 [m]
5　250 [m]

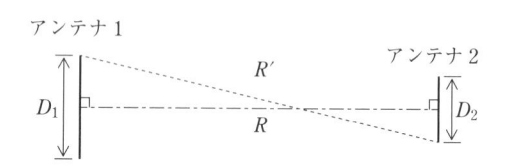

問 301

1/4波長垂直接地アンテナの接地抵抗を測定したとき，周波数2.5 [MHz]で1.9 [Ω]であった．このアンテナの放射効率の値として，最も近いものを下の番号から選べ．ただし，大地は完全導体とし，アンテナ導線の損失抵抗および接地抵抗による損失以外の損失は無視できるもとする．また，波長を λ [m]とすると，給電点から見たアンテナ導線の損失抵抗 R_L は，次式で表されるものとする．

$$R_L = 0.1\lambda/8 \ [\Omega]$$

1　0.68
2　0.75
3　0.82
4　0.86
5　0.92

解答　問297→2　問298→5　問299→ア-1　イ-2　ウ-1　エ-2　オ-1

ミニ解説

問299　誤っている選択肢は，次のようになる．
　イ　通常，電磁的なシールドが施されている．
　エ　測定するアンテナを設置する場所をクワイエットゾーンといい，そこへ到来する散乱波の電力が決められた値以下になるように設計されている．

問 302

雑音温度が120〔K〕のアンテナに給電回路を接続したとき，200〔K〕の雑音温度が測定された．この給電回路の損失（真数）の値として，正しいものを下の番号から選べ．ただし，周囲温度を27〔℃〕とする．

1　1.6
2　1.8
3　2.0
4　2.2
5　2.4

問 303

次の記述は，電波暗室と電波吸収体について述べたものである．　　　内に入れるべき字句の正しい組合せを下の番号から選べ．

(1) 屋外でアンテナ特性を測定すると，大地や周囲の建造物などからの反射波が直接波とともに受信されるため，良好な測定結果が得られない場合がある．電波暗室は，壁，天井および床に電波吸収体を張り付けて，室内を　A　の状態に近づけ，この中でアンテナ特性などの測定が行えるような構造にしたものである．
(2) 電波吸収体は，電波がその表面に入射したとき，反射されずに内部へ十分に進入して吸収されることが必要である．誘電材料を用いた電波吸収体の場合には，　B　粉末を誘電体表面に塗布したり，誘電体の内部に混入したりする．その形状には，表面を　C　にしたものや，誘電率の異なる平板状の材料を層状に重ねたものなどがある．

	A	B	C
1	誘導電磁界領域	フェライト	ピラミッド状など
2	誘導電磁界領域	黒鉛	ピラミッド状など
3	誘導電磁界領域	フェライト	球状
4	自由空間	フェライト	球状
5	自由空間	黒鉛	ピラミッド状など

解説 → 問300

周波数 $f = 30\,[\mathrm{GHz}] = 30 \times 10^9\,[\mathrm{Hz}]$ の電波の波長 $\lambda\,[\mathrm{m}]$ は,

$$\lambda = \frac{3 \times 10^8}{f} = \frac{3 \times 10^8}{30 \times 10^9} = 0.01\,[\mathrm{m}]$$

問題で与えられた式の $\Delta R = \lambda/16$ とすると,

$$\Delta R = \frac{\lambda}{16} = \frac{(D_1 + D_2)^2}{8R}$$

$$R = \frac{2(D_1 + D_2)^2}{\lambda} = \frac{2 \times (0.7 + 0.3)^2}{0.01} = 200\,[\mathrm{m}]$$

解説 → 問301

周波数 $f = 2.5\,[\mathrm{MHz}]$ の電波の波長 $\lambda\,[\mathrm{m}]$ は,

$$\lambda = \frac{300}{f} = \frac{300}{2.5} = 120\,[\mathrm{m}]$$

問題で与えられた式より,アンテナの損失抵抗 $R_L\,[\Omega]$ は,

$$R_L = \frac{0.1\lambda}{8} = \frac{0.1 \times 120}{8} = 1.5\,[\Omega]$$

1/4波長垂直接地アンテナの放射抵抗 $R_R = 36.6\,[\Omega]$,接地抵抗 $R_E = 1.9\,[\Omega]$ より,放射効率 η は,

$$\eta = \frac{R_R}{R_R + R_E + R_L} = \frac{36.6}{36.6 + 1.9 + 1.5} = \frac{36.6}{40}$$
$$\fallingdotseq 0.92$$

> 1/4波長垂直接地アンテナの放射抵抗 R_R は,半波長ダイポールアンテナの放射抵抗 $73.13\,[\Omega]$ の1/2

解説 → 問302

アンテナの雑音温度 $T_a = 120\,[\mathrm{K}]$,周囲温度 $27\,[\mathrm{℃}]$ の絶対温度 $T_0 = 27 + 273 = 300\,[\mathrm{K}]$,給電回路の損失が L のとき,アンテナ系の雑音温度 $T_A = 200\,[\mathrm{K}]$ は,

$$T_A = \frac{T_a}{L} + \left(1 - \frac{1}{L}\right)T_0 = \frac{T_a}{L} + T_0 - \frac{T_0}{L}$$

$$T_A - T_0 = \frac{T_a - T_0}{L}$$

L を求めると,

$$L = \frac{T_a - T_0}{T_A - T_0} = \frac{120 - 300}{200 - 300} = \frac{-180}{-100} = 1.8$$

解答 問300→4　問301→5　問302→2　問303→5

問題

問 304　[正解] [完璧] [直前CHECK]

次の記述は，無線局の定義である．電波法（第2条）の規定に照らし，この規定に定めるところに適合するものを下の1から4までのうちから一つ選べ．

1　無線設備及び無線従事者の総体をいう．ただし，発射する電波が著しく微弱な無線設備で総務省令で定めるものを含まない．
2　無線設備及び無線設備の操作を行う者の総体をいう．ただし，受信のみを目的とするものを含まない．
3　無線設備及び無線設備を管理する者の総体をいう．
4　無線設備及び無線設備の操作又はその監督を行う者の総体をいう．

問 305　[正解] [完璧] [直前CHECK]

次の記述は，無線局の開設について述べたものである．電波法（第4条）の規定に照らし，□内に入れるべき最も適切な字句を下の1から10までのうちからそれぞれ一つ選べ．なお，同じ記号の□内には，同じ字句が入るものとする．

無線局を開設しようとする者は，□ア□ならない．ただし，次に掲げる無線局については，この限りでない．
(1)　□イ□無線局で総務省令の定めるもの
(2)　26.9メガヘルツから27.2メガヘルツまでの周波数の電波を使用し，かつ，空中線電力が0.5ワット以下である無線局のうち総務省令で定めるものであって，□ウ□のみを使用するもの
(3)　空中線電力が1ワット以下である無線局のうち総務省令で定めるものであって，電波法第4条の2（呼出符号又は呼出名称の指定）の規定により指定された呼出符号又は呼出名称を自動的に送信し，又は受信する機能その他総務省令で定める機能を有することにより他の無線局にその□エ□を阻害するような混信その他の妨害を与えないように□エ□することができるもので，かつ，□ウ□のみを使用するもの
(4)　□オ□開設する無線局

1　発射する電波が著しく微弱な　　2　型式検定に合格している機器
3　総務大臣の登録を受けて　　　　4　総務大臣の免許を受けなければ
5　運用　　6　総務大臣の検査を受けなければ　　7　適合表示無線設備
8　総務大臣に届け出て　　9　機能　　10　小規模な

注：**太字**は，ほかの試験問題で穴あきになった用語を示す．

問 306

次の記述は，総務大臣の登録を受けて開設する無線局について述べたものである．電波法（第4条，第27条の18及び第27条の21）の規定に照らし，□内に入れるべき最も適切な字句の組合せを下の1から4までのうちから一つ選べ．

① 電波を発射しようとする場合において当該電波と周波数を同じくする電波を受信することにより一定の時間自己の電波を発射しないことを確保する機能を有する無線局その他 A 他の無線局の運用を阻害するような混信その他の妨害を与えないように運用することのできる無線局のうち総務省令で定めるものであって， B のみを使用するものを C 開設しようとする者は，総務大臣の登録を受けなければならない．

② ①の登録の有効期間は，登録の日から起算して D を超えない範囲内において総務省令で定める．ただし，再登録を妨げない．

③ ①の総務大臣の登録を受けて開設する無線局は，総務大臣の免許を受けることを要しない．

	A	B	C	D
1	無線設備の規格（総務省令で定めるものに限る．）を同じくする	その型式について総務大臣の行う検定に合格した無線設備の機器	総務省令で定める区域内に	10年
2	使用する電波の型式及び周波数（総務省令で定めるものに限る．）を同じくする	その型式について総務大臣の行う検定に合格した無線設備の機器	総務省令で定める周波数を使用して	5年
3	無線設備の規格（総務省令で定めるものに限る．）を同じくする	適合表示無線設備	総務省令で定める区域内に	5年
4	使用する電波の型式及び周波数（総務省令で定めるものに限る．）を同じくする	適合表示無線設備	総務省令で定める周波数を使用して	10年

解答 問304→2　問305→アー4 イー1 ウー7 エー5 オー3

問 307

次に掲げる無線局のうち，日本の国籍を有しない人又は外国の法人若しくは団体が免許を与えられない無線局に該当するものはどれか．電波法（第5条）の規定に照らし，下の1から4までのうちから一つ選べ．

1　電気通信業務を行うことを目的として開設する無線局
2　基幹放送をする無線局（受信障害対策中継放送，衛星基幹放送及び移動受信用地上基幹放送をする無線局を除く．）
3　自動車その他の陸上を移動するものに開設し，若しくは携帯して使用するために開設する無線局又はこれらの無線局若しくは携帯して使用するための受信設備と通信を行うために陸上に開設する移動しない無線局（電気通信業務を行うことを目的とするものを除く．）
4　実験等無線局

問 308

次に掲げる者のうち，総務大臣が無線局の免許を与えないことができる者に該当するものはどれか．電波法（第5条）の規定に照らし，下の1から4までのうちから一つ選べ．

1　無線局の免許の取消しを受け，その取消しの日から2年を経過しない者
2　電波法第11条（免許の拒否）の規定により免許を拒否され，その拒否の日から2年を経過しない者
3　無線局の運用の停止を命じられ，その命令の期間が終了した日から2年を経過しない者
4　電波の発射の停止を命じられ，その命令の解除の日から2年を経過しない者

問題

問 309

次の記述は，免許の申請の期間を公示する無線局の免許の申請について述べたものである．電波法（第6条）の規定に照らし，□内に入れるべき最も適切な字句の組合せを下の1から4までのうちから一つ選べ．なお，同じ記号の□内には，同じ字句が入るものとする．

次に掲げる無線局（総務省令で定めるものを除く．）であって総務大臣が公示する A の免許の申請は，総務大臣が公示する期間内に行わなければならない．
(1) B を行うことを目的として陸上に開設する移動する無線局（1又は2以上の都道府県の区域の全部を含む区域をその移動範囲とするものに限る．）
(2) B を行うことを目的として陸上に開設する移動しない無線局であって，(1) に掲げる無線局を通信の相手方とするもの
(3) B を行うことを目的として開設する人工衛星局
(4) C

	A	B	C
1	周波数を使用するもの	電気通信業務又は公共業務	重要無線通信を行う無線局
2	周波数を使用するもの	電気通信業務	基幹放送局
3	地域に開設するもの	電気通信業務又は公共業務	基幹放送局
4	地域に開設するもの	電気通信業務	重要無線通信を行う無線局

解答 問306→3　問307→2　問308→1

ミニ解説
問307　免許を与えられる無線局には正しい選択肢の他に，アマチュア無線局，特定の条件の船舶の無線局，特定の条件の航空機の無線局，特定の固定地点間の無線通信を行う無線局．等がある．
問308　電波法又は放送法に規定する罪を犯し罰金以上の刑に処せられ，その執行を終わり，又はその執行を受けることがなくなった日から2年を経過しない者も該当する．

問題

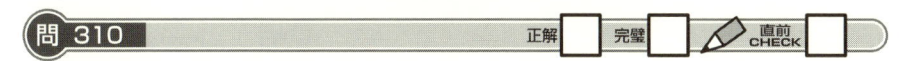

問 310

次の記述は，固定局の予備免許等について述べたものである．電波法（第8条及び第9条）の規定に照らし，□内に入れるべき最も適切な字句の組合せを下の1から4までのうちから一つ選べ．なお，同じ記号の□内には，同じ字句が入るものとする．

① 総務大臣は，電波法第7条（申請の審査）の規定により申請を審査した結果，その申請が同条第1項各号に適合していると認めるときは，申請者に対し，次に掲げる事項を指定して，無線局の予備免許を与える．
 (1) 　A　 の期限
 (2) 電波の型式及び周波数
 (3) 識別信号
 (4) 空中線電力
 (5) 運用許容時間

② 総務大臣は，予備免許を受けた者から申請があった場合において，相当と認めるときは，①の(1)の期限を延長することができる．

③ ①の予備免許を受けた者は，　B　を変更しようとするときは，あらかじめ　C　．ただし，総務省令で定める軽微な事項については，この限りでない．

④ ③の変更は，周波数，電波の型式又は空中線電力に変更を来すものであってはならず，かつ，電波法第7条第1項第1号の　D　に合致するものでなければならない．

⑤ ①の予備免許を受けた者は，無線局の目的(注)，通信の相手方，通信事項又は無線設備の設置場所を変更しようとするときは，あらかじめ　C　．
 注　基幹放送局以外の無線局が基幹放送をすることとする無線局の目的の変更は，これを行うことができない．

	A	B	C	D
1	工事落成	工事設計	総務大臣の許可を受けなければならない	技術基準
2	工事落成	無線設備	総務大臣に届け出なければならない	無線局（基幹放送局を除く．）の開設の根本的基準
3	工事開始	工事設計	総務大臣に届け出なければならない	技術基準
4	工事開始	無線設備	総務大臣の許可を受けなければならない	無線局（基幹放送局を除く．）の開設の根本的基準

問 311

無線局の予備免許の際の指定事項，予備免許中の変更等に関する次の記述のうち，電波法(第8条，第9条，第11条及び第19条)の規定に照らし，これらの規定に定めるところに適合しないものはどれか．下の1から4までのうちから一つ選べ．

1 無線局の予備免許を受けた者は，工事設計を変更しようとするときは，あらかじめ総務大臣の許可を受けなければならない．ただし，総務省令で定める軽微な事項については，この限りでない．
2 総務大臣が無線局の免許の申請者に予備免許を与える際に指定する事項は，工事落成の期限，無線設備の設置場所，電波の型式及び周波数，識別信号，空中線電力，実効輻射電力並びに運用許容時間である．
3 無線局の予備免許を受けた者が，電波法第8条(予備免許)の規定により指定された工事落成の期限(その期限の延長があったときは，その期限)経過後2週間以内に電波法第10条(落成後の検査)の規定による工事落成の届出がないときは，総務大臣は，その無線局の免許を拒否しなければならない．
4 無線局の予備免許を受けた者が混信を除去する等のために電波の型式及び周波数を変更しようとするときは，総務大臣にその電波の型式及び周波数の指定の変更を申請し，その指定の変更を受けなければならない．

問 312

無線局の予備免許を受けた者が総務大臣から指定された工事落成の期限(その延長があったときは，その期限)経過後2週間以内に電波法第10条(落成後の検査)の規定による工事が落成した旨の届出をしないときに，総務大臣はどうしなければならないか．電波法(第11条)の規定に照らし，下の1から4までのうちから一つ選べ．

1 工事落成の期限の延長の申請をするよう指示する．
2 速やかに工事を落成するよう指示する．
3 無線局の予備免許を取り消す．
4 無線局の免許を拒否する．

解答 問309→2　問310→1

問 313

次の記述は，固定局又は陸上移動業務の無線局に係る工事設計の変更について述べたものである．電波法（第9条）の規定に照らし，□内に入れるべき最も適切な字句の組合せを下の1から4までのうちから一つ選べ．

① 電波法第8条の予備免許を受けた者は，工事設計を変更しようとするときは，あらかじめ A ．ただし，総務省令で定める軽微な事項については，この限りでない．
② ①の変更は， B に変更を来すものであってはならず，かつ，電波法第7条（申請の審査）の C に合致するものでなければならない．

	A	B	C
1	総務大臣に届け出なければならない	周波数，電波の型式又は空中線電力	無線局（基幹放送局を除く．）の開設の根本的基準
2	総務大臣の許可を受けなければならない	周波数，電波の型式又は空中線電力	技術基準
3	総務大臣の許可を受けなければならない	周波数，電波の型式，空中線電力又は実効輻射電力	無線局（基幹放送局を除く．）の開設の根本的基準
4	総務大臣に届け出なければならない	周波数，電波の型式，空中線電力又は実効輻射電力	技術基準

問 314

次の記述は，無線局の予備免許等について述べたものである．電波法（第8条，第9条，第11条，第15条及び第19条）及び無線局免許手続規則（第15条の4）の規定に照らし，これらの規定に定めるところに適合するものを1，これらの規定に定めるところに適合しないものを2として解答せよ．

ア　総務大臣が無線局の予備免許を与える際に指定する事項は，工事落成の期限，電波の型式及び周波数，識別信号，空中線電力，通信の相手方，通信事項並びに運用許容時間である．

イ　無線局の予備免許を受けた者が指定された電波の型式及び周波数の指定の変更を希望し，これに伴い工事設計を変更（総務省令で定める軽微な事項を除く．）しようとするときは，総務大臣に電波の型式及び周波数の指定の変更を申請し，その指定の変更を受けるとともに，その工事設計の変更についてあらかじめ総務大臣の許可を受けなければならない．

ウ　無線局の予備免許を受けた者が総務省令で定める軽微な事項について工事設計を変更しようとするときは，あらかじめその旨を総務大臣に届け出なければならない．

エ　無線局の予備免許を受けた者から，電波法第8条（予備免許）の規定により指定された工事落成の期限（この期限の延長があったときは，その期限）経過後2週間以内に電波法第10条（落成後の検査）の規定による工事落成の届出がないときは，総務大臣は，その無線局の予備免許を取り消さなければならない．

オ．適合表示無線設備のみを使用する無線局の免許については，電波法第8条（予備免許），第9条（工事設計等の変更），第10条（落成後の検査）及び第11条（免許の拒否）の規定にかかわらず，総務大臣は，その無線局の免許の申請を審査した結果，その申請が電波法第7条（申請の審査）第1項各号又は第2項各号に適合していると認めるときは，電波の型式及び周波数，識別信号，空中線電力並びに運用許容時間を指定して，無線局の免許を与える．

解答　問311 ➡ 2　問312 ➡ 4　問313 ➡ 2

ミニ解説

問311　総務大臣が指定する事項は，①工事落成の期限．②電波の型式及び周波数．③呼出符号（標識符号を含む．），呼出名称その他の総務省令で定める識別信号（「識別信号」という．）．④空中線電力．⑤運用許容時間．

問題

問 315

次の記述は，無線局の落成後の検査について述べたものである．電波法（第10条）の規定に照らし，☐内に入れるべき最も適切な字句の組合せを下の1から5までのうちから一つ選べ．

① 電波法第8条の予備免許を受けた者は， A は，その旨を総務大臣に届け出て，その無線設備，無線従事者の資格（主任無線従事者の要件に係るものを含む．）及び B 並びに C （以下「無線設備等」という．）について検査を受けなければならない．

② ①の検査は，①の検査を受けようとする者が，当該検査を受けようとする無線設備等について登録検査等事業者(注1)又は登録外国点検事業者(注2)が総務省令で定めるところにより行った当該登録に係る点検の結果を記載した書類を添えて①の届出をした場合においては， D を省略することができる．

注1 電波法第24条の2（検査等事業者の登録）第1項の登録を受けた者をいう．
　2 電波法第24条の13（外国点検事業者の登録等）第1項の登録を受けた者をいう．

	A	B	C	D
1	工事が落成したとき	員数	時計及び書類	その一部
2	工事落成の期限の日になったとき	員数（監督を受けて無線設備の操作を行う無線従事者の資格を有しない者を含む．）	時計及び書類	その一部
3	工事が落成したとき	員数（監督を受けて無線設備の操作を行う無線従事者の資格を有しない者を含む．）	計器及び予備品	その全部又は一部
4	工事落成の期限の日になったとき	員数	計器及び予備品	その全部又は一部
5	工事が落成したとき	員数	時計及び書類	その全部又は一部

問題

問 316

無線局の免許状及び証票に関する次の記述のうち，電波法（第8条，第14条，第21条及び第24条）及び電波法施行規則（第38条）の規定に照らし，これらの規定に定めるところに適合するものを1，これらの規定に定めるところに適合しないものを2として解答せよ．

ア　総務大臣は，無線局の予備免許を与えたときは，免許状を交付する．

イ　無線局に備え付けておかなければならない免許状は，別に定める無線局を除き，主たる送信装置のある場所の見やすい箇所に掲げておかなければならない．ただし，掲示を困難とするものについては，その掲示を要しない．

ウ　無線局の免許がその効力を失ったときは，免許人であった者は，3箇月以内にその免許状を返納しなければならない．

エ　免許人は，免許状に記載した事項に変更を生じたときは，その免許状を総務大臣に提出し，訂正を受けなければならない．

オ　陸上移動局又は携帯局にあっては，その無線設備の常置場所（包括免許に係る特定無線局にあっては，その局の包括免許に係る手続を行う包括免許人の事務所とする．）に免許状を備え付け，かつ，総務大臣が別に告示するところにより，その送信装置のある場所に総務大臣又は総合通信局長（沖縄総合通信事務所長を含む．）が発給する証票を備え付けなければならない．ただし，電気通信業務を行うことを目的として開設する陸上移動局又は携帯局その他電波法施行規則第38条（備付けを要する業務書類等）第3項ただし書に掲げる無線局については，当該証票の備付けを要しない．

注：平成30年3月1日改正電波法施行規則の施行により，選択肢イの（放送局，固定局等の）免許状の掲示及びオの免許証票の備付けの規定は廃止された．

解答　問314→ア-2　イ-1　ウ-2　エ-2　オ-1　　問315→1

ミニ解説

問314　誤っている選択肢は次のようになる．
ア　通信の相手方，通信事項は指定事項ではない．
ウ　軽微な事項について工事設計を変更したときは，遅滞なくその旨を総務大臣に届け出なければならない．
エ　総務大臣は，その無線局の免許を拒否しなければならない．

問題

問 317

次の記述は，無線局の免許の有効期間及び再免許について述べたものである．電波法（第13条），電波法施行規則（第7条及び第8条）及び無線局免許手続規則（第17条及び第19条）の規定に照らし，____内に入れるべき最も適切な字句を下の1から10までのうちからそれぞれ一つ選べ．なお，同じ記号の____内には，同じ字句が入るものとする．

① 免許の有効期間は，免許の日から起算して__ア__において総務省令で定める．ただし，再免許を妨げない．
② 固定局の免許の有効期間は，__イ__とする．
③ 地上基幹放送局（臨時目的放送を専ら行うものを除く．）の免許の有効期間は，__イ__とする．
④ 特定実験試験局の免許の有効期間は，__ウ__とする．
⑤ ②及び③の規定は，同一の種別に属する無線局について同時に有効期間が満了するよう総務大臣が定める一定の時期に免許をした無線局に適用があるものとし，免許をする時期がこれと異なる無線局の免許の有効期間は，②及び③の規定にかかわらず，この一定の時期に免許を受けた当該種別の無線局に係る免許の有効期間の満了の日までの期間とする．
⑥ ②及び③の無線局の再免許の申請は，免許の有効期間満了前__エ__を超えない期間において行わなければならない(注)．
　　注　無線局免許手続規則第17条(申請の期間)第1項ただし書及び同条2項において別に定める場合を除く．
⑦ 総務大臣又は総合通信局長（沖縄総合通信事務所長を含む．）は，電波法第7条（申請の審査）の規定により再免許の申請を審査した結果，その申請が同条の規定に適合していると認めるときは，申請者に対し，次に掲げる事項を指定して，無線局の__オ__を与える．

　　(1) 電波の型式及び周波数　　(2) 識別信号
　　(3) 空中線電力　　(4) 運用許容時間

1　5年を超えない範囲内　　2　10年を超えない範囲内
3　5年　　4　10年
5　目的を達成するために必要な期間　　6　当該周波数の使用が可能な期間
7　6箇月以上12箇月　　8　3箇月以上6箇月
9　予備免許　　10　免許

問 318

次の記述は，再免許の申請及びその申請の期間について述べたものである．無線局免許手続規則(第16条及び第17条)の規定に照らし，　　　内に入れるべき最も適切な字句を下の1から10までのうちから一つ選べ．

① 再免許を申請しようとするときは，再免許申請書に次に掲げる事項等を記載した書類を添えて総務大臣又は総合通信局長(沖縄総合通信事務所長を含む．)に提出して行わなければならない．
    (1) 免許の番号
    (2) 免許の年月日及び有効期間満了の期日
    (3) ア (遭難自動通報局を除く．)
    (4) イ 及び空中線電力
    (5) (1)から(4)までに掲げる事項のほか，無線局免許手続規則第16条(再免許の申請)第1項又は第2項に定める事項

② 再免許の申請は，アマチュア局(人工衛星等のアマチュア局を除く．)にあっては免許の有効期間満了前1箇月以上1年を超えない期間，特定実験試験局にあっては免許の有効期間満了前1箇月以上3箇月を超えない期間，その他の無線局にあっては免許の有効期間満了前 ウ を超えない期間において行わなければならない．ただし，免許の有効期間が1年以内である無線局については，その有効期間満了前 エ までに行うことができる．

③ 免許の有効期間満了前1箇月以内に免許を与えられた無線局については，②の規定にかかわらず， オ 再免許の申請を行わなければならない．

1 継続開設を必要とする理由　　2 1箇月　　3 6箇月以上1年
4 無線設備の工事設計　　5 免許を受けた後直ちに　　6 3箇月
7 3箇月以上6箇月　　8 免許の有効期間満了の日の前日までに
9 希望する電波の型式，周波数の範囲　　10 電波の型式，周波数

解答
問316 → ア-2 イ-1 ウ-2 エ-1 オ-1
問317 → ア-1 イ-3 ウ-6 エ-8 オ-10

ミニ解説
問316 誤っている選択肢は次のようになる．
  ア 免許を与えたときは，免許状を交付する．
  ウ 1箇月以内にその免許状を返納しなければならない．

問 319

次の記述は，無線局の免許内容の変更等について述べたものである．電波法（第17条及び第18条）の規定に照らし，____内に入れるべき最も適切な字句の組合せを下の1から4までのうちから一つ選べ．

① 免許人は，__A__ 若しくは無線設備の設置場所を変更し，又は無線設備の変更の工事をしようとするときは，あらかじめ総務大臣の許可を受けなければならない．放送をする無線局（電気通信業務を行うことを目的とするものを除く．）の免許人が放送事項又は放送区域を変更しようとするときも，同様とする．ただし，無線設備の変更の工事であって総務省令で定める軽微な事項のものについては，この限りでない．

② ①の無線設備の変更の工事は，__B__ に変更を来すものであってはならず，かつ，電波法第7条（申請の審査）第1項第1号又は第2項第1号の技術基準に合致するものでなければならない．

③ ①の規定により無線設備の設置場所の変更又は無線設備の変更の工事の許可を受けた免許人は，総務大臣の検査を受け，当該変更又は工事の結果が①の許可の内容に適合していると認められた後でなければ，__C__ を運用してはならない．ただし，総務省令で定める場合は，この限りでない．

	A	B	C
1	無線局の種別，通信の相手，通信事項	送信装置の発射可能な電波の型式及び周波数の範囲	許可に係る無線設備
2	通信の相手方，通信事項	周波数，電波の型式又は空中線電力	許可に係る無線設備
3	無線局の種別，通信の相手方，通信事項	周波数，電波の型式又は空中線電力	当該無線局の無線設備
4	通信の相手方，通信事項	送信装置の発射可能な電波の型式及び周波数の範囲	当該無線局の無線設備

問 320

無線設備の変更の工事について総務大臣の許可を受けた免許人は、どのような手続をとった後でなければ、その許可に係る無線設備を運用することができないか。電波法（第18条）の規定に照らし、下の1から4までのうちから一つ選べ。

1 無線設備の変更の工事を行った者は、その工事の結果を記載した書面を添えてその旨を総務大臣に届け出た後でなければ、許可に係る無線設備を運用してはならない。
2 無線設備の変更の工事を行った者は、総務省令で定める場合を除き、総務大臣の検査を受け、当該無線設備の変更の工事の結果が許可の内容に適合していると認められた後でなければ、許可に係る無線設備を運用してはならない。
3 無線設備の変更の工事を行った者は、総務省令で定める場合を除き、電波法第24条の2（検査等事業者の登録）第1項の登録を受けた者又は同法第24条の13（外国点検事業者の登録等）第1項の登録を受けた者の検査を受け、当該無線設備の変更の工事の結果が電波法第3章（無線設備）に定める技術基準に適合していると認められた後でなければ、許可に係る無線設備を運用してはならない。
4 無線設備の変更の工事を行った者は、許可に係る無線設備を運用しようとするときは、申請書に、その工事の結果を記載した書面を添えて総務大臣に提出し、許可を受けた後でなければ、その許可に係る無線設備を運用してはならない。

解答 問318→ア-1 イ-9 ウ-7 エ-2 オ-5　問319→2

問 321

次の記述は，変更検査について述べたものである．電波法（第18条及び第110条）の規定に照らし，□内に入れるべき最も適切な字句の組合せを下の1から4までのうちから一つ選べ．

① 電波法第17条第1項の規定により　A　又は無線設備の変更の工事の許可を受けた免許人は，総務大臣の検査を受け，当該変更又は工事の結果が同条同項の許可の内容に適合していると認められた後でなければ　B　を運用してはならない．ただし，総務省令で定める場合は，この限りでない．

② ①の検査は，①の検査を受けようとする者が，当該検査を受けようとする無線設備について電波法第24条の2（検査等事業者の登録）第1項又は第24条の13（外国点検事業者の登録等）第1項の登録を受けた者が総務省令で定めるところにより行った当該登録に係る点検の結果を記載した書類を総務大臣に提出した場合においては，その一部を省略することができる．

③ ①の規定(注)に違反して無線設備を運用した者は，　C　に処する．
　注　電波法第18条（変更検査）第1項の規定をいう．

	A	B	C
1	無線設備の設置場所の変更	当該無線局の無線設備	2年以下の懲役又は200万円以下の罰金
2	通信の相手方，通信事項若しくは無線設備の設置場所の変更	当該無線局の無線設備	1年以下の懲役又は100万円以下の罰金
3	無線設備の設置場所の変更	許可に係る無線設備	1年以下の懲役又は100万円以下の罰金
4	通信の相手方，通信事項若しくは無線設備の設置場所の変更	許可に係る無線設備	2年以下の懲役又は200万円以下の罰金

問題

問 322

次の記述は，申請による周波数の変更等について述べたものである．電波法（第19条及び第76条）の規定に照らし，□内に入れるべき最も適切な字句の組合せを下の1から4までのうちから一つ選べ．

① 総務大臣は，免許人又は電波法第8条の予備免許を受けた者が ┌A┐ 又は運用許容時間の指定の変更を申請した場合において，┌B┐ 特に必要があると認めるときは，その指定を変更することができる．

② 総務大臣は，免許人（包括免許人を除く．）が不正な手段により電波法第19条（申請による周波数等の変更）の規定による①の指定の変更を行わせたときは，┌C┐ ことができる．

	A	B	C
1	識別信号，電波の型式，周波数，空中線電力	混信の除去その他	その免許を取り消す
2	無線設備の設置場所，識別信号，電波の型式，周波数，空中線電力	混信の除去その他	3箇月以内の期間を定めて電波の発射の停止を命ずる
3	識別信号，電波の型式，周波数，空中線電力	電波の規整その他公益上	3箇月以内の期間を定めて電波の発射の停止を命ずる
4	無線設備の設置場所，識別信号，電波の型式，周波数，空中線電力	電波の規整その他公益上	その免許を取り消す

解答 問320 → 2　問321 → 3

問 323

次の記述は，陸上に開設する無線局の免許の承継について述べたものである．電波法（第20条）の規定に照らし，□内に入れるべき最も適切な字句の組合せを下の1から4までのうちから一つ選べ．なお，同じ記号の□内には，同じ字句が入るものとする．

① 免許人について相続があったときは，その相続人は，免許人の地位を承継する．
② 免許人たる法人が合併又は分割（無線局をその用に供する事業の全部を承継させるものに限る．）をしたときは，合併後存続する法人若しくは合併により設立された法人又は分割により当該事業の全部を承継した法人は，　A　．
③ 免許人が無線局をその用に供する事業の全部の譲渡しをしたときは，譲受人は，　A　．
④ 　B　免許人の地位を承継した者は，遅滞なく，その事実を証する書面を添えてその旨を　C　．

	A	B	C
1	免許人の地位を承継する	①から③までにより	総務大臣に届け出なければならない
2	免許人の地位を承継する	①により	総務大臣に届け出て，その無線局の検査を受けなければならない
3	総務大臣の許可を受けて免許人の地位を承継することができる	①により	総務大臣に届け出なければならない
4	総務大臣の許可を受けて免許人の地位を承継することができる	①から③までにより	総務大臣に届け出て，その無線局の検査を受けなければならない

269

問題

問 324

次の記述は，固定局の廃止等について述べたものである．電波法（第22条から第24条まで及び第78条）及び電波法施行規則（第42条の2）の規定に照らし，_____内に入れるべき最も適切な字句の組合せを下の1から4までのうちから一つ選べ．

① 免許人は，その無線局を　A　ときは，その旨を総務大臣に届け出なければならない．
② 免許人が無線局を廃止したときは，免許は，その効力を失う．
③ 無線局の免許がその効力を失ったときは，免許人であった者は，　B　しなければならない．
④ 無線局の免許がその効力を失ったときは，免許人であった者は，遅滞なく**空中線**の撤去その他の総務省令で定める電波の発射を防止するために必要な措置を講じなければならない．
⑤ ④の総務省令で定める電波の発射を防止するために必要な措置は，固定局の無線設備については，**空中線**を撤去すること（**空中線**を撤去することが困難な場合にあっては，　C　を撤去すること．）とする．

	A	B	C
1	廃止した	速やかにその免許状を廃棄し，その旨を総務大臣に報告	送信機，給電線又は電源設備
2	廃止する	速やかにその免許状を廃棄し，その旨を総務大臣に報告	送信機
3	廃止する	1箇月以内にその免許状を返納	送信機，給電線又は電源設備
4	廃止した	1箇月以内にその免許状を返納	送信機

注：**太字**は，ほかの試験問題で穴あきになった用語を示す．

解答　問322 → 1　　問323 → 3

問 325

次の記述は、無線局に関する情報の公表等について述べたものである。電波法（第25条）及び電波法施行規則（第11条の2の2）の規定に照らし、□内に入れるべき最も適切な字句の組合せを下の1から4までのうちから一つ選べ。

① 総務大臣は、　A　場合その他総務省令で定める場合に必要とされる　B　に関する調査を行おうとする者の求めに応じ、当該調査を行うために必要な限度において、当該者に対し、無線局の無線設備の工事設計その他の無線局に関する事項に係る情報であって総務省令で定めるものを提供することができる。

② ①の総務省令で定める場合は、免許人又は電波法第8条の予備免許を受けた者が、次の(1)から(7)までのいずれかを行おうとする場合とする。
　(1) 工事設計の変更又は無線設備の変更の工事(注)
　　注　電波法施行規則第10条（許可を要しない工事設計の変更等）に規定する許可を要しない工事設計の変更を除く。
　(2) 通信の相手方の変更
　(3) 無線設備の設置場所の変更
　(4) 放送区域の変更
　(5) 電波の型式の変更
　(6) 空中線電力の変更
　(7) 運用許容時間の変更

③ ①に基づき情報の提供を受けた者は、当該情報を　C　の目的のために利用し、又は提供してはならない。

	A	B	C
1	自己の無線局の開設又は周波数の変更をする	電波の有効利用	第三者の利用
2	電波の能率的な利用に関する研究を行う	混信又は輻輳	第三者の利用
3	電波の能率的な利用に関する研究を行う	電波の有効利用	①及び②の調査の用に供する目的以外
4	自己の無線局の開設又は周波数の変更をする	混信又は輻輳	①及び②の調査の用に供する目的以外

問 326

無線局に関する情報の公表等に関する次の記述のうち，電波法（第25条）の規定に照らし，この規定に定めるところに適合するものを1，この規定に定めるところに適合しないものを2として解答せよ．

ア　総務大臣は，無線局の免許等をしたときは，総務省令で定める無線局を除き，その無線局の免許状又は登録状に記載された事項のうち総務省令で定めるものをインターネットの利用その他の方法により公表する．

イ　総務大臣は，自己の無線局の開設又は周波数の変更をする場合その他総務省令で定める場合に必要とされる混信若しくは輻輳に関する調査又は電波法第27条の12（特定基地局の開設指針）第2項第5号に規定する終了促進措置を行おうとする者の求めに応じ，当該調査又は当該終了促進措置を行うために必要な限度において，当該者に対し，無線局の無線設備の工事設計その他の無線局に関する事項に係る情報であって総務省令で定めるものを提供することができる．

ウ　総務大臣は，電波の利用に関する技術の調査研究及び開発を行う場合その他総務省令で定める場合に必要とされる電波の利用状況の調査を行おうとする者の求めに応じ，当該調査を行うために必要な限度において，当該者に対し，無線局の無線設備の工事設計その他の無線局に関する事項に係る情報であって総務省令で定めるものを提供することができる．

エ　電波法第25条（無線局に関する情報の公表等）第2項の規定に基づき，無線局の無線設備の工事設計その他の無線局に関する事項に係る情報であって総務省令で定めるものの提供を受けた者は，当該情報を第三者の利益のために利用し，又は提供してはならない．

オ　電波法第25条（無線局に関する情報の公表等）第2項の規定に基づき，無線局の無線設備の工事設計その他の無線局に関する事項に係る情報であって総務省令で定めるものの提供を受けた者は，当該情報をその調査の用に供する目的以外の目的のために利用し，又は提供してはならない．

解答　問324→3　問325→4

問 327

次の記述は，電波の利用状況の調査等について述べたものである．電波法（第26条の2）の規定に照らし，　　　内に入れるべき最も適切な字句を下の1から10までのうちからそれぞれ一つ選べ．なお，同じ記号の　　　内には，同じ字句が入るものとする．

① 総務大臣は，　ア　の作成又は変更その他電波の有効利用に資する施策を総合的かつ計画的に推進するため，おおむね　イ　ごとに，総務省令で定めるところにより，無線局の数，無線局の行う無線通信の通信量，無線局の無線設備の使用の態様その他の電波の利用状況を把握するために必要な事項として総務省令で定める事項の調査（以下「利用状況調査」という．）を行うものとする．

② 総務大臣は，必要があると認めるときは，　ウ　，対象を限定して臨時の利用状況調査を行うことができる．

③ 総務大臣は，利用状況調査の結果に基づき，電波に関する技術の発達及び需要の動向，周波数割当てに関する国際的動向その他の事情を勘案して，電波の有効利用の程度を評価するものとする．

④ 総務大臣は，利用状況調査を行ったとき及び③により評価したときは，総務省令で定めるところにより，その結果の概要を　エ　するものとする．

⑤ 総務大臣は，③の評価結果に基づき，　ア　を作成し，又は変更しようとする場合において必要があると認めるときは，総務省令で定めるところにより，当該　ア　の作成又は変更が**免許人等**(注)に及ぼす**技術的及び経済的な影響**を調査することができる．
　　注　免許人又は登録人をいう．以下⑥において同じ．

⑥ 総務大臣は，利用状況調査及び⑤に規定する調査を行うため必要な限度において，免許人等に対し，必要な事項について　オ　ことができる．

1	周波数割当計画	2	無線設備の技術基準
3	5年	4	3年
5	①の期間の中間において	6	①の事項以外の事項について
7	調査の対象者に通知	8	公表
9	報告を求める	10	検査を行う

注：**太字**は，ほかの試験問題で穴あきになった用語を示す．

問 328

電波の周波数に関する次の記述のうち，電波法施行規則（第2条）の規定に照らし，この規定に定めるところに適合するものを1，この規定に定めるところに適合しないものを2として解答せよ．

ア 「割当周波数」とは，無線局に割り当てられた周波数帯の中央の周波数をいう．

イ 「特性周波数」とは，与えられた発射において容易に識別し，かつ，測定することのできる周波数をいう．

ウ 「基準周波数」とは，割当周波数に対して，固定し，かつ，特定した位置にある周波数をいう．この場合において，この周波数の割当周波数に対する偏位は，特性周波数が発射によって占有する周波数帯の中央の周波数に対してもつ偏位と同一の絶対値及び同一の符号をもつものとする．

エ 「周波数の許容偏差」とは，発射によって占有する周波数帯の中央の周波数の割当周波数からの許容することができる最大の偏差又は発射の特性周波数の割当周波数からの許容することができる最大の偏差をいい，百万分率又はヘルツで表す．

オ 「スプリアス発射」とは，必要周波数帯外における一又は二以上の周波数の電波の発射であって，そのレベルを情報の伝送に影響を与えないで低減することのできないものをいい，高調波発射，低調波発射，寄生発射及び相互変調積を含み，帯域外発射を含まないものとする．

解答
問326→ア-1 イ-1 ウ-2 エ-2 オ-1
問327→ア-1 イ-4 ウ-5 エ-8 オ-9

ミニ解説
問326 情報の公表等に関する規定は，選択肢ア，イ，オが規定されている．ウ，エの項目は規定されていない．

問 329

次の記述は，電波の質について，及び用語の定義を述べたものである．電波法（第28条）及び電波法施行規則（第2条）の規定に照らし，□内に入れるべき最も適切な字句を下の1から10までのうちから一つ選べ．

① 送信設備に使用する電波の ア ，高調波の強度等電波の質は，総務省令で定めるところに適合するものでなければならない．

② 「周波数の許容偏差」とは，発射によって占有する周波数帯の中央の周波数の割当周波数からの許容することができる最大の偏差又は発射の イ からの許容することができる最大の偏差をいい， ウ で表す．

③ 「必要周波数帯幅」とは，与えられた発射の種別について，特定の条件のもとにおいて，使用される方式に必要な速度及び質で情報の伝送を確保するためにじゅうぶんな占有周波数帯幅の エ をいう．この場合，低減搬送波方式の搬送波に相当する発射等受信装置の良好な動作に有用な発射は，これに含まれるものとする．

④ 「スプリアス発射」とは，必要周波数帯外における一又は二以上の周波数の電波の発射であって，そのレベルを情報の伝送に影響を与えないで**低減**することができるものをいい， オ を含み，帯域外発射を含まないものとする．

1　周波数の偏差，幅及び安定度　　2　百万分率又はヘルツ
3　最小値　　　　　　　　　　　4　周波数の偏差及び幅
5　特性周波数の割当周波数　　　　6　高調波発射，低調波発射及び寄生発射
7　百万分率　　　　　　　　　　8　特性周波数の基準周波数
9　最大値　　　　　　　　　10　高調波発射，低調波発射，寄生発射及び相互変調積

注：**太字**は，ほかの試験問題で穴あきになった用語を示す．

問題

問 330

次の記述は，空中線電力の定義である．電波法施行規則（第2条）の規定に照らし，□内に入れるべき最も適切な字句の組合せを下の1から4までのうちから一つ選べ．なお，同じ記号の□内には，同じ字句が入るものとする．

① 「空中線電力」とは，尖頭電力，平均電力，搬送波電力又は規格電力をいう．
② 「尖頭電力」とは，通常の動作状態において，変調包絡線の最高尖頭における無線周波数1サイクルの間に送信機から空中線系の給電線に供給される　A　をいう．
③ 「平均電力」とは，通常の動作中の送信機から空中線系の給電線に供給される電力であって，変調において用いられる　B　に比較してじゅうぶん長い時間（通常，平均の電力が最大である約10分の1秒間）にわたって平均されたものをいう．
④ 「搬送波電力」とは，変調のない状態における無線周波数1サイクルの間に送信機から空中線系の給電線に供給される　A　をいう．ただし，この定義は，　C　の発射には適用しない．
⑤ 「規格電力」とは，終段真空管の使用状態における出力規格の値をいう．

	A	B	C
1	最大の電力	最高周波数の周期	パルス変調
2	平均の電力	最高周波数の周期	無変調
3	平均の電力	最低周波数の周期	パルス変調
4	最大の電力	最低周波数の周期	無変調

解答
問328 ➡ ア-1 イ-1 ウ-1 エ-2 オ-2
問329 ➡ ア-4 イ-8 ウ-2 エ-3 オ-10

ミニ解説
問328 エ　誤っている箇所は「特性周波数の割当周波数からの」，正しくは「特性周波数の基準周波数からの」
オ　誤っている箇所は「影響を与えないで低減することのできないもの」，正しくは「影響を与えないで低減することができるもの」

問 331

空中線電力の表示に関する次の記述のうち，電波法施行規則（第4条の4）の規定に照らし，この規定に定めるところに適合しないものはどれか．下の1から4までのうちから一つ選べ．ただし，同規則第4条の4第2項及び第3項において別段の定めのあるものは，その定めるところによるものとする．

1　電波の型式のうち主搬送波の変調の型式が「F」の記号で表される電波を使用する送信設備の空中線電力は，搬送波電力（pZ）をもって表示する．
2　電波の型式のうち主搬送波の変調の型式が「P」の記号で表される電波を使用する送信設備の空中線電力は，尖頭電力（pX）をもって表示する．
3　電波の型式のうち主搬送波の変調の型式が「A」及び主搬送波を変調する信号の性質が「3」の記号で表される電波を使用する地上基幹放送局(注1)の送信設備の空中線電力は，搬送波電力（pZ）をもって表示する．
　　注1　地上基幹放送試験局及び基幹放送を行う実用化試験局を含む．
4　デジタル放送（F7W電波及びG7W電波を使用するものを除く．）を行う地上基幹放送局(注2)の送信設備の空中線電力は，平均電力（pY）をもって表示する．
　　注2　地上基幹放送試験局及び基幹放送を行う実用化試験局を含む．

問 332

次の記述は，空中線電力の表示について述べたものである．電波法施行規則（第4条の4）の規則に照らし，誤っているものを下の1から4までのうちから一つ選べ．ただし，電波法施行規則（第4条の4）第2項又は第3項において別段の定めのあるものについては，その定めるところによるものとする．

1　実験試験局の送信設備の空中線電力は，規格電力（pR）をもって表示する．
2　電波の型式のうち主搬送波の変調の型式が「J」の記号で表される電波を使用する送信設備の空中線電力は，平均電力（pY）をもって表示する．
3　デジタル放送（F7W電波及びG7W電波を使用するものを除く．）を行う地上基幹放送局(注1)の送信設備の空中線電力は平均電力（pY）をもって表示する．
　　注1　地上基幹放送試験局及び基幹放送を行う実用化試験局を含む．
4　電波の型式のうち主搬送波の変調の型式が「A」及び主搬送波を変調する信号の性質が「3」の記号で表される電波を使用する地上基幹放送局(注2)の送信設備の空中線電力は，搬送波電力（pZ）をもって表示する．
　　注2　地上基幹放送試験局及び基幹放送を行う実用化試験局を含む．

問題

問 333

空中線の利得等に関する次の用語の定義のうち，電波法施行規則（第2条）の規定に照らし，この規定に定めるところに適合するものを1，この規定に定めるところに適合しないものを2として解答せよ．

ア 「空中線の相対利得」とは，基準空中線が空間に隔離された等方性空中線であるときの与えられた方向における空中線の利得をいう．

イ 「空中線の絶対利得」とは，基準空中線が空間に隔離され，かつ，その垂直二等分面が与えられた方向を含む半波無損失ダイポールであるときの与えられた方向における空中線の利得をいう．

ウ 「実効輻射電力」とは，空中線に供給される電力に，与えられた方向における空中線の相対利得を乗じたものをいう．

エ 「等価等方輻射電力」とは，空中線に供給される電力に，与えられた方向における空中線の絶対利得を乗じたものをいう．

オ 「空中線の利得」とは，与えられた空中線の入力部に供給される電力に対する，与えられた方向において，同一距離で同一の電界を生ずるために，基準空中線の入力部で必要とする電力の比をいう．この場合において，別段の定めがないときは，空中線の利得を表わす数値は，主輻射の方向における利得を示す．

解答 問330→3　問331→1　問332→2

ミニ解説
問331　変調の型式が「F」の記号で表示される電波を使用する送信設備の空中線電力は，平均電力（pY）をもって表示する．

問332　変調の型式が「J」の記号で表示される電波を使用する送信設備の空中線電力は，尖頭電力（pX）をもって表示する．

問題

問 334 解説あり！　　正解 □　完璧 □　直前CHECK □

次の表の各欄の記述は，それぞれ電波の型式の記号表示と主搬送波の変調の型式，主搬送波を変調する信号の性質及び伝送情報の型式に分類して表す電波の型式を示すものである．電波法施行規則（第4条の2）の規定に照らし，□内に入れるべき最も適切な字句の組合せを下の1から4までのうちから一つ選べ．

電波の型式の記号	電波の型式		
	主搬送波の変調の型式	主搬送波を変調する信号の性質	伝送情報の型式
D1D	A	デジタル信号である単一チャネルのものであって，変調のための副搬送波を使用しないもの	データ伝送，遠隔測定又は遠隔指令
G7W	角度変調で位相変調	B	次の(1)から(6)までの型式の組合せのもの (1) 無情報　(2) 電信 (3) ファクシミリ (4) データ伝送，遠隔測定又は遠隔指令 (5) 電話（音響の放送を含む.） (6) テレビジョン（映像に限る.）
J3E	振幅変調で抑圧搬送波による単側波帯	C	電話（音響の放送を含む.）
R2C	振幅変調で低減搬送波による単側波帯	デジタル信号である単一チャネルのものであって，変調のための副搬送波を使用するもの	D

	A	B	C	D
1	同時に，又は一定の順序で振幅変調及び角度変調を行うもの	デジタル信号の2以上のチャネルとアナログ信号の2以上のチャネルを複合したもの	アナログ信号である2以上のチャネルのもの	テレビジョン（映像に限る.）
2	同時に，又は一定の順序で振幅変調及び角度変調を行うもの	デジタル信号である2以上のチャネルのもの	アナログ信号である単一チャネルのもの	ファクシミリ
3	パルス変調（変調パルス列）で位置変調又は位相変調	デジタル信号である2以上のチャネルのもの	アナログ信号である単一チャネルのもの	テレビジョン（映像に限る.）
4	パルス変調（変調パルス列）で位置変調又は位相変調	デジタル信号の2以上のチャネルとアナログ信号の2以上のチャネルを複合したもの	アナログ信号である2以上のチャネルのもの	ファクシミリ

問題

問 335 解説あり！　　正解 □　完璧 □　直前CHECK □

次の表の記述は，電波の型式の記号表示及びその内容を示すものである．電波法施行規則（第4条の2）の規定に照らし，その記号表示と内容が適合するものを下の表の1から4までのうちから一つ選べ．

区分番号	電波の型式の記号	電波の型式の内容		
		主搬送波の変調の型式	主搬送波を変調する信号の性質	伝送情報の型式
1	C3F	振幅変調の独立側波帯	アナログ信号である単一チャネルのもの	ファクシミリ
2	G7D	角度変調の位相変調	デジタル信号である2以上のチャネルのもの	デジタル伝送，遠隔測定又は遠隔指令
3	F8E	角度変調の周波数変調	デジタル信号である単一チャネルのもの	電話（音響の放送を含む．）
4	F9W	角度変調の周波数変調	デジタル信号の1又は2以上のチャネルとアナログ信号の1又は2以上のチャネルを複合したもの	テレビジョン

解答　問333 ➡ ア-2　イ-2　ウ-1　エ-1　オ-1　　問334 ➡ 2

ミニ解説　問333　ア　誤っている箇所は「空中線の相対利得」，正しくは「空中線の絶対利得」
　　　　　　　　イ　誤っている箇所は「空中線の絶対利得」，正しくは「空中線の相対利得」

問 336 解説あり！

次の表の各欄の記述は，それぞれ電波の型式の記号表示と主搬送波の変調の型式，主搬送波を変調する信号の性質及び伝送情報の型式に分類して表す電波の型式を示すものである．電波法施行規則（第4条の2）の規定に照らし，電波の型式の記号表示とその内容が適合しないものを下の表の1から4までのうちから一つ選べ．

区分番号	電波の型式の記号	電波の型式		
		主搬送波の変調の型式	主搬送波を変調する信号の性質	伝送情報の型式
1	V1X	次の(1)から(4)までの各変調の組合せ又は他の方法によって変調するもの (1) 振幅変調 (2) 幅変調又は時間変調 (3) 位置変調又は位相変調 (4) パルスの期間中に搬送波を角度変調するもの	デジタル信号である単一チャネルのものであって，変調のための副搬送波を使用しないもの	その他のもの
2	X7W	同時に，又は一定の順序で振幅変調及び角度変調を行うもの	デジタル信号の2以上のチャネルとアナログ信号の2以上のチャネルを複合したもの	次の(1)から(6)までの型式の組合せのもの (1) 無情報 (2) 電信 (3) ファクシミリ (4) データ伝送，遠隔測定又は遠隔指令 (5) 電話（音響の放送を含む．） (6) テレビジョン（映像に限る．）
3	P0N	パルス変調で無変調パルス列	変調信号のないもの	無情報
4	G1B	角度変調で位相変調	デジタル信号である単一チャネルのものであって，変調のための副搬送波を使用しないもの	電信であって自動受信を目的とするもの

📖 解説 ➡ 問334〜問336

① 主搬送波の変調の型式　　　　　　　　　　　　　　　　　　　　記号
　(1) 無変調　　　　　　　　　　　　　　　　　　　　　　　　　　N
　(2) 振幅変調　　両側波帯　　　　　　　　　　　　　　　　　　　A
　　　　　　　　　独立側波帯　　　　　　　　　　　　　　　　　　B
　　　　　　　　　残留側波帯　　　　　　　　　　　　　　　　　　C
　　　　　　　　　抑圧搬送波による単側波帯　　　　　　　　　　　J
　　　　　　　　　低減搬送波による単側波帯　　　　　　　　　　　R
　(3) 角度変調　　周波数変調　　　　　　　　　　　　　　　　　　F
　　　　　　　　　位相変調　　　　　　　　　　　　　　　　　　　G
　(4) 同時に，又は一定の順序で振幅変調及び角度変調を行うもの　　D
　(5) パルス変調　無変調パルス列　　　　　　　　　　　　　　　　P
　　　　　　　　　各パルス変調の組合せ又は他の方法によって変調するもの　V
　(6) これらに該当しないものであって，同時に，又は一定の順序で振幅変調，
　　　角度変調又はパルス変調のうちの2以上を組み合わせて行うもの　W
　(7) その他のもの　　　　　　　　　　　　　　　　　　　　　　　X

② 主搬送波を変調する信号の性質　　　　　　　　　　　　　　　　記号
　(1) 変調信号のないもの　　　　　　　　　　　　　　　　　　　　0
　(2) デジタル信号である　　　変調のための副搬送波を使用しないもの　1
　　　単一チャネルのもの　　　変調のための副搬送波を使用するもの　2
　(3) アナログ信号である単一チャネルのもの　　　　　　　　　　　3
　(4) デジタル信号である2以上のチャネルのもの　　　　　　　　　7
　(5) アナログ信号である2以上のチャネルのもの　　　　　　　　　8
　(6) デジタル信号の1又は2以上のチャネルとアナログ信号の1又は
　　　2以上のチャネルを複合したもの　　　　　　　　　　　　　　9

③ 伝送情報の型式　　　　　　　　　　　　　　　　　　　　　　　記号
　(1) 無情報　　　　　　　　　　　　　　　　　　　　　　　　　　N
　(2) 電信　　聴覚受信を目的とするもの　　　　　　　　　　　　　A
　　　　　　　自動受信を目的とするもの　　　　　　　　　　　　　B
　(3) ファクシミリ　　　　　　　　　　　　　　　　　　　　　　　C
　(4) データ伝送，遠隔測定又は遠隔指令　　　　　　　　　　　　　D
　(5) 電話（音響の放送を含む.）　　　　　　　　　　　　　　　　　E
　(6) テレビジョン（映像に限る.）　　　　　　　　　　　　　　　　F
　(7) これらの伝送情報の型式の組合せのもの　　　　　　　　　　　W
　(8) その他のもの　　　　　　　　　　　　　　　　　　　　　　　X

解答 問335 ➡ 2　　問336 ➡ 2

問 337

次の記述は，送信設備に使用する電波の質及び受信設備の条件について述べたものである．電波法（第28条及び第29条）及び無線設備規則（第5条から第7条まで）の規定に照らし，　　　内に入れるべき最も適切な字句の組合せを下の1から4までのうちから一つ選べ．

① 送信設備に使用する電波の　A　電波の質は，総務省令で定める送信設備に使用する電波の周波数の許容偏差，発射電波に許容される　B　の値及びスプリアス発射又は不要発射の強度の許容値に適合するものでなければならない．

② 受信設備は，その副次的に発する電波又は高周波電流が，総務省令で定める限度を超えて　C　を与えるものであってはならない．

	A	B	C
1	周波数の偏差及び幅，高調波の強度等	占有周波数帯幅	他の無線設備の機能に支障
2	周波数の偏差及び幅，高調波の強度等	必要周波数帯幅	電気通信業務の用に供する無線設備の機能に支障
3	周波数の偏差，幅及び安定度，高調波の強度等	占有周波数帯幅	電気通信業務の用に供する無線設備の機能に支障
4	周波数の偏差，幅及び安定度，高調波の強度等	必要周波数帯幅	他の無線設備の機能に支障

問題

問 338 正解 □ 完璧 □ 直前CHECK □

電波の発射の停止に関する次の記述のうち、電波法（第28条及び第72条）及び無線設備規則（第5条から第7条まで及び第14条）の規定に照らし、これらの規定に定めるところに適合しないものはどれか。下の1から4までのうちから一つ選べ。

1　総務大臣は、無線局の発射する電波の周波数が総務省令で定める周波数の許容偏差に適合していないと認めるときは、当該無線局に対して臨時に電波の発射の停止を命ずることができる。

2　総務大臣は、無線局の発射する電波が総務省令で定める空中線電力の許容偏差に適合していないと認めるときは、当該無線局に対して臨時に電波の発射の停止を命ずることができる。

3　総務大臣は、無線局の発射する電波が総務省令で定める発射電波に許容される占有周波数帯幅の値に適合していないと認めるときは、当該無線局に対して臨時に電波の発射の停止を命ずることができる。

4　総務大臣は、無線局の発射する電波のスプリアス発射が総務省令で定めるスプリアス発射又は不要発射の強度の許容値に適合していないと認めるときは、当該無線局に対して臨時に電波の発射の停止を命ずることができる。

解答　問337 → 1

問題

問 339

次の記述は，受信設備の条件及び受信設備に対する総務大臣の監督について述べたものである．電波法（第29条及び第82条）及び無線設備規則（第24条）規定に照らし，□内に入れるべき最も適切な字句の組合せを下の1から4までのうちから一つ選べ．なお，同じ記号の□内には，同じ字句が入るものとする．

① 受信設備は，その**副次的**に発する電波又は**高周波電流**が，総務省令で定める限度を超えて □ A □ の**機能に支障**を与えるものであってはならない．
② ①に規定する副次的に発する電波が □ A □ の**機能に支障**を与えない限度は，受信空中線と**電気的常数**の等しい擬似空中線回路を使用して測定した場合に，その回路の電力が □ B □ 以下でなければならない．
③ 無線設備規則第24条（副次的に発する電波等の限度）第2項以下の規定において，別段の定めのあるものは，②にかかわらず，それぞれの定めるところによるものとする．
④ 総務大臣は，受信設備が副次的に発する電波又は高周波電流が □ A □ の機能に継続的かつ重大な障害を与えるときは，その設備の所有者又は占有者に対し，その障害を除去するために必要な措置をとるべきことを命ずることができる．
⑤ 総務大臣は，放送の受信を目的とする受信設備以外の受信設備について④の措置をとることを命じた場合において特に必要があると認めるときは，□ C □ ことができる．

	A	B	C
1	他の無線設備	4ミリワット	その命令を受けて執った措置の内容を文書で報告させる
2	他の無線設備	4ナノワット	その職員を当該設備のある場所に派遣し，その設備を検査させる
3	重要無線通信を行う無線設備	4ナノワット	その命令を受けて執った措置の内容を文書で報告させる
4	重要無線通信を行う無線設備	4ミリワット	その職員を当該設備のある場所に派遣し，その設備を検査させる

注：**太字**は，ほかの試験問題で穴あきになった用語を示す．

問題

問 340

次の記述は，無線設備から発射される電波の強度に対する安全施設について述べたものである．電波法施行規則（第21条の3）の規定に照らし，□内に入れるべき最も適切な字句の組合せを下の1から4までのうちから一つ選べ．

① 無線設備には，当該無線設備から発射される電波の強度（　A　をいう．以下同じ．）が電波法施行規則別表第2号の3の2（電波の強度の値の表）に定める値を超える**場所（人が通常，集合し，通行し，その他出入りする場所に限る．）** に取扱者のほか容易に出入りすることができないように，施設をしなければならない．ただし，次の(1)から(4)までに掲げる無線局の無線設備については，この限りでない．

 (1) 　B　以下の無線局の無線設備
 (2) **移動する無線局**の無線設備
 (3) 地震，台風，洪水，津波，雪害，火災，暴動その他非常の事態が発生し，又は発生するおそれがある場合において，　C　の無線設備
 (4) (1)から(3)までに掲げるもののほか，この規定を適用することが不合理であるものとして総務大臣が別に告示する無線局の無線設備

② ①の電波の強度の算出方法及び測定方法については，総務大臣が別に告示する．

	A	B	C
1	電界強度及び磁界強度	平均電力が20ミリワット	開設する非常局
2	電界強度及び磁界強度	規格電力が50ミリワット	臨時に開設する無線局
3	電界強度，磁界強度及び電力束密度	平均電力が20ミリワット	臨時に開設する無線局
4	電界強度，磁界強度及び電力束密度	規格電力が50ミリワット	開設する非常局

注：**太字**は，ほかの試験問題で穴あきになった用語を示す．

解答 問338 → 2　　問339 → 2

ミニ解説
問338 総務大臣は，無線局の発射する電波の質が総務省令で定めるものに適合していないと認めるときは，当該無線局に対して臨時に電波の発射の停止を命ずることができる．空中線電力の許容偏差は電波の質に該当しない．

問 341

次の記述は，無線設備から発射される電波の人体における比吸収率の許容値について述べたものである．無線設備規則(第14条の2)の規定に照らし，☐内に入れるべき最も適切な字句の組合せを下の1から4までのうちから一つ選べ．なお，同じ記号の☐内には，同じ字句が入るものとする．

携帯無線通信を行う A ，広帯域移動無線アクセスシステムの A ，**非静止衛星**に開設する人工衛星局の中継により携帯移動衛星通信を行う携帯移動地球局，無線設備規則第49条の23の2(携帯移動衛星通信を行う無線局の無線設備)に規定する携帯移動地球局及びインマルサット携帯移動地球局(インマルサットGSPS型に限る．)の無線設備(以下「対象無線設備」という．)は，対象無線設備から発射される電波(対象無線設備又は同一の筐体に収められた他の無線設備(総務大臣が別に告示するものに限る．)から同時に複数の電波(以下「複数電波」という．)を発射する機能を有する場合にあっては，複数電波)の人体(頭部及び両手を除く．)における比吸収率(電磁界にさらされたことによって任意の生体組織10グラムが任意の6分間に吸収したエネルギーを10グラムで除し，更に6分で除して得た値をいう．)を毎キログラム当たり B (四肢にあっては，毎キログラム当たり4ワット)以下とするものでなければならない．ただし，次の(1)及び(2)に掲げる無線設備についてはこの限りでない．
(1) 対象無線設備から発射される電波の平均電力(複数電波を発射する機能を有する場合にあっては，当該機能により発射される複数電波の平均電力の和に相当する電力)が C
(2) (1)に掲げるもののほか，この規定を適用することが不合理であるものとして総務大臣が別に告示する無線設備

	A	B	C
1	陸上移動局	2ワット	20ミリワット以下の無線設備
2	陸上移動局	5ワット	50ミリワット以下の無線設備
3	陸上移動業務の無線局	5ワット	20ミリワット以下の無線設備
4	陸上移動業務の無線局	2ワット	50ミリワット以下の無線設備

注：**太字**は，ほかの試験問題で穴あきになった用語を示す．

問 342

次の記述は、高圧電気(高周波若しくは交流の電圧300ボルト又は直流の電圧750ボルトを超える電気をいう。)に対する安全施設について述べたものである。電波法施行規則(第25条)の規定に照らし、____内に入れるべき最も適切な字句の組合せを下の1から4までのうちから一つ選べ。なお、同じ記号の____内には、同じ字句が入るものとする。

送信設備の空中線、給電線又はカウンターポイズであって高圧電気を通ずるものは、その高さが人の歩行その他起居する平面から A 以上のものでなければならない。ただし、次の(1)又は(2)の場合は、この限りでない。

(1) A に満たない高さの部分が、 B 構造である場合又は人体が容易に触れない位置にある場合

(2) **移動局であって、その移動体の構造上**困難であり、かつ、 C 以外の者が出入りしない場所にある場合

	A	B	C
1	2.5メートル	人体に容易に触れない	無線従事者
2	2.5メートル	絶縁された	取扱者
3	3メートル	絶縁された	無線従事者
4	3メートル	人体に容易に触れない	取扱者

注:**太字**は、ほかの試験問題で穴あきになった用語を示す。

解答 問340➡3　問341➡1

問 343

次の記述は，高圧電気に対する安全施設について述べたものである．電波法施行規則（第22条から第24条まで）の規定に照らし，____内に入れるべき最も適切な字句の組合せを下の1から4までのうちから一つ選べ．なお，同じ記号の____内には，同じ字句が入るものとする．

① 高圧電気（高周波若しくは交流の電圧 A 又は直流の電圧750ボルトを超える電気をいう．以下②及び③において同じ．）を使用する電動発電機，変圧器，ろ波器，整流器その他の機器は，外部より容易に触れることができないように，絶縁遮蔽体又は B の内に収容しなければならない．ただし， C のほか出入できないように設備した場所に装置する場合は，この限りでない．

② 送信設備の各単位装置相互間をつなぐ電線であって高圧電気を通ずるものは，線溝若しくは丈夫な絶縁体又は B の内に収容しなければならない．ただし， C のほか出入できないように設備した場所に装置する場合は，この限りでない．

③ 送信設備の調整盤又は外箱から露出する電線に高圧電気を通ずる場合においては，その電線が絶縁されているときであっても，電気設備に関する技術基準を定める省令（昭和40年通商産業省令第61号）の規定するところに準じて保護しなければならない．

	A	B	C
1	500ボルト	赤色塗装された筐体	無線従事者
2	500ボルト	接地された金属遮蔽体	取扱者
3	300ボルト	赤色塗装された筐体	無線従事者
4	300ボルト	接地された金属遮蔽体	取扱者

問 344

電波の強度,高圧電気等に対する安全施設等に関する次の記述のうち,電波法施行規則(第21条の2,第21条の3,第25条及び第26条)の規定に照らし,これらの規定に定めるところに適合しないものはどれか.下の1から4までのうちから一つ選べ.

1 無線設備は,破損,発火,発煙等により人体に危害を及ぼし,又は物件に損傷を与えることがあってはならない.
2 無線設備には,当該無線設備から発射される電波の強度が電波法施行規則別表第2号の3の2(電波の強度の値の表)に定める値を超える場所(人が出入りするおそれのあるいかなる場所も含む.)に取扱者のほか容易に出入りすることができないように,施設をしなければならない.ただし,平均電力が1ワット以下の無線局の無線設備及び移動する無線局の無線設備については,この限りではない.
3 送信設備の空中線,給電線若しくはカウンターポイズであって高圧電気(高周波若しくは交流の電圧300ボルト又は直流の電圧750ボルトを超える電気をいう.)を通ずるものは,その高さが人の歩行その他起居する平面から2.5メートル以上のものでなければならない.ただし,次の(1)又は(2)の場合は,この限りでない.
　(1) 2.5メートルに満たない高さの部分が,人体に容易に触れない構造である場合又は人体に容易に触れない位置にある場合
　(2) 移動局であって,その移動体の構造上困難であり,かつ,無線従事者以外の者が出入しない場所にある場合
4 無線設備の空中線系には避雷器又は接地装置を,また,カウンターポイズには接地装置をそれぞれ設けなければならない.ただし,26.175 MHzを超える周波数を使用する無線局の無線設備及び陸上移動局又は携帯局の無線設備の空中線については,この限りではない.

解答 問342→1　問343→4

問題

問 345

次の記述は，周波数測定装置の備付け等について述べたものである．電波法(第31条)及び電波法施行規則(第11条の3)の規定に照らし，☐内に入れるべき最も適切な字句の組合せを下の1から4までのうちから一つ選べ．

① 総務省令で定める送信設備には，その誤差が使用周波数の ☐ A ☐ 以下である周波数測定装置を備え付けなければならない．

② ①の総務省令で定める送信設備は，次の(1)から(8)までに掲げる送信設備以外のものとする．

 (1) **26.175MHz を超える**周波数の電波を利用するもの
 (2) 空中線電力 ☐ B ☐ 以下のもの
 (3) ①に規定する周波数測定装置を備え付けている相手方の無線局によってその使用電波の周波数が測定されることとなっているもの
 (4) 当該送信設備の無線局の免許人が別に備え付けた①に規定する周波数測定装置をもってその使用電波の周波数を随時測定し得るもの
 (5) **基幹放送局**の送信設備であって，空中線電力50ワット以下のもの
 (6) ☐ C ☐ において使用されるもの
 (7) アマチュア局の送信設備であって，当該設備から発射される電波の特性周波数を0.025パーセント以内の誤差で測定することにより，その電波の占有する周波数帯幅が，当該無線局が動作することを許される周波数帯内にあることを確認することができる装置を備え付けているもの
 (8) その他総務大臣が別に告示するもの

	A	B	C
1	許容偏差の4分の1	10ワット	特別業務の局
2	許容偏差の2分の1	10ワット	標準周波数局
3	許容偏差の4分の1	50ワット	標準周波数局
4	許容偏差の2分の1	50ワット	特別業務の局

注：**太字**は，ほかの試験問題で穴あきになった用語を示す．

問 346

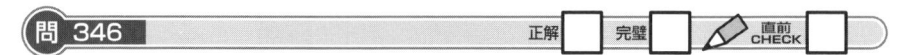

次の記述は，人工衛星局の送信空中線の指向方向について述べたものである．電波法施行規則（第32条の3）の規定に照らし，____内に入れるべき最も適切な字句の組合せを下の1から4までのうちから一つ選べ．なお，同じ記号の____内には，同じ字句が入るものとする．

① 対地静止衛星に開設する人工衛星局（一般公衆によって直接受信されるための無線電話，テレビジョン，データ伝送又はファクシミリによる無線通信業務を行うことを目的とするものを除く．）の送信空中線の地球に対する__A__の方向は，公称されている指向方向に対して，__B__のいずれか大きい角度の範囲内に，維持されなければならない．

② 対地静止衛星に開設する人工衛星局（一般公衆によって直接受信されるための無線電話，テレビジョン，データ伝送又はファクシミリによる無線通信業務を行うことを目的とするものに限る．）の送信空中線の地球に対する__A__の方向は，公称されている指向方向に対して__C__の範囲内に維持されなければならない．

	A	B	C
1	最大輻射	0.1度又は主輻射の角度の幅の5パーセント	0.3度
2	最大輻射	0.3度又は主輻射の角度の幅の10パーセント	0.1度
3	最小輻射	0.3度又は主輻射の角度の幅の10パーセント	0.3度
4	最小輻射	0.1度又は主輻射の角度の幅の5パーセント	0.1度

解答 問344 → 2　問345 → 2

ミニ解説 問344　誤っている箇所は「1ワット」，正しくは「20ミリワット」

問 347

周波数測定装置の備付けに関する次の記述のうち，電波法（第31条及び第37条）及び電波法施行規則（第11条の3）の規定に照らし，これらの規定に定めるところに適合しないものはどれか．下の1から5までのうちから一つ選べ．

1　総務省令で定める送信設備には，その誤差が使用周波数の許容偏差の2分の1以下である周波数測定装置を備え付けなければならない．
2　空中線電力が10ワット以下の送信設備には，電波法第31条（周波数測定装置の備付け）に規定する周波数測定装置の備付けを要しない．
3　470 MHz以下の周波数の電波を利用する送信設備には，電波法第31条（周波数測定装置の備付け）に規定する周波数測定装置を備え付けなければならない．
4　基幹放送局の送信設備であって，空中線電力が50ワット以下のものには，電波法第31条（周波数測定装置の備付け）に規定する周波数測定装置の備付けを要しない．
5　電波法第31条（周波数測定装置の備付け）の規定により備え付けなければならない周波数測定装置は，その型式について，総務大臣の行う検定に合格したものでなければ，施設してはならない(注)．
　　注　ただし，総務大臣が行う検定に相当する型式検定に合格している機器その他の機器であって総務省令で定めるものを施設する場合は，この限りでない．

問 348

周波数の安定のための条件に関する次の記述のうち，無線設備規則（第15条及び第16条）の規定に照らし，これらの規定に定めるところに適合しないものはどれか．下の1から4までのうちから一つ選べ．

1　周波数をその許容偏差内に維持するため，送信装置は，できる限り電源電圧又は負荷の変化によって発振周波数に影響を与えないものでなければならない．
2　移動局（移動するアマチュア局を含む．）の送信装置は，実際上起こり得る振動又は衝撃によっても周波数をその許容偏差内に維持するものでなければならない．
3　水晶発振回路に使用する水晶発振子は，周波数をその許容偏差内に維持するため，発振周波数が当該送信装置の水晶発振回路により又はこれと同一の条件の回路によりあらかじめ試験を行って決定されているものでなければならない．
4　周波数をその許容偏差内に維持するため，発振回路の方式は，できる限り気圧の変化によって影響を受けないものでなければならない．

問題

問 349

次の記述は，人工衛星局の位置の維持について述べたものである．電波法施行規則（第32条の4）の規定に照らし，____内に入れるべき最も適切な字句の組合せを下の1から4までのうちから一つ選べ．

① 対地静止衛星に開設する人工衛星局（実験試験局を除く．）であって，____A____の無線通信の中継を行うものは，公称されている位置から**経度の(±)0.1度以内**にその位置を維持することができるものでなければならない．

② 対地静止衛星に開設する人工衛星局（一般公衆によって直接受信されるための無線電話，テレビジョン，データ伝送又はファクシミリによる無線通信業務を行うことを目的とするものに限る．）は，公称されている位置から____B____以内にその位置を維持することができるものでなければならない．

③ 対地静止衛星に開設する人工衛星局であって，①及び②の人工衛星局以外のものは，公称されている位置から____C____以内にその位置を維持することができるものでなければならない．

	A	B	C
1	固定地点の地球局相互間	緯度及び経度のそれぞれ(±)0.1度	経度の(±)0.5度
2	固定地点の地球局と移動する地球局の間	経度の(±)0.5度	経度の(±)0.5度
3	固定地点の地球局相互間	経度の(±)0.5度	経度の(±)0.1度
4	固定地点の地球局と移動する地球局の間	緯度及び経度のそれぞれ(±)0.1度	経度の(±)0.1度

注：**太字**は，ほかの試験問題で穴あきになった用語を示す．

解答 問346→2　問347→3　問348→4

ミニ解説
問347　誤っている箇所は「470 MHz以下」，正しくは「26.175 MHz以下」
問348　発振回路の方式は，できる限り外囲の温度若しくは湿度の変化によって影響を受けないものでなければならない．

問題

問 350

次の記述は，送信空中線の型式及び構成等について述べたものである．無線設備規則（第20条及び第22条）の規定に照らし，□内に入れるべき最も適切な字句を下の1から10までのうちからそれぞれ一つ選べ．

① 送信空中線の型式及び構成は，次の(1)から(3)までに適合するものでなければならない．
　(1) 空中線の ア がなるべく大であること．
　(2) イ が十分であること．
　(3) 満足な ウ が得られること．

② 空中線の指向特性は，次の(1)から(4)までに掲げる事項によって定める．
　(1) 主輻射方向及び副輻射方向
　(2) エ の主輻射の角度の幅
　(3) 空中線を設置する位置の近傍にあるものであって電波の伝わる方向を オ もの
　(4) **給電線**よりの輻射

1	利得及び能率	2	強度	3	整合	4	調整	5	特性
6	指向特性	7	垂直面	8	水平面	9	乱す	10	妨げる

問 351

送信設備の空中線電力の許容偏差に関する次の記述のうち，無線設備規則（第14条）の規定に照らし，これらの規定に定めるところに適合するものはどれか．下の1から4までのうちから一つ選べ．

1　超短波放送を行う地上基幹放送局の送信設備の空中線電力の許容偏差は，上限10パーセント，下限20パーセントとする．
2　中波放送を行う地上基幹放送局の送信設備の空中線電力の許容偏差は，上限20パーセント，下限20パーセントとする．
3　5GHz帯無線アクセスシステムの無線局の送信設備の空中線電力の許容偏差は，上限10パーセント，下限50パーセントとする．
4　道路交通情報通信を行う無線局（2.5GHz帯の周波数の電波を使用し，道路交通に関する情報を送信する特別業務の局をいう．）の送信設備の空中線電力の許容偏差は，上限50パーセント，下限50パーセントとする．

注：**太字**は，ほかの試験問題で穴あきになった用語を示す．

問題

問 352 　正解 □　完璧 □　直前CHECK □

次の記述は，無線設備の保護装置について述べたものである．無線設備規則（第9条）の規定に照らし，□内に入れるべき最も適切な字句の組合せを下の1から4までのうちから一つ選べ．

無線設備の電源回路には，[A]又は[B]を装置しなければならない．ただし，[C]以下のものについては，この限りでない．

	A	B	C
1	ヒューズ	自動しゃ断器	空中線電力5ワット
2	電圧安定装置	送風装置	空中線電力5ワット
3	ヒューズ	自動しゃ断器	負荷電力10ワット
4	電圧安定装置	送風装置	負荷電力10ワット

問 353 　正解 □　完璧 □　直前CHECK □

次の記述は，人工衛星局の条件について述べたものである．電波法（第36条の2）及び電波法施行規則（第32条の5）の規定に照らし，□内に入れるべき字句を下の1から10までのうちからそれぞれ一つ選べ．

① 人工衛星局の無線設備は，遠隔操作により[ア]を直ちに[イ]することができるものでなければならない．

② 人工衛星局は，その無線設備の[ウ]を遠隔操作により[エ]することができるものでなければならない．ただし，総務省令で定める人工衛星局については，この限りでない．

③ ②のただし書の総務省令で定める人工衛星局は，対地静止衛星に開設する[オ]とする．

1	電波の型式及び周波数	2	電波の受信	3	制限	4	変更
5	人工衛星局	6	人工衛星局以外の人工衛星局			7	電波の発射
8	低減	9	設置場所	10	停止		

解答 問349→1　問350→アー1　イー3　ウー6　エー8　オー9　問351→1

ミニ解説

問351　誤っている選択肢は次のようになる．
2　上限5パーセント，下限10パーセント
3　上限20パーセント，下限80パーセント
4　上限20パーセント，下限50パーセント

問 354

次の記述は，人工衛星局の条件について述べたものである．電波法（第36条の2）及び電波法施行規則（第32条の4及び第32条の5）の規定に照らし，誤っているものを下の1から4までのうちから一つ選べ．

1　人工衛星局の無線設備は，遠隔操作により電波の発射を直ちに停止することのできるものでなければならない．
2　人工衛星局は，その無線設備の設置場所を遠隔操作により変更することができるものでなければならない．ただし，対地静止衛星に開設する人工衛星局については，この限りでない．
3　対地静止衛星に開設する人工衛星局（実験試験局を除く．）であって，固定地点の地球局相互間の無線通信の中継を行うものは，公称されている位置から経度の（±）0.1度以内にその位置を維持することができるものでなければならない．
4　対地静止衛星に開設する人工衛星局(注)は，公称されている位置から緯度及び経度のそれぞれ（±）0.1度以内にその位置を維持することができるものでなければならない．
　　注　一般公衆によって直接受信されるための無線電話，テレビジョン，データ伝送又はファクシミリによる無線通信業務を行うことを目的とするものに限る．

問 355

次に掲げる無線設備の機器のうち，電波法（第37条）の規定に照らし，その型式について，総務大臣の行う検定に合格したものでなければ，施設してはならない(注)ものに該当するものを1，これに該当しないものを2として解答せよ．
　　注　総務大臣が行う検定に相当する型式検定に合格している機器その他の機器であって総務省令で定めるものを施設する場合は，この限りでない．

ア　放送の業務の用に供する無線局の無線設備の機器
イ　電気通信業務の用に供する無線局の無線設備の機器
ウ　航空機に施設する無線設備の機器であって総務省令で定めるもの
エ　人命若しくは財産の保護又は治安の維持の用に供する無線局の無線設備の機器
オ　電波法第31条（周波数測定装置の備付け）の規定により備え付けなければならない周波数測定装置

問 356

次の記述は，主任無線従事者の非適格事由について述べたものである．電波法（第39条）及び電波法施行規則（第34条の3）の規定に照らし，□内に入れるべき正しい字句の組合せを下の1から4までのうちから一つ選べ．なお，同じ記号の□内には，同じ字句が入るものとする．

① 主任無線従事者は，電波法第40条（無線従事者の資格）の定めるところにより，無線設備の A を行うことができる無線従事者であって，総務省令で定める事由に該当しないものでなければならない．

② ①の総務省令で定める事由は，次のとおりとする．
　(1) 電波法第9章（罰則）の罪を犯し罰金以上の刑に処せられ，その執行を終わり，又はその執行を受けることがなくなった日から B を経過しない者に該当するものであること．
　(2) 電波法第79条（無線従事者の免許の取消し等）第1項第1号の規定により業務に従事することを停止され，その処分の期間が終了した日から3箇月を経過していない者であること．
　(3) 主任無線従事者として選任される日以前 C において無線局（無線従事者の選任を要する無線局でアマチュア局以外のものに限る．）の無線設備の操作又は A の業務に従事した期間が3箇月に満たない者であること．

	A	B	C
1	操作の監督	2年	5年間
2	操作の監督	3年	3年間
3	管理	3年	5年間
4	管理	2年	3年間

解答
問352→3　問353→アー7　イー10　ウー9　エー4　オー6　問354→2
問355→アー2　イー2　ウー1　エー2　オー1

ミニ解説
問354　誤っている箇所は「対地静止衛星に開設する人工衛星局」，正しくは「対地静止衛星に開設する人工衛星局以外の人工衛星局」
問355　正答の他に，船舶安全法の規定に基づく命令により船舶に備えなければならないレーダー，船舶に施設する救命用の無線設備の機器であって総務省令で定めるもの，義務船舶局に備え付ける無線設備の機器がある．

問 357

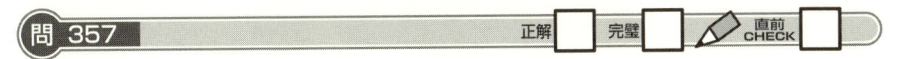

次に掲げる無線設備の操作のうち，第二級陸上無線技術士の資格を有する無線従事者が行うことのできる操作に該当しないものはどれか．電波法施行令（第3条）の規定に照らし，下の1から4までのうちから一つ選べ．

1 空中線電力2キロワットの固定局の無線設備の技術操作
2 空中線電力1キロワットのテレビジョン基幹放送局の無線設備の技術操作
3 無線航行局の無線設備で960メガヘルツ以上の周波数の電波を使用するものの技術操作
4 国際電気通信業務を行うことを目的とする空中線電力100ワットの航空局の無線設備の技術操作

問 358

次の記述は，第二級陸上無線技術士の資格の無線従事者が行うことのできる無線設備の操作（アマチュア無線局の無線設備の操作を除く．）の範囲について述べたものである．電波法施行令（第3条）の規定に照らし，☐☐内に入れるべき最も適切な字句の組合せを下の1から4までのうちから一つ選べ．なお，同じ記号の☐☐内には，同じ字句が入るものとする．

第二級陸上無線技術士の資格の無線従事者は，次に掲げる無線設備の技術操作を行うことができる．

(1) 空中線電力 ☐A☐ 以下の無線設備（ ☐B☐ の無線設備を除く．）
(2) ☐B☐ の空中線電力 ☐C☐ 以下の無線設備
(3) レーダーで(1)に掲げるもの以外のもの
(4) (1)及び(3)に掲げる無線設備以外の無線航行局の無線設備で960 MHz以上の周波数の電波を使用するもの

	A	B	C
1	10キロワット	基幹放送局	500ワット
2	10キロワット	テレビジョン基幹放送局	1キロワット
3	2キロワット	テレビジョン基幹放送局	500ワット
4	2キロワット	基幹放送局	1キロワット

問 359

無線局(アマチュア無線局を除く.)の主任無線従事者の要件に関する次の記述のうち，電波法(第39条)の規定に照らし，この規定に定めるところに適合するものを1，この規定に定めるところに適合しないものを2として解答せよ．

ア　電波法第40条(無線従事者の資格)の定めるところにより無線設備の操作を行うことができる無線従事者以外の者は，主任無線従事者の監督を受けなければ，モールス符号を送り，又は受ける無線電信の操作を行ってはならない．

イ　主任無線従事者は，電波法第40条(無線従事者の資格)の定めるところにより無線設備の操作の監督を行うことができる無線従事者であって，総務省令で定める事由に該当しないものでなければならない．

ウ　無線局の免許人は，主任無線従事者を選任したときは，遅滞なく，その旨を総務大臣に届け出なければならない．これを解任したときも，同様とする．

エ　無線局の免許人からその選任の届出がされた主任無線従事者は，無線設備の操作の監督に関し総務省令で定める職務を誠実に行わなければならない．

オ　無線局の免許人は，その選任の届出をした主任無線従事者に総務省令で定める期間ごとに，無線局の無線設備の操作及び運用に関し総務大臣の行う訓練を受けさせなければならない．

解答　問356→1　問357→2　問358→3

ミニ解説　問357　テレビジョン基幹放送局の空中線電力は500ワット以下．

問題

問 360

次の記述は，陸上に開設する無線局に係る主任無線従事者について述べたものである．電波法(第39条及び第39条の2)及び電波法施行規則(第34条の7)の規定に照らし，□内に入れるべき最も適切な字句を下の1から10までのうちからそれぞれ一つ選べ．なお，同じ記号の□内には，同じ字句が入るものとする．

① 電波法第40条(無線従事者の資格)の定めるところにより無線設備の操作を行うことができる無線従事者以外の者は，　ア　の　イ　を行う者(以下「主任無線従事者」という．)として選任された者であって②によりその選任の届出がされたものにより監督を受けなければ，　ア　の無線設備の操作(注)を行ってはならない．ただし，総務省令で定める場合は，この限りでない．
  注　簡易な操作であって総務省令で定めるものを除く．

② 無線局の免許人等(注)は，主任無線従事者を　ウ　，その旨を総務大臣に届け出なければならない．これを解任したときも，同様とする．
  注　免許人又は登録人をいう．以下③，⑤及び⑥において同じ．

③ 無線局(総務省令で定めるものを除く．)の免許人等は，②の規定によりその選任の届出をした主任無線従事者に，総務省令で定める期間ごとに，　イ　に関し総務大臣の行う講習を受けさせなければならない．

④ 総務大臣は，その指定する者(「指定講習機関」という．)に，③の講習を　エ　．

⑤ ③の規定より，免許人等又は電波法第70条の9第1項の規定により登録局を運用する当該登録局の登録人以外の者は，主任無線従事者を選任したときは，当該主任無線従事者に選任の日から　オ　以内に　イ　に関し総務大臣の行う**講習**を受けさせなければならない．

⑥ 免許人等又は電波法第70条の9第1項の規定により登録局を運用する当該登録局の登録人以外の者は，⑤の**講習**を受けた主任無線従事者にその**講習**を受けた日から5年以内に**講習**を受けさせなければならない．当該講習を受けた日以降についても同様とする．

1　無線局(アマチュア無線局を除く．)
2　無線局(実験等無線局及びアマチュア無線局を除く．)
3　無線設備の操作及び運用　　4　無線設備の操作の監督
5　選任したときは，遅滞なく　　6　選任するときは，あらかじめ
7　行わせることができる　　　　8　行わせるものとする
9　3箇月　　　　　　　　　　　　10　6箇月

注：**太字**は，ほかの試験問題で穴あきになった用語を示す．

問 361

次の記述は，第二級陸上無線技術士の資格の無線従事者の免許証の再交付等について述べたものである．無線従事者規則(第50条及び第51条)の規定に照らし，☐内に入れるべき最も適切な字句の組合せを下の1から4までのうちから一つ選べ．なお，同じ記号の☐内には，同じ字句が入るものとする．

① 無線従事者は，\[A \]に変更を生じたとき又は免許証を**汚し**，**破り**，**若しくは失**っ たために免許証の再交付を受けようとするときは，無線従事者免許証再交付申請書に次の書類を添えて総務大臣又は総合通信局長(沖縄総合通信事務所長を含む．以下②において同じ．)に提出しなければならない．
　(1) 免許証(免許証を失った場合を除く．)
　(2) 写真 \[B \]
　(3) \[A \]の変更の事実を証する書類(\[A \]に変更を生じたときに限る．)

② 無線従事者は，免許の取消しの処分を受けたときは，その処分を受けた日から\[C \]以内にその免許証を総務大臣又は総合通信局長に返納しなければならない．免許証の再交付を受けた後失った免許証を発見したときも同様とする．

	A	B	C
1	氏名	1枚	10日
2	氏名	2枚	1箇月
3	本籍地の都道府県又は氏名	1枚	1箇月
4	本籍地の都道府県又は氏名	2枚	10日

注：**太字**は，ほかの試験問題で穴あきになった用語を示す．

解答
問359→ア−2 イ−1 ウ−1 エ−1 オ−2
問360→ア−1 イ−4 ウ−5 エ−7 オ−10

ミニ解説

問359 誤っている選択肢は次のようになる．
　ア モールス符号を送り，又は受ける無線電信の操作その他総務省令で定める無線設備の操作は，電波法第40条の定めるところにより，無線従事者でなければ行ってはならない．
　オ 誤っている箇所は「総務大臣の行う訓練」，正しくは「総務大臣の行う講習」

問 362

次に掲げる事項のうち，電波法施行規則（第34条の5）の規定に照らし，無線局の主任無線従事者の職務としてこの規定に定められている事項に該当しないものはどれか．下の1から4までのうちから一つ選べ．

1 無線設備の機器の点検若しくは保守を行い，又はその監督を行うこと．
2 無線業務日誌その他の書類を作成し，又はその作成を監督すること（記載された事項に関し必要な措置を執ることを含む．）．
3 電波法又は電波法に基づく命令の規定に違反して運用した無線局を認めたときに総務省令で定める手続により総務大臣に報告すること．
4 主任無線従事者の職務を遂行するために必要な事項に関し免許人，登録人又は電波法第70条の9（登録人以外の者による登録局の運用）第1項の規定により登録局を運用する当該登録局の登録人以外の者に対して意見を述べること．

問 363

次の記述は，主任無線従事者の職務について述べたものである．電波法（第39条）及び電波法施行規則（第34条の5）の規定に照らし，____内に入れるべき最も適切な字句を下の1から10までのうちからそれぞれ一つ選べ．

① 電波法第39条（無線設備の操作）第4項の規定により ア 主任無線従事者は，無線設備の操作の監督に関し総務省令で定める職務を誠実に行わなければならない．

② ①の総務省令で定める職務は，次のとおりとする．
　(1) 主任無線従事者の監督を受けて無線設備の操作を行う者に対する訓練（実習を含む．）の計画を イ こと．
　(2) 無線設備の ウ を行い，又はその監督を行うこと．
　(3) エ を作成し，又はその作成を監督すること（記載された事項に関し必要な措置を執ることを含む．）．
　(4) 主任無線従事者の職務を遂行するために必要な事項に関し オ に対して意見を述べること．
　(5) その他無線局の無線設備の操作の監督に関し必要と認められる事項

1 その選任について総務大臣の許可を受けた　　2 その選任の届出がされた
3 推進する　　4 立案し，実施する　　5 変更の工事
6 機器の点検若しくは保守　　7 無線業務日誌その他の書類
8 無線業務日誌　　9 総務大臣　　10 免許人又は登録人

問題

問 364

陸上に開設する無線局（アマチュア無線局を除く．）の無線従事者に関する次の記述のうち，電波法（第39条及び第79条），電波法施行規則（第36条）及び無線従事者規則（第50条）の規定に照らし，これらの規定に定めるところに適合しないものはどれか．下の1から4までのうちから一つ選べ．

1 無線局には，当該無線局の無線設備の操作を行い，又はその監督を行うために必要な無線従事者を配置しなければならない．
2 総務大臣は，無線従事者が電波法又は電波法に基づく命令に違反したときは，その免許を取り消し，又は3箇月以内の期間を定めてその業務に従事することを停止することができる．
3 電波法第40条（無線従事者の資格）の定めるところにより無線設備の操作を行うことができる無線従事者以外の者は，無線局の無線設備の操作の監督を行う者として選任された者であって，その選任の届出がされたものにより監督を受けなければ，無線局の無線設備の操作（簡易な操作であって総務省令で定めるものを除く．）を行ってはならない．ただし，総務省令で定める場合は，この限りでない．
4 無線従事者は，氏名又は住所に変更を生じたときに免許証の再交付を受けようとするときは，氏名又は住所に変更を生じた日から10日以内に，申請書に次の(1)から(3)までに掲げる書類を添えて総務大臣又は総合通信局長（沖縄総合通信事務所長を含む．）に提出しなければならない．
 (1) 免許証
 (2) 写真1枚
 (3) 氏名又は住所の変更の事実を証する書類

解答 問361→1 問362→3 問363→ア-2 イ-4 ウ-6 エ-7 オ-10

ミニ解説 問362 総務大臣に報告しなければならないのは，免許人と規定されている．

問 365

次の記述は，無線従事者の免許証について述べたものである．電波法施行規則（第38条）及び無線従事者規則（第50条及び第51条）の規定に照らし，これらの規定に定めるところに適合しないものを下の1から4までのうちから一つ選べ．

1　無線従事者は，その業務に従事しているときは，免許証を携帯していなければならない．

2　無線従事者は，免許証を失ったために免許証の再交付を受けようとするときは，無線従事者免許証再交付申請書に写真1枚を添えて総務大臣又は総合通信局長（沖縄総合通信事務所長を含む．以下同じ．）に提出しなければならない．

3　無線従事者は，免許証の再交付を受けた後失った免許証を発見したときは，発見した日から10日以内にその免許証を総務大臣又は総合通信局長に返納しなければならない．

4　無線従事者は，氏名又は住所に変更を生じたときに免許証の再交付を受けようとするときは，無線従事者免許証再交付申請書に免許証及び氏名又は住所の変更の事実を証する書類を添えて総務大臣又は総合通信局長に提出しなければならない．

問 366

無線従事者の免許等に関する記述のうち，電波法（第41条，第42条及び第79条）の規定に照らし，これらの規定に定めるところに適合しないものはどれか．下の1から4までのうちから一つ選べ．

1　無線従事者になろうとする者は，総務大臣の免許を受けなければならない．

2　総務大臣は，無線従事者が不正な手段により免許を受けたときは，その免許を取り消すことができる．

3　総務大臣は，電波法第79条第1項の規定により無線従事者の免許を取り消され，取消しの日から5年を経過しない者に対しては，無線従事者の免許を与えないことができる．

4　総務大臣は，無線従事者が電波法若しくは電波法に基づく命令又はこれらに基づく処分に違反したときは，その免許を取り消し，又は3箇月以内の期間を定めてその業務に従事することを停止することができる．

問題

問 367

次の記述は，無線局の免許状に記載された事項の遵守について述べたものである．電波法（第52条から第55条まで）の規定に照らし，☐☐☐内に入れるべき最も適切な字句を下の1から10までのうちからそれぞれ一つ選べ．

① 無線局は，免許状に記載された ア （特定地上基幹放送局については放送事項）の範囲を超えて運用してはならない．ただし，次に掲げる通信については，この限りでない．
　　(1) 遭難通信　　(2) 緊急通信　　(3) 安全通信　　(4) イ
　　(5) 放送の受信　　(6) その他総務省令で定める通信

② 無線局を運用する場合においては， ウ ，識別信号，電波の型式及び周波数は，免許状に記載されたところによらなければならない．ただし，遭難通信については，この限りでない．

③ 無線局を運用する場合においては，空中線電力は，次の(1)及び(2)に定めるところによらなければならない．ただし，遭難通信については，この限りでない．
　　(1) 免許状に エ であること．
　　(2) 通信を行うため**必要最小のもの**であること．

④ 無線局は，免許状に記載された オ でなければ，運用してはならない．ただし，①の(1)から(6)までに掲げる通信を行う場合及び総務省令で定める場合は，この限りでない．

1　目的又は通信の相手方若しくは通信事項　　　2　記載されたものの範囲内
3　運用許容時間内　　　4　記載されたところによるもの　　　5　非常通信
6　無線設備の設置場所　　　7　災害の救援又は交通通信の確保に関する通信
8　無線局の種別，目的又は通信の相手方若しくは通信事項
9　無線設備の工事設計　　　10　運用義務時間内

注：**太字**は，ほかの試験問題で穴あきになった用語を示す．

解答　問364 → 4　　問365 → 4　　問366 → 3

ミニ解説
問364　住所の変更の手続きは必要ない．氏名の変更について10日以内の期限はない．
問365　住所の変更の手続きは必要ない．
問366　誤っている箇所は「5年を経過しない」，正しくは「2年を経過しない」

問 368

次の記述は，固定局又は陸上移動業務の無線局の免許状に記載された事項の遵守について述べたものである．電波法（第52条）及び電波法施行規則（第37条）の規定に照らし，____内に入れるべき最も適切な字句の組合せを下の1から4までのうちから一つ選べ．

① 無線局は，免許状に記載された__A__の範囲を超えて運用してはならない．ただし，次に掲げる通信については，この限りでない．
　　(1) 遭難通信　　(2) 緊急通信　　(3) 安全通信　　(4) 非常通信
　　(5) 放送の受信　　(6) その他総務省令で定める通信

② 次の(1)から(5)までに掲げる通信は，①の(6)の「総務省令で定める通信」とする．
　　(1) __B__
　　(2) 電波の規正に関する通信
　　(3) 電波法第74条第1項に規定する非常の場合の通信の訓練のために行う通信
　　(4) __C__に関し急を要する通信（他の電気通信系統によっては，当該通信の目的を達することが困難である場合に限る．）
　　(5) その他電波法施行規則第37条（免許状の目的等にかかわらず運用することができる通信）各号に掲げる通信

	A	B	C
1	目的又は通信の相手方若しくは通信事項	免許人以外の者のための通信であって，急を要するもの	国の事務
2	目的，通信の相手方若しくは通信事項又は電波の型式及び周波数	免許人以外の者のための通信であって，急を要する者	人命の救助
3	目的，通信の相手方若しくは通信事項又は電波の型式及び周波数	無線機器の試験又は調整をするために行う通信	国の事務
4	目的又は通信の相手方若しくは通信事項	無線機器の試験又は調整をするために行う通信	人命の救助

問 369

次の記述のうち，電波法（第52条）の規定に照らし，非常通信の定義としてこの規定に定めるところに適合するものはどれか．下の1から4までのうちから一つ選べ．

1 地震，台風，洪水，津波，雪害，火災，暴動その他非常の事態が発生した場合において，総務大臣の命令を受けて，人命の救助，災害の救援，交通通信の確保又は秩序の維持のために行われる無線通信をいう．
2 地震，台風，洪水，津波，雪害，火災，暴動その他非常の事態が発生し，又は発生するおそれがある場合において，人命の救助，災害の救援，交通通信の確保又は秩序の維持のために行われる無線通信をいう．
3 地震，台風，洪水，津波，雪害，火災，暴動その他非常の事態が発生し，又は発生するおそれがある場合において，電気通信業務の通信を利用することができないか又はこれを利用することが著しく困難であるときに人命の救助，災害の救援，交通通信の確保又は秩序の維持のために行われる無線通信をいう．
4 地震，台風，洪水，津波，雪害，火災，暴動その他非常の事態が発生し，又は発生するおそれがある場合において，有線通信を利用することができないか又はこれを利用することが著しく困難であるときに人命の救助，災害の救援，交通通信の確保又は秩序の維持のために行われる無線通信をいう．

解答 問367→ア-1 イ-5 ウ-6 エ-2 オ-3　問368→4

問題

問 370

次の記述は，非常通信及び非常の場合の無線通信について述べたものである．電波法（第52条及び第74条）及び無線局運用規則（第136条）の規定に照らし，____内に入れるべき最も適切な字句の組合せを下の1から4までのうちから一つ選べ．なお，同じ記号の____内には，同じ字句が入るものとする．

① 非常通信とは，地震，台風，洪水，津波，雪害，火災，暴動その他非常の事態が発生し，又は発生するおそれがある場合において____A____を____B____に人命の救助，災害の救援，交通通信の確保又は秩序の維持のために行われる無線通信をいう．

② 総務大臣は，地震，台風，洪水，津波，雪害，火災，暴動その他非常の事態が発生し，又は発生するおそれがある場合においては，人命の救助，災害の救援，交通通信の確保又は秩序の維持のために必要な通信を____C____ことができる．

③ 非常通信の取扱いを開始した後，____A____の状態が復旧した場合は，____D____．

	A	B	C	D
1	有線通信	利用することができないとき	無線局に行うように要請する	その取扱いを停止することができる
2	有線通信	利用することができないか又はこれを利用することが著しく困難であるとき	無線局に行わせる	速やかにその取扱いを停止しなければならない
3	電気通信業務の通信	利用することができないとき	無線局に行うように要請する	速やかにその取扱いを停止しなければならない
4	電気通信業務の通信	利用することができないか又はこれを利用することが著しく困難であるとき	無線局に行わせる	その取扱いを停止することができる

問 371

次の記述は，非常時運用人による無線局の運用について述べたものである．電波法（第70条の7）の規定に照らし，□内に入れるべき最も適切な字句を下の1から10までのうちからそれぞれ一つ選べ．

① 無線局(注)の免許人又は登録人は，地震，台風，洪水，津波，雪害，火災，暴動その他非常の事態が発生し，又は発生するおそれがある場合において，人命の救助，災害の救援，交通通信の確保又は秩序の維持のために必要な通信を行うときは，当該無線局の免許等が効力を有する間，□ア□ことができる．

   注　その運用が，専ら電波法第39条(無線設備の操作)第1項本文の総務省令で定める簡易な操作によるものに限る．

② ①により無線局を自己以外の者に運用させた免許人又は登録人は，遅滞なく，非常時運用人(注)の氏名又は名称，非常時運用人による運用の期間その他の総務省令で定める□イ□なければならない．

   注　当該無線局を運用する自己以外の者をいう．以下同じ．

③ ②の免許人又は登録人は，当該無線局の運用が適正に行われるよう，総務省令で定めるところにより，非常時運用人に対し，□ウ□を行わなければならない．

④ 総務大臣は，非常時運用人が電波法，放送法若しくはこれらの法律に基づく命令又はこれらに基づく処分に違反したときは，□エ□を定めて無線局の運用の停止を命じ，又は期間を定めて運用許容時間，周波数若しくは空中線電力を制限することができる．

⑤ 総務大臣は，無線通信の秩序の維持その他無線局の適正な運用を確保するため必要があると認めるときは，非常時運用人に対し，□オ□ことができる．

1　総務大臣の許可を受けて当該無線局を自己以外の者に運用させる
2　当該無線局を自己以外の者に運用させる
3　事項の記録を作成し，非常時運用人による無線局の運用の終了の日から2年間これを保存し
4　事項を総務大臣に届け出　　5　無線局の運用に関し適切な支援
6　必要かつ適切な監督　　　　7　3箇月以内の期間
8　臨時に電波の発射の停止を命ずる
9　6箇月以内の期間　　　　　10　無線局に関し報告を求める

解答　問369→4　　問370→2

問題

問 372

免許人以外の者による特定の無線局の運用に関する次の記述のうち，電波法（第70条の8）の規定に照らし，この規定に定めるところに適合するものを1，この規定に定めるところに適合しないものを2として解答せよ。

ア 電気通信業務を行うことを目的として開設する無線局の免許人は，当該無線局の免許人以外の者による運用（簡易な操作によるものに限る。）が電波の能率的な利用に資するものである場合には，総務大臣の許可を受けて，当該無線局の免許が効力を有する間，自己以外の者に当該無線局の運用を行なわせることができる。

イ 電波法第70条の8（免許人以外の者による特定の無線局の簡易な操作による運用）第1項の規定により自己以外の者に無線局の運用を行わせた免許人は，遅滞なく，当該無線局を運用する自己以外の者の氏名又は名称，当該自己以外の者による運用の期間その他の総務省令で定める事項に関する記録を作成し，当該自己以外の者による運用の期間が終了した日から2年間これを保存しなければならない。

ウ 電波法第70条の8（免許人以外の者による特定の無線局の簡易な操作による運用）第1項の規定により自己以外の者に無線局の運用を行わせた免許人は，当該無線局の運用が適正に行われるよう，総務省令で定めるところにより，当該自己以外の者に対し，必要かつ適切な監督を行わなければならない。

エ 電波法第70条の8（免許人以外の者による特定の無線局の簡易な操作による運用）第1項の規定により無線局の運用を行う当該無線局の免許人以外の者が電波法若しくは電波法に基づく命令又はこれらに基づく処分に違反したときは，3箇月以内の期間を定めて無線局の運用の停止を命じ，又は期間を定めて運用許容時間，周波数若しくは空中線電力を制限することができる。

オ 総務大臣は，無線通信の秩序の維持その他無線局の適正な運用を確保するため必要があると認めるときは，電波法第70条の8（免許人以外の者による特定の無線局の簡易な操作による運用）第1項の規定により無線局の運用を行う当該無線局の免許人以外の者に対し，臨時に電波の発射の停止を命ずることができる。

問題

問 373

次の記述は，混信等の防止について述べたものである．電波法（第56条）及び電波法施行規則（第50条の2）の規定に照らし，____内に入れるべき最も適切な字句の組合せを下の1から4までのうちから一つ選べ．

① 無線局は，__A__又は電波天文業務（注）の用に供する受信設備その他の総務省令で定める受信設備（無線局のものを除く．）で総務大臣が指定するものにその運用を阻害するような混信その他の__B__ならない．ただし，遭難通信，緊急通信，安全通信及び非常通信については，この限りでない．

注　電波天文業務とは，宇宙から発する電波の受信を基礎とする天文学のための当該電波の受信の業務をいう．以下②の(1)において同じ．

② ①に規定する指定に係る受信設備は，次のいずれかに掲げるもの（__C__するものを除く．）とする．
(1) 電波天文業務の用に供する受信設備
(2) 宇宙無線通信の電波の受信を行う受信設備

	A	B	C
1	放送の業務の用に供する無線局	妨害を与えないように運用しなければ	固定
2	他の無線局	妨害を与えないように運用しなければ	移動
3	放送の業務の用に供する無線局	妨害を与えない機能を備えなければ	移動
4	他の無線局	妨害を与えない機能を備えなければ	固定

解答
問371→ア−2　イ−4　ウ−6　エ−7　オ−10
問372→ア−2　イ−2　ウ−1　エ−1　オ−2

ミニ解説

問372　ア　誤っている箇所は「総務大臣の許可を受けて」が規定にない．
　　　　イ　誤っている箇所は「総務省令で定める事項に関する記録を作成し，当該自己以外の者による運用の期間が終了した日から2年間これを保存しなければならない．」，正しくは「総務省令で定める事項を総務大臣に届け出なければならない．」
　　　　オ　誤っている箇所は「臨時に電波の発射の停止を命ずる」，正しくは「無線局に関し報告を求める」

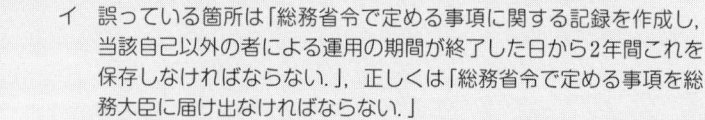

問 374

無線局等に対する混信等の防止に関する次の記述のうち、電波法（第56条）の規定に照らし、この規定に定めるところに適合するものはどれか。下の1から4までのうちから一つ選べ。

1 無線局は、重要無線通信(注1)を行う無線局又は電波天文業務(注2)の用に供する受信設備その他の総務省令で定める受信設備（無線局のものを除く。）で総務大臣が指定するものにその運用を阻害するような混信その他の妨害を与えないように運用しなければならない。ただし、遭難通信については、この限りでない。
　　注1　重要無線通信とは、電波法第102条の2に規定する無線通信をいう。以下同じ。
　　注2　電波天文業務とは、宇宙から発する電波の受信を基礎とする天文学のための当該電波の受信の業務をいう。以下同じ。
2 無線局は、他の無線局又は電波天文業務の用に供する受信設備その他の総務省令で定める受信設備（無線局のものを除く。）で総務大臣が指定するものにその運用を阻害するような混信その他の妨害を与えないように運用しなければならない。ただし、遭難通信、緊急通信、安全通信又は非常通信については、この限りでない。
3 無線局は、電波を発射しようとする場合において、当該電波と周波数を同じくする電波を受信することにより、一定の時間自己の電波を発射しないことを確保する機能等総務省令で定める機能を有することにより、他の無線局又は電波天文業務の用に供する受信設備その他の総務省令で定める受信設備（無線局のものを除く。）で総務大臣が指定するものにその運用を阻害するような混信その他の妨害を与えないように運用することができるものでなければならない。ただし、遭難通信については、この限りでない。
4 無線局は、電波を発射しようとする場合において、当該電波と周波数を同じくする電波を受信することにより、一定の時間自己の電波を発射しないことを確保する機能等総務省令で定める機能を有することにより、重要無線通信を行う無線局又は電波天文業務の用に供する受信設備その他の総務省令で定める受信設備（無線局のものを除く。）で総務大臣が指定するものにその運用を阻害するような混信その他の妨害を与えないように運用することができるものでなければならない。ただし、遭難通信、緊急通信、安全通信又は非常通信については、この限りでない。

問 375

無線局の運用に関する次の記述のうち，無線局がなるべく擬似空中線回路を使用しなければならないときに該当しないものはどれか．電波法（第57条）の規定に照らし，下の1から4までのうちから一つ選べ．

1 実験等無線局を運用するとき．
2 固定局の無線設備の機器の調整を行うために運用するとき．
3 基幹放送局の無線設備の機器の試験を行うために運用するとき．
4 総合通信局長（沖縄総合通信事務所長を含む．）が行う無線局の検査のために無線局を運用するとき．

問 376

無線局の運用の通則に関する次の記述のうち，誤っているものはどれか．電波法（第53条，第56条，第57条及び第58条）の規定に照らし，下の1から4までのうちから一つ選べ．

1 無線局は，その通信において暗語を使用してはならない．
2 無線局を運用する場合においては，無線設備の設置場所，電波の型式及び周波数は，免許状又は登録状に記載されたところによらなければならない．ただし，遭難通信については，この限りでない．
3 無線局は，次に掲げる場合には，なるべく擬似空中線回路を使用しなければならない．
　(1) 無線設備の機器の試験又は調整を行うために運用するとき．
　(2) 実験等無線局を運用するとき．
4 無線局は，他の無線局又は電波天文業務の用に供する受信設備その他の総務省令で定める受信設備（無線局のものを除く．）で総務大臣が指定するものにその運用を阻害するような混信その他の妨害を与えないように運用しなければならない．ただし，遭難通信，緊急通信，安全通信及び非常通信については，この限りでない．

解答 問373→2 　問374→2

問 377

無線通信(注)の秘密の保護に関する次の記述のうち、電波法(第59条)の規定に照らし、この規定に定めるところに適合するものはどれか。下の1から4までのうちから一つ選べ。

注　電気通信事業法第4条(秘密の保護)第1項又は第164条(適用除外等)第2項の通信であるものを除く。以下同じ。

1　何人も法律に別段の定めがある場合を除くほか、いかなる無線通信も傍受してはならない。
2　無線通信の業務に従事する何人も特定の相手方に対して行われる無線通信(暗語によるものに限る。)を傍受してその存在若しくは内容を漏らし、又はこれを窃用してはならない。
3　何人も法律に別段の定めがある場合を除くほか、総務省令で定める周波数を使用して行われるいかなる無線通信も傍受してその存在若しくは内容を漏らし、又はこれを窃用してはならない。
4　何人も法律に別段の定めがある場合を除くほか、特定の相手方に対して行われる無線通信を傍受してその存在若しくは内容を漏らし、又はこれを窃用してはならない。

問 378

次の記述は、無線局が無線機器の試験又は調整のため電波の発射を必要とするときに、発射する前にとるべき措置について述べたものである。無線局運用規則(第39条)の規定に照らし、この規定に定めるところに適合するものを下の1から4までのうちから一つ選べ。

1　自局の発射しようとする電波の周波数をあらかじめ測定しておかなければならない。
2　自局の発射しようとする電波の周波数及びその他必要と認める周波数によって聴守し、他の無線局の通信に混信を与えないことを確かめなければならない。
3　擬似空中線回路を使用して発射しようとする電波の質をあらかじめ確かめておかなければならない。
4　発射しようとする電波の空中線電力が最適な値となるよう送信機の出力をあらかじめ調整しておかなければならない。

問題

問 379

次の記述は，無線電話通信における試験電波の発射について述べたものである．無線局運用規則(第39条，第14条及び第18条)の規定に照らし，□内に入れるべき最も適切な字句を下の1から10までのうちからそれぞれ一つ選べ．なお，同じ記号の□内には，同じ字句が入るものとする．

① 無線局は，無線機器の試験又は調整のため電波の発射を必要とするときは，発射する前に自局の発射しようとする電波の ア によって聴守し，他の無線局の通信に混信を与えないことを確かめた後，次の(1)から(3)までに掲げる事項を順次送信しなければならない．

 (1) イ   3回
 (2) こちらは   1回
 (3) 自局の呼出名称 3回

② 更に ウ を行い，他の無線局から停止の請求がない場合に限り，「 エ 」の連続及び自局の呼出名称1回を送信しなければならない．この場合において，「 エ 」の連続及び自局の呼出名称の送信は，10秒間を超えてはならない．

③ ①及び②の試験又は調整中は，しばしばその電波の周波数により聴守を行い， オ を確かめなければならない．

④ ②にかかわらず，海上移動業務以外の業務の無線局にあっては，必要があるときは，10秒間を超えて，「 エ 」の連続及び自局の呼出名称の送信をすることができる．

1 周波数　　2 周波数及びその他必要と認める周波数　　3 各局
4 ただいま試験中　　5 10秒間聴守　　6 1分間聴守　　7 試験電波発射中
8 本日は晴天なり　　9 他の無線局の通信に混信を与えないこと
10 他の無線局から停止の要求がないかどうか

解答 問375→4　問376→1　問377→4　問378→2

ミニ解説　問376　実験等無線局及びアマチュア無線局の行う通信には，暗語を使用してはならない．

問 380

次の記述は，無線通信(注)の秘密の保護について述べたものである．電波法(第59条及び第109条)の規定に照らし，□内に入れるべき最も適切な字句を下の1から10までのうちからそれぞれ一つ選べ．なお，同じ記号の□内には，同じ字句が入るものとする．

注　電気通信事業法第4条(秘密の保護)第1項又は第164条(適用除外等)第2項の通信であるものを除く．

① 何人も法律に別段の定めがある場合を除くほか，□ア□行われる□イ□を傍受してその**存在若しくは内容**を漏らし，又はこれを窃用してはならない．
② □ウ□に係る□イ□の秘密を漏らし，又は窃用した者は，1年以下の懲役又は50万円以下の罰金に処する．
③ □エ□がその業務に関し知り得た②の秘密を漏らし，又は窃用したときは，□オ□に処する．

1　総務省令で定める周波数で	2　特定の相手方に対して	3　無線通信
4　暗語による無線通信	5　通信の相手方の無線局	6　無線局の取扱中
7　無線従事者	8　無線通信の業務に従事する者	
9　5年以下の懲役又は500万円以下の罰金		
10　2年以下の懲役又は100万円以下の罰金		

問 381

次の記述のうち，無線局運用規則(第10条)の規定に照らし，一般通信方法における無線通信の原則として，この規定に定めるところに適合するものを1，この規定に定めるところに適合しないものを2として解答せよ．

ア　無線通信を行うときは，暗語を使用してはならない．
イ　必要のない無線通信は，これを行ってはならない．
ウ　無線通信に使用する用語は，できる限り簡潔でなければならない．
エ　無線通信を行うときは，自局の識別信号を付して，その出所を明らかにしなければならない．
オ　無線通信は，正確に行うものとし，誤った送信をしたことを知ったときは，「反復」の略語を前置して適当な語字から送信しなければならない．

注：**太字**は，ほかの試験問題で穴あきになった用語を示す．

問 382

次の記述は，地上基幹放送局の呼出符号等の放送について述べたものである．無線局運用規則（第138条）の規定に照らし，□内に入れるべき最も適切な字句の組合せを下の1から4までのうちから一つ選べ．なお，同じ記号の□内には，同じ字句が入るものとする．

① 地上基幹放送局は，放送の開始及び終了に際しては，自局の呼出符号又は呼出名称（国際放送を行う地上基幹放送局にあっては，□ A □を，テレビジョン放送を行う地上基幹放送局にあっては，呼出符号又は呼出名称を表す文字による視覚の手段を併せて）を放送しなければならない．ただし，これを放送することが困難であるか又は不合理である地上基幹放送局であって，別に告示するものについては，この限りでない．

② 地上基幹放送局は，放送している時間中は，□ B □自局の呼出符号又は呼出名称（国際放送を行う地上基幹放送局にあっては，□ A □を，テレビジョン放送を行う地上基幹放送局にあっては，呼出符号又は呼出名称を表す文字による視覚の手段を併せて）を放送しなければならない．ただし，①のただし書に規定する□ C □は，この限りでない．

③ ②の場合において地上基幹放送局は，国際放送を行う場合を除くほか，自局であることを容易に識別することができる方法をもって自局の呼出符号又は呼出名称に代えることができる．

	A	B	C
1	周波数及び空中線電力	毎時1回以上	地上基幹放送局の場合
2	周波数及び空中線電力	1日1回以上	地上基幹放送局の場合又は放送の効果を妨げるおそれがある場合
3	周波数及び送信方向	毎時1回以上	地上基幹放送局の場合又は放送の効果を妨げるおそれがある場合
4	周波数及び送信方向	1日1回以上	地上基幹放送局の場合

解答
問379➜ ア-2 イ-4 ウ-6 エ-8 オ-10
問380➜ ア-2 イ-3 ウ-6 エ-8 オ-10
問381➜ ア-2 イ-1 ウ-1 エ-1 オ-2

ミニ解説
問381 無線通信の原則は4項目，選択肢アの規定はない．オを正しくすると，
オ　無線通信は，正確に行うものとし，通信上の誤りを知ったときは，直ちに訂正しなければならない．

問 383

次の記述は，放送局の試験電波の発射について述べたものである．無線局運用規則（第139条）の規定に照らし，□内に入れるべき最も適切な字句の組合せを下の1から4までのうちから一つ選べ．

① 放送局は，無線機器の試験又は調整のため電波の発射を必要とするときは，発射する前に自局の発射しようとする電波の周波数及び A 周波数によって聴守し，他の無線局の通信に混信を与えないことを確かめた後でなければその電波を発射してはならない．

② 放送局は，①の電波を発射したときは，その電波の発射の直後及びその発射中 B ，試験電波である旨及び「こちらは（外国語を使用する場合は，これに相当する語）」を前置した自局の呼出符号又は呼出名称（テレビジョン放送を行う放送局は，呼出符号又は呼出名称を表す文字による視覚の手段をあわせて）を放送しなければならない．

③ 放送局が試験又は調整のために送信する音響又は映像は，当該試験又は調整のために必要な範囲内のものでなければならない．

④ 放送局において試験電波を発射するときは，無線局運用規則第14条（業務用語）第1項の規定にかかわらず C によってその電波を変調することができる．

	A	B	C
1	同一放送区域にある他の放送局の	30分ごとを標準として	レコード又は低周波発振器による音声出力
2	その他必要と認める	10分ごとを標準として	レコード又は低周波発振器による音声出力
3	その他必要と認める	30分ごとを標準として	試験中であることを示す適宜の音声
4	同一放送区域にある他の放送局の	10分ごとを標準として	試験中であることを示す適宜の音声

問題

問 384

周波数の測定等に関する次の記述のうち，電波法施行規則（第40条）及び無線局運用規則（第4条）の規定に照らし，これらの規定に定めるところに適合しないものはどれか．下の1から4までのうちから一つ選べ．

1 電波法第31条（周波数測定装置の備付け）の規定により周波数測定装置を備え付けた無線局は，できる限りしばしば自局の発射する電波の周波数を測定しなければならない．
2 電波法第31条の規定により周波数測定装置を備え付けた無線局は，その周波数測定装置を常時電波法第31条に規定する確度を保つように較正しておかなければならない．
3 無線局は，発射電波の周波数の偏差を測定した結果，その偏差が許容値を超えるときは，直ちに調整して許容値内に保つとともに，その事実を総務大臣又は総合通信局長（沖縄総合通信事務所長を含む．）に報告しなければならない．
4 基幹放送局においては，発射電波の周波数の偏差を測定したときは，その結果及び許容偏差を超える偏差があるときは，その措置の内容を無線業務日誌に記載しなければならない．

問 385

次の記述は，指定事項の変更等の命令について述べたものである．電波法（第71条）の規定に照らし，□内に入れるべき最も適切な字句を下の1から10までのうちから一つ選べ．なお，同じ記号の□内には，同じ字句が入るものとする．

① 総務大臣は，□ア□必要があるときは，無線局の□イ□に支障を及ぼさない範囲内に限り，当該無線局（登録局を除く．）の□ウ□の指定を変更し，又は登録局の□ウ□若しくは□エ□の変更を命ずることができる．
② ①により□エ□の変更の命令を受けた免許人は，その命令に係る措置を講じたときは，速やかに，その旨を□オ□．

1 電波の規整その他公益上
2 周波数若しくは実効輻射電力
3 混信の除去その他特に
4 運用
5 周波数若しくは空中線電力
6 総務大臣に報告しなければならない
7 人工衛星局の無線設備の設置場所
8 無線局の無線設備の設置場所
9 目的の遂行
10 無線業務日誌に記載しなければならない

解答 問382→3　問383→2

問題

問 386

次の書類のうち，電波法施行規則(第38条)の規定に照らし，固定局に備え付けておかなければならないものに該当するものを1，これに該当しないものを2として解答せよ．

ア　免許状
イ　無線従事者の免許証
ウ　無線従事者選解任届の写し
エ　無線局の免許の申請書の添付書類の写し(注)
　　注　再免許を受けた無線局にあっては，最近の再免許の申請に係るもの及び無線局免許手続規則第18条の2(工事設計書の提出の省略等)の規定により提出を省略した工事設計書と同一の記載内容を有する工事設計書の写し
オ　無線局免許手続規則第22条に規定する免許状の訂正に係る申請書の写し

問 387

次に掲げるもののうち，電波法施行規則(第40条)の規定に照らし，基幹放送局(短波放送を行う基幹放送局を除く.)に備え付ける無線業務日誌に毎日記載しなければならない事項に該当するものを1，該当しないものを2として解答せよ．

ア　使用電波の型式及び周波数
イ　使用した空中線電力(正確な電力の測定が困難なときは，推定の電力)
ウ　予備送信機又は予備空中線を使用した場合は，その時間
エ　放送が中断された時間
オ　発射電波の周波数の偏差を測定したときは，その結果及び許容偏差を超える偏差があるときは，その措置の内容

問題

問 388　正解 ☐　完璧 ☐　直前CHECK ☐

次に掲げる場合のうち，電波法（第73条）の規定に照らし，総務大臣がその職員を無線局に派遣し，その無線設備等（無線設備，無線従事者の資格（主任無線従事者の要件に係るものを含む．）及び員数並びに時計及び書類をいう．）を検査させることができるときに該当するものを1，これに該当しないものを2として解答せよ．

ア　無線局の発射する電波の質が総務省令で定めるものに適合していないと認め，電波の発射の停止を命じたとき．

イ　無線局の発射する電波の質が総務省令で定めるものに適合していないと認め，電波の発射の停止を命じた無線局からその発射する電波の質が総務省令で定めるものに適合するに至った旨の申出があったとき．

ウ　電波利用料を納めないため督促状によって督促を受けた免許人が，指定の期限までにその督促に係る電波利用料を納めないとき．

エ　総務大臣が電波法第71条の5（技術基準適合命令）の規定により無線設備が電波法第3章（無線設備）に定める技術基準に適合していないと認め，当該無線設備を使用する無線局の免許人等（注）に対し，その技術基準に適合するように当該無線設備の修理その他の必要な措置を執るべきことを命じたとき．
　　注　免許人又は登録人をいう．

オ　無線局の免許人が検査の結果について指示を受け相当な措置をしたときに，当該免許人から総合通信局長（沖縄総合通信事務所長を含む．）に対し，その措置の内容についての報告があったとき．

解答

問384→3　問385→ア-1　イ-9　ウ-5　エ-7　オ-6
問386→ア-1　イ-2　ウ-2　エ-1　オ-2
問387→ア-2　イ-2　ウ-1　エ-1　オ-1

ミニ解説

問384　誤っている選択肢は次のようになる．
　3　無線局は，発射電波の周波数の偏差を測定した結果，その偏差が許容値を超えるときは，直ちに調整して許容値内に保たなければならない．

問387　業務日誌の記載事項には正しい選択肢の他に，無線従事者の氏名，資格及び服務方法．機器の故障の事実，原因及びこれに対する措置の内容．電波の規正について指示を受けたときは，その事実及び措置の内容．緊急警報信号を使用して放送したときは，そのたびごとにその事実．運用許容時間中において任意に放送を休止した時間．電波法第74条第1項に規定する通信（非常の場合の無線通信）を行ったときは，そのたびごとにその通信の概要及びこれに対する措置の内容．等がある．

問題

問 389

次に掲げる場合のうち，電波法（第73条）の規定に照らし，総務大臣がその職員を無線局に派遣し，その無線設備等を検査させることができるときに該当するものを1，これに該当しないものを2として解答せよ．

ア　電波法の施行を確保するため特に必要があるとき．
イ　無線局の検査の結果について指示を受けた免許人から，その指示に対する措置の内容について報告があったとき．
ウ　無線局の発射する電波の質が総務省令で定めるものに適合していないと認め，臨時に電波の発射の停止を命じたとき．
エ　電波利用料を納めないため督促状によって督促を受けた免許人が，指定の期限までにその督促に係る電波利用料を納めないとき．
オ　無線局の発射する電波の質が総務省令で定めるものに適合していないと認め，臨時に電波の発射の停止を命じた無線局からその発射する電波の質が総務省令で定めるものに適合するに至った旨の申出があったとき．

問 390

次の事項のうち，電波法（第76条第1項）の規定に照らし，免許人が電波法若しくは電波法に基づく命令又はこれらに基づく処分に違反したときに，総務大臣からその無線局について受けることがある処分に該当するものを1，これに該当しないものを2として解答せよ．

ア　無線局の免許の取消しの処分
イ　期間を定めて行われる通信の相手方又は通信事項の制限の処分
ウ　3箇月以内の期間を定めて行われる無線局の運用の停止の処分
エ　期間を定めて行われる運用許容時間の制限の処分
オ　期間を定めて行われる周波数又は空中線電力の制限の処分

問題

問 391

次に掲げる事項のうち，電波法（第76条）の規定に照らし，総務大臣が無線局の免許を取り消すことができるときに該当するものを1，これに該当しないものを2として解答せよ．

ア　免許人が電波法又は放送法に規定する罪を犯し罰金以上の刑に処せられ，その執行を終わり，又はその執行を受けることがなくなった日から2年を経過しない者に該当するに至ったとき．

イ　正当な理由がないのに，無線局の運用を引き続き3箇月以上休止したとき．

ウ　不正な手段により無線局の免許若しくは電波法第17条の変更等の許可を受け，又は電波法第19条の規定による指定の変更を行わせたとき．

エ　無線局の発射する電波の質が電波法第28条（電波の質）の総務省令で定めるものに適合していないと認めたとき．

オ　免許人が，電波法又は電波法に基づく命令に違反し，総務大臣から受けた無線局の運用の停止の命令，又は運用許容時間，周波数若しくは空中線電力の制限に従わないとき．

解答
問388 → ア−1　イ−1　ウ−2　エ−1　オ−2
問389 → ア−1　イ−2　ウ−1　エ−2　オ−1
問390 → ア−2　イ−2　ウ−1　エ−1　オ−1

ミニ解説

問388　正しい選択肢の他に，無線局のある船舶又は航空機が外国へ出港しようとするとき．その他この法律の施行を確保するため特に必要があるとき．が規定されている．

問390　総務大臣は，3箇月以内の期間を定めて無線局の運用の停止を命じ，又は期間を定めて運用許容時間，周波数若しくは空中線電力を制限することができる．

問 392

次の記述は，総務大臣が無線局の発射する電波の質が総務省令で定めるものに適合していないと認めるときに総務大臣が行う処分等について述べたものである．電波法（第72条，第73条及び第111条）の規定に照らし，____内に入れるべき最も適切な字句を下の1から10までのうちからそれぞれ一つ選べ．なお，同じ記号の____内には，同じ字句が入るものとする．

① 総務大臣は，無線局の発射する電波の質が電波法第28条（電波の質）の総務省令で定めるものに適合していないと認めるときは，当該無線局に対して臨時に ア を命ずることができる．

② 総務大臣は，①の命令を受けた無線局からその発射する電波の質が電波法第28条の総務省令の定めるものに適合するに至った旨の申出を受けたときは，その無線局に イ させなければならない．

③ 総務大臣は，②の規定により発射する電波の質が電波法第28条の総務省令の定めるものに適合しているときは，直ちに ウ しなければならない．

④ 総務大臣は，電波法第71条の5（技術基準適合命令）の規定により無線設備が電波法第3章（無線設備）に定める技術基準に適合していないと認め，当該無線設備を使用する無線局の免許人等(注)に対し，その技術基準に適合するように当該無線設備の修理その他の必要な措置をとるべきことを命じたとき，①の ア を命じたとき，②の申出があったとき，無線局のある船舶又は航空機が外国へ出港しようとするとき，その他この法律の施行を確保するために特に必要があるときは，その職員を無線局に派遣し，その無線設備等を検査させることができる．

　　　注　免許人又は登録人をいう．

⑤ ④の検査を エ した者は， オ に処する．

1　無線局の運用の停止　　　　　2　拒み，妨げ，又は忌避
3　その電波の質の測定結果を報告　4　電波を試験的に発射
5　①の運用停止を解除　　　　　6　①の発射の停止を解除
7　妨害　　　　　　　　　　　　8　電波の発射の停止
9　30万円以下の過料　　　　　　10　6月以下の懲役又は30万円以下の罰金

問題

問 393

次の記述は，無線局（登録局を除く．）の免許の取消し等について述べたものである．電波法（第76条）の規定に照らし，____内に入れるべき最も適切な字句の組合せを下の1から4までのうちから一つ選べ．なお，同じ記号の____内には，同じ字句が入るものとする．

① 総務大臣は，免許人が電波法，放送法若しくはこれらの法律に基づく命令又はこれらに基づく処分に違反したときは，____A____を定めて無線局の運用の停止を命じ，又は期間を定めて運用許容時間，____B____を制限することができる．

② 総務大臣は，免許人（包括免許人を除く．）が次のいずれかに該当するときは，その免許を取り消すことができる．

　(1) 正当な理由がないのに，無線局の運用を引き続き6箇月以上休止したとき．

　(2) 不正な手段により，無線局の免許若しくは電波法第17条（変更等の許可）の許可を受け，又は電波法第19条（申請による周波数等の変更）の規定による指定の変更を行わせたとき．

　(3) ①の規定による無線局の運用の停止の命令又は運用許容時間，____B____の制限に従わないとき．

　(4) 免許人が____C____に規定する罪を犯し，罰金以上の刑に処せられ，その執行を終わり，又はその執行を受けることがなくなった日から2年を経過しない者に該当するに至ったとき．

	A	B	C
1	6箇月以内の期間	電波の型式，周波数若しくは空中線電力	電波法又は放送法
2	6箇月以内の期間	周波数若しくは空中線電力	電波法
3	3箇月以内の期間	周波数若しくは空中線電力	電波法又は放送法
4	3箇月以内の期間	電波の型式，周波数若しくは空中線電力	電波法

解答
問391 → アー1　イー2　ウー1　エー2　オー1
問392 → アー8　イー4　ウー6　エー2　オー10

ミニ解説
問391　イ　誤っている箇所は「3箇月以上」，正しくは「6箇月以上」

問題

問 394 正解 ☐ 完璧 ☐ 直前CHECK ☐

次の記述のうち，無線従事者が電波法又は電波法に基づく命令に違反したとき，総務大臣から受けることがある処分に該当するものはどれか．電波法（第79条）の規定に照らし，下の1から4までのうちから一つ選べ．

1　3箇月以内の期間を定めて無線設備を操作する範囲を制限する処分を受けることがある．
2　3箇月以内の期間を定めてその業務に従事することを停止する処分を受けることがある．
3　期間を定めてその無線従事者が従事する無線局の運用を停止する処分を受けることがある．
4　3箇月以内の期間を定めてその無線従事者が従事する無線局の運用を制限する処分を受けることがある．

問 395 正解 ☐ 完璧 ☐ 直前CHECK ☐

総務大臣に対する報告に関する次の記述のうち，電波法（第80条及び81条）の規定に照らし，これらの規定に定めるところに適合しないものはどれか．下の1から4までのうちから一つ選べ．

1　無線局の免許人等(注)は，非常通信を行ったときは，総務省令で定める手続により，総務大臣に報告しなければならない．
　　注　免許人又は登録人をいう．以下2, 3及び4において同じ．
2　総務大臣は，無線通信の秩序の維持その他無線局の適正な運用を確保するため必要があると認めるときは，免許人等に対し，無線局に関し報告を求めることができる．
3　無線局の免許人等は，電波法第74条（非常の場合の無線通信）に規定する非常の場合の通信の訓練のための通信を行ったときは，総務省令で定める手続により，総務大臣に報告しなければならない．
4　無線局の免許人等は，電波法又は電波法に基づく命令の規定に違反して運用した無線局を認めたときは，総務省令で定める手続により，総務大臣に報告しなければならない．

第4部　電波法規

問 396

次の記述は，伝搬障害防止区域の指定について述べたものである．電波法（第102条の2）の規定に照らし，　　　内に入れるべき最も適切な字句を下の1から10までのうちからそれぞれ一つ選べ．

① 総務大臣は，　ア　以上の周波数の電波による特定の固定地点間の無線通信で次のいずれかに該当するもの（以下「重要無線通信」という．）の電波伝搬路における当該電波の伝搬障害を防止して，重要無線通信の確保を図るため必要があるときは，その必要の範囲内において，当該電波伝搬路の地上投影面に沿い，その中心線と認められる線の両側それぞれ　イ　以内の区域を伝搬障害防止区域として　ウ　．
　(1) 電気通信業務の用に供する無線局の無線設備による無線通信
　(2) 放送の業務の用に供する無線局の無線設備による無線通信
　(3) 人命若しくは財産の保護又は治安の維持の用に供する無線設備による無線通信
　(4) 気象業務の用に供する無線設備による無線通信
　(5) 　エ　の業務の用に供する無線設備による無線通信
　(6) 鉄道事業に係る列車の運用の業務の用に供する無線設備による無線通信
② ①の規定による伝搬障害防止区域の指定は，政令で定めるところにより告示をもって行わなければならない．
③ 総務大臣は，政令で定めるところにより，②の告示に係る伝搬障害防止区域を表示した図面を　オ　の事務所に備え付け，一般の縦覧に供しなければならない．
④ 総務大臣は，②の告示に係る伝搬障害防止区域について，①の規定による指定の理由が消滅したときは，遅滞なく，その指定を解除しなければならない．

1　1,980メガヘルツ
2　890メガヘルツ
3　100メートル
4　50メートル
5　指定することができる
6　指定するものとする
7　電気事業に係る電気の供給
8　ガス事業に係るガスの供給
9　関係地方公共団体
10　総務省及び関係地方公共団体

解答 問393→3　問394→2　問395→3

問 397

次の記述は，基準不適合設備について述べたものである．電波法（第102条の11）の規定に照らし，□内に入れるべき最も適切な字句の組合せを下の1から4までのうちから一つ選べ．

① 総務大臣は，無線局が他の無線局の運用を著しく阻害するような混信その他の妨害を与えた場合において，その妨害が電波法第3章（無線設備）に定める技術基準に適合しない設計に基づき製造され，又は改造された無線設備を使用したことにより生じたと認められ，かつ，当該設計と同一の設計又は当該設計と類似の設計であって当該技術基準に適合しないものに基づき製造され，又は改造された無線設備（以下「基準不適合設備」という．）が広く販売されることにより，当該基準不適合設備を使用する無線局が他の無線局の運用に A を与えるおそれがあると認めるときは， B ，当該基準不適合設備の製造業者，輸入業者又は販売業者に対し，その事態を除去するために必要な措置を講ずべきことを勧告することができる．

② 総務大臣は，①の規定による勧告をした場合において，その勧告を受けた者がその勧告に従わないときは， C ことができる．

	A	B	C
1	重大な悪影響	無線通信の秩序の維持を図るために必要な限度において	その旨を公表する
2	重大な悪影響	この法律の施行を確保するため特に必要と認めるときに限り	その旨を公表する
3	継続的な妨害	無線通信の秩序の維持を図るために必要な限度において	製造又は販売の停止を命ずる
4	継続的な妨害	この法律の施行を確保するため特に必要と認めるときに限り	製造又は販売の停止を命ずる

問題

問 398

次の記述は，測定器等の較正について述べたものである．電波法（第102条の18）の規定に照らし，□内に入れるべき最も適切な字句の組合せを下の1から4までのうちから一つ選べ．

① 無線設備の点検に用いる測定器その他の設備であって総務省令で定めるもの（以下「測定器等」という．）の較正は，国立研究開発法人情報通信研究機構（以下「機構」という．）がこれを行うほか，総務大臣は，その指定する者（以下「指定較正機関」という．）にこれを行わせることができる．

② 機構又は指定較正機関は，①の較正を行ったときは，総務省令で定めるところにより，その測定器等に ┃ A ┃ ものとする．

③ 機構又は指定較正機関による較正を受けた測定器等以外の測定器等には，②の ┃ B ┃ を付してはならない．

④ 指定較正機関は，較正を行うときは，総務省令で定める測定器その他の設備を使用し，かつ，総務省令で定める要件を備える者にその較正を行わせなければならない．

	A	B
1	較正した旨の表示を付する	表示又はこれと紛らわしい表示
2	較正した旨の表示を付する	表示
3	較正した旨の表示を付するとともにこれを公示する	表示
4	較正した旨の表示を付するとともにこれを公示する	表示又はこれと紛らわしい表示

解答　問396→アー2　イー3　ウー5　エー7　オー10　　問397→1

問 399

次の記述は，無線局を運用する場合の空中線電力等について述べたものである．電波法（第54条及び第110条）の規定に照らし，□内に入れるべき最も適切な字句の組合せを下の1から4までのうちから一つ選べ．

① 無線局を運用する場合においては，空中線電力は，次の(1)及び(2)に定めるところによらなければならない．ただし，遭難通信については，この限りでない．
　　(1) 免許状等(注)に A であること．
　　　注　免許状又は登録状をいう．
　　(2) 通信を行うため B ものであること．
② C に違反して無線局を運用した者は，1年以下の懲役又は100万円以下の罰金に処する．

	A	B	C
1	記載されたものの範囲内	必要最小の	①の(1)の規定
2	記載されたもの	必要かつ十分な	①の規定
3	記載されたもの	必要最小の	①の(1)の規定
4	記載されたものの範囲内	必要かつ十分な	①の規定

注：**太字**は，ほかの試験問題で穴あきになった用語を示す．

問 400

次の記述は，無線通信を妨害した者に対する罰則について述べたものである．電波法（第108条の2）の規定に照らし，□内に入れるべき最も適切な字句の組合せを下の1から4までのうちから一つ選べ．

① ◻A◻の用に供する無線局の無線設備又は人命若しくは財産の保護，治安の維持，気象業務，電気事業に係る電気の供給の業務若しくは◻B◻の業務の用に供する無線設備を損壊し，又はこれに物品を接触し，その他その無線設備の機能に障害を与えて無線通信を妨害した者は，◻C◻以下に罰金に処する．

② ①の未遂罪は，罰する．

	A	B	C
1	電気通信業務又は放送の業務	鉄道事業に係る列車の運行	5年以下の懲役又は250万円
2	宇宙無線通信	ガス事業に係るガスの供給	5年以下の懲役又は250万円
3	宇宙無線通信	鉄道事業に係る列車の運行	3年以下の懲役又は150万円
4	電気通信業務又は放送の業務	ガス事業に係るガスの供給	3年以下の懲役又は150万円

解答　問398→1　　問399→1　　問400→1

【著者紹介】

吉川忠久（よしかわ・ただひさ）
　学　歴　東京理科大学物理学科卒業
　職　歴　郵政省関東電気通信監理局
　　　　　日本工学院八王子専門学校
　　　　　中央大学理工学部兼任講師
　　　　　明星大学理工学部非常勤講師
　　　　　㈱QCQ企画 主催「一・二アマ」国家試験 直前対策講習会講師

合格精選400題
第二級陸上無線技術士試験問題集 第3集

2014年11月10日　第1版1刷発行　　ISBN 978-4-501-33060-6 C3055
2019年 6月20日　第1版2刷発行

著　者　吉川忠久
　　　　© Yoshikawa Tadahisa 2014

発行所　学校法人 東京電機大学　〒120-8551　東京都足立区千住旭町5番
　　　　東京電機大学出版局　Tel. 03-5284-5386（営業）　03-5284-5385（編集）
　　　　　　　　　　　　　　Fax. 03-5284-5387　振替口座 00160-5-71715
　　　　　　　　　　　　　　https://www.tdupress.jp/

JCOPY　＜(社)出版者著作権管理機構　委託出版物＞
本書の全部または一部を無断で複写複製（コピーおよび電子化を含む）することは，著作権法上での例外を除いて禁じられています．本書からの複製を希望される場合は，そのつど事前に，(社)出版者著作権管理機構の許諾を得てください．
また，本書を代行業者等の第三者に依頼してスキャンやデジタル化をすることはたとえ個人や家庭内での利用であっても，いっさい認められておりません．
［連絡先］Tel. 03-5244-5088，Fax. 03-5244-5089，E-mail：info@jcopy.or.jp

編集：㈱QCQ企画
印刷：三美印刷(株)　　製本：渡辺製本(株)　　装丁：齋藤由美子
落丁・乱丁本はお取り替えいたします．　　　　Printed in Japan

東京電機大学出版局 出版物ご案内

理工学講座
アンテナおよび電波伝搬

三輪進・加来信之著　　A5判　176頁 
電波放射の基本，アンテナの諸特性，電波の伝搬形態，大地・建物・大気・電離層等が及ぼす影響，応用面での伝搬に重点を置いて解説。

理工学講座
基礎 電気・電子工学　第2版

宮入庄太・磯部直吉ほか監修　　A5判　304頁 
機械・土木・建築・化学などの分野においても電気の技術を身につけておく必要が高まってきている。これらの基礎教科書として，広範囲を網羅的に解説。

情報通信基礎

三輪進著　A5判　168頁 
情報の通信技術について，おもに通信に関連の深い項目を精選して解説。解説と関連図表を見開きで掲載。練習問題によって知識が身につく。

電気・電子の基礎数学

堀桂太郎・佐村敏治ほか著　　A5判　240頁 
電気・電子に関する専門知識を学んでいくためには，数学の力が不可欠となる。高専や大学などで電気・電子を学ぶ学生向けに必要な数学を解説。

アナログ電子回路の基礎

堀桂太郎著　A5判・168頁 
アナログ電子回路について，高専や大学のテキストに向けに解説。姉妹書の「ディジタル電子回路の基礎」により，電子回路の基礎事項を学習できる。

ディジタル電子回路の基礎

堀桂太郎著　A5判・176頁 
ディジタル電子回路について，高専や大学のテキストに向けに解説。姉妹書の「ディジタル電子回路の基礎」により，電子回路の基礎事項を学習できる。

電子戦の技術　基礎編

デビッド・アダミー著
河東晴子ほか訳　A5判　380頁 
電子戦とは電波・電磁波を活用した軍事活動の総称。現代の戦争において重要なレーダー技術と無線通信技術に関する解説書。

電子戦の技術　拡充編

デビッド・アダミー著
河東晴子ほか訳　A5判　376頁 
基礎編で扱わなかった新しい項目について解説し，練習問題と詳解を掲載。用語も収録し「現場で使える実学性」を重視。

＊定価，図書目録のお問い合わせ・ご要望は出版局までお願いいたします。
URL　http://www.tdupress.jp/

DA-011

アマチュア無線技士

合格精選400題
第一級アマチュア無線技士 試験問題集

吉川忠久著　　A5判　272頁

既出問題を解けるように学習するのが，効率よく合格するための近道。最近出題された問題を網羅し，学習項目別に整理して掲載。

合格精選400題
第二級アマチュア無線技士 試験問題集

吉川忠久著　　A5判　256頁

表ページに問題，裏ページにはその解答と解説を掲載。解答がすぐに確認できるので，効果的な試験対策が可能。出題傾向を分析して，重要問題を精選。

合格精選400題
第四級アマチュア無線技士 試験問題集

吉川忠久著　　A5判　208頁

過去に出題された問題を項目別にまとめ，表ページに解答，裏ページに解答と解説を掲載。短期間で試験に合格する実力をつけることができる。

アマチュア無線技士国家試験
第2級ハム教室
これ1冊で必ず合格

吉川忠久著　　A5判　416頁

二アマ受験者がこの1冊で必ず合格ができるよう，記述内容を厳選して解説する。試験前の知識の整理にも役立つ。

第一級アマチュア無線技士国家試験
計算問題突破塾

吉村和昭著　　A5判　208頁

「無線工学」の計算問題について，詳細な計算過程とともに，複雑な計算を効率よく行うためのノウハウとテクニックを凝縮。

第二級アマチュア無線技士国家試験
計算問題突破塾

QCQ企画編著　　A5判　160頁

一番苦労する「無線工学」の計算問題を徹底的にやさしく解説。できるだけ四則演算の計算だけで解けるように工夫し，むずかしい計算問題を克服。

第3級ハム　集中ゼミ

吉川忠久著　　A5判　264頁

三アマの出題傾向分析に基づいた構成。出題のポイントを絞り込み，項目ごとにわかりやすく解説。頻出問題を中心にして，練習問題を豊富に収録。

第4級ハム　集中ゼミ

吉川忠久著　　A5判　272頁

四アマの出題傾向分析に基づいた構成。出題のポイントを絞り込み，項目ごとにわかりやすく解説。頻出問題を中心にして，練習問題を豊富に収録。

＊定価，図書目録のお問い合わせ・ご要望は出版局までお願いいたします。

URL　http://www.tdupress.jp/

陸上無線技術士

1・2陸技 受験教室①
無線工学の基礎 第2版

安達宏司著　　A5判　280頁

「無線工学の基礎」の科目について、各分野のポイントを広範囲の出題に対応できるよう、最近の出題傾向をもとにまとめた。

1・2陸技 受験教室②
無線工学A 第2版

横山重明・吉川忠久著
　　　　　A5判　292頁 
理論の習得と試験問題において、重要度の高い事項について重点的に解説。新しい技術内容を盛り込み改訂をした。数式の展開もなるべく省略せずに掲載。

1・2陸技 受験教室③
無線工学B 第2版

吉川忠久著　　A5判　264頁

アンテナや給電線の理論については、公式の展開などに高度な数学的な取り扱いが多いが、試験に必要な重要事項にしぼってまとめてある。

1・2陸技 受験教室④
電波法規 第2版

吉川忠久著　　A5判　208頁

法改正に伴って、新たな分野の出題が増加している。最新の出題傾向に合わせて基本問題練習を全面的に見直すとともに、基礎学習についても充実させた。

合格精選340題
第一級 陸上無線技術士 試験問題集
【第3集】

吉川忠久著　　A5判　344頁

一陸技合格のための問題を精選して収録。新しい出題範囲を網羅し、第2集と重複しない問題をセレクト。表ページに問題、裏ページに解答と解説を掲載。

合格精選400題
第二級 陸上無線技術士 試験問題集
【第3集】

吉川忠久著　　A5判　336頁

二陸技合格のための問題を精選して収録。新しい出題範囲を網羅し、第2集と重複しない問題をセレクト。表ページに問題、裏ページに解答と解説を掲載。

合格精選320題
第一級 陸上無線技術士 試験問題集
【第2集】

吉川忠久著　　B6判　336頁

第3集の収録問題と重複しないので、さらに問題を解きたい読者向け。多くの問題を解くことにより、知識を確実なものとすることができる。ポケット版。

合格精選320題
第二級 陸上無線技術士 試験問題集
【第2集】

吉川忠久著　　B6判　312頁

第3集の収録問題と重複しないので、さらに問題を解きたい読者向け。多くの問題を解くことにより、知識を確実なものとすることができる。ポケット版。

＊定価，図書目録のお問い合わせ・ご要望は出版局までお願いいたします。
　　URL http://www.tdupress.jp/